高等职业教育系列教材

数控车削编程与加工

（FANUC 系统）

主编　魏彦波　孟　文

参编　周兴蒽　苏令磊　张爱云

　　　刘天禄　胡　亮　石　磊

主审　文洪莉

机 械 工 业 出 版 社

本书主要针对市场主流的FANUC 0i数控系统，以培养学生的数控车削编程与加工技能为核心，以工作过程为导向，以典型工作任务为载体，采用项目教学的方法将数控车床的操作、数控车削的加工工艺、数控车削的编程方法与技巧、零件质量的检测与控制等有机地结合起来，重点培养学生的编程与加工能力、自学能力、创新能力以及综合职业素养。

本书融数控车削编程与加工的理论教学、实践操作、企业案例、数控车工职业资格技能鉴定为一体，全书内容包括数控车床和系统认识、轴类零件编程与加工、孔类零件编程与加工、复杂轴类零件编程与加工、企业典型零件编程与加工5个学习情境，形成16个典型工作任务，每个任务都是一个完整的工作过程，由简单到复杂，循序渐进。

本书是高等职业院校数控技术、机械制造与自动化、模具设计与制造、机电一体化技术等专业的实用型教材，也可作为企业工人参考、培训用书。

本书配有授课电子课件，需要的教师可登录机械工业出版社教育服务网www.cmpedu.com免费注册后下载，或联系编辑索取（QQ：1239258369，电话：010－88379739）。

图书在版编目（CIP）数据

数控车削编程与加工：FANUC系统/魏彦波，孟文主编．—北京：机械工业出版社，2016.7（2023.1重印）
高等职业教育系列教材
ISBN 978－7－111－54368－8

Ⅰ.①数…　Ⅱ.①魏…　②孟…　Ⅲ.①数控机床－车床－程序设计－高等职业教育－教材　②数控机床－车床－加工－高等职业教育－教材
Ⅳ.①TG519.1

中国版本图书馆CIP数据核字（2016）第192855号

机械工业出版社（北京市百万庄大街22号　邮政编码　100037）
责任编辑：曹帅鹏　　张丹丹
责任校对：张艳霞
责任印制：郜　敏

北京盛通商印快线网络科技有限公司印刷

2023年1月第1版·第7次印刷
184mm×260mm·12.25印张·295千字
标准书号：ISBN 978－7－111－54368－8
定价：39.00元

高等职业教育系列教材机电类专业
编委会成员名单

出版说明

《国务院关于加快发展现代职业教育的决定》指出：到2020年，形成适应发展需求、产教深度融合、中职高职衔接、职业教育与普通教育相互沟通，体现终身教育理念，具有中国特色、世界水平的现代职业教育体系，推进人才培养模式创新，坚持校企合作、工学结合，强化教学、学习、实训相融合的教育教学活动，推行项目教学、案例教学、工作过程导向教学等教学模式，引导社会力量参与教学过程，共同开发课程和教材等教育资源。机械工业出版社组织国内80余所职业院校（其中大部分是示范性院校和骨干院校）的骨干教师共同规划、编写并出版的“高等职业教育系列教材”，已历经十余年的积淀和发展，今后将更加紧密结合国家职业教育文件精神，致力于建设符合现代职业教育教学需求的教材体系，打造充分适应现代职业教育教学模式的、体现工学结合特点的新型精品化教材。

在本系列教材策划和编写的过程中，主编院校通过编委会平台充分调研相关院校的专业课程体系，认真讨论课程教学大纲，积极听取相关专家意见，并融合教学中的实践经验，吸收职业教育改革成果，寻求企业合作，针对不同的课程性质采取差异化的编写策略。其中，核心基础课程的教材在保持扎实的理论基础的同时，增加实训和习题以及相关的多媒体配套资源；实践性课程的教材则强调理论与实训紧密结合，采用理实一体的编写模式；实用技术型课程的教材则在其中引入了最新的知识、技术、工艺和方法，同时重视企业参与，吸纳来自企业的真实案例。此外，根据实际教学的需要对部分内容进行了整合和优化。

归纳起来，本系列教材具有以下特点：

1）围绕培养学生的职业技能这条主线来设计教材的结构、内容和形式。

2）合理安排基础知识和实践知识的比例。基础知识以“必需、够用”为度，强调专业技术应用能力的训练，适当增加实训环节。

3）符合高职学生的学习特点和认知规律。对基本理论和方法的论述容易理解、清晰简洁，多用图表来表达信息；增加相关技术在生产中的应用实例，引导学生主动学习。

4）教材内容紧随技术和经济的发展而更新，及时将新知识、新技术、新工艺和新案例等引入教材。同时注重吸收最新的教学理念，并积极支持新专业的教材建设。

5）注重立体化教材建设。通过主教材、电子教案、配套素材光盘、实训指导和习题及解答等教学资源的有机结合，提高教学服务水平，为高素质技能型人才的培养创造良好的条件。

由于我国高等职业教育改革和发展的速度很快，加之我们的水平和经验有限，因此在教材的编写和出版过程中难免出现疏漏。我们恳请使用这套教材的师生及时向我们反馈质量信息，以利于我们今后不断提高教材的出版质量，为广大师生提供更多、更适用的教材。

机械工业出版社

前　言

为贯彻落实《国务院关于加快发展现代职业教育的决定》（国发【2014】19号）文件精神，建立健全课程衔接体系，建立专业教学标准和职业标准联动开发机制，特编写了一部专业课程内容与职业标准相衔接的教材。

本书在组织编写过程中，紧紧围绕高等职业教育的培养目标，从满足社会发展对技术技能型人才的需求出发，坚持以就业为导向，以能力为本位，以学生为宗旨，以工作过程为导向的建设理念，着力打造与职业标准相衔接的教材。本书融理论教学、实践操作、企业项目为一体，是职业技术院校数控技术、机械制造与自动化、机电一体化技术、模具设计与制造等专业的实用型教材。本书具有以下特点：

1）采用项目导向、任务驱动的编写模式。本书的编写以项目为导向，从任务分析入手，由浅入深地讲授相关基础知识、任务实施及拓展，从而激发学生学习的兴趣，激励学生勇于探索，不断进步。

2）理论与实践紧密结合。本书倡导先进的教学理念，以技能训练为主线，相关知识为支撑，较好地处理了理论教学与技能训练的关系。

3）案例取自生产实例。大量引用生产实例进行工艺分析与编程，将企业加工技术渗透于专业教学，缩短了学校教育与企业需求的距离，并融入了中、高级数控车工技能考核知识，与职业标准相衔接。

4）以学生为本。本书的设计以学生为中心，在本书组织的各个环节突出学生的主体地位，引导学生应该怎么做，做到什么程度。

5）图文并茂。考虑到高等职业院校学生的心理和生理特点，本书尽量采用图形化、表格化和步骤化的呈现方式，便于学生学习。

全书内容包括数控车床和系统认识、轴类零件编程与加工、孔类零件编程与加工、复杂轴类零件编程与加工、企业典型零件编程与加工5个学习情境，形成16个典型工作任务，每个任务都是一个完整的工作过程，由简单到复杂，循序渐进。

本书由山东商务职业学院魏彦波、孟文任主编，张爱云、苏令磊、周兴蒽、刘天禄、胡亮、石磊参与编写。

由于编者水平有限，编写时间仓促，疏漏和不妥之处在所难免，恳请广大师生批评指正。

编　者

目　　录

学习情境1　数控车床和系统认识

任务1.1　数控车床认知

【知识目标】

1. 了解数控车床产生和发展的基本知识。
2. 了解数控车床安全操作的知识。
3. 熟悉数控车床维护与保养的知识。

【能力目标】

1. 能够安全操作数控车床。
2. 能够按要求定期维护、保养数控车床。

1.1.1　从加工实例认识数控车削加工

加工如图1–1所示的零件，用图1–2所示的数控车床进行加工。

1. 加工步骤

（1）工艺分析　首先对零件图进行工艺分析并制定加工工艺。工艺分析包括以下几个部分：

1）分析零件图样。分析零件图样是进行工艺分析的前提，它直接影响零件加工程序的编制与加工。零件图样分析主要考虑构成零件轮廓的几何特征、零件尺寸精度、几何精度要求、表面粗糙度要求、材料与热处理要求等。

2）确定零件装夹方案。装夹方案应考虑装夹零件所用的夹具、零件毛坯伸出长度等内容。

3）确定加工方案。确定加工方案重点考虑如何制定合理的工艺路线和走刀路线。

4）刀具的选择。根据毛坯材料和加工情况，确定数控车刀的材料和种类。

5）切削用量的选择。当数控编程时，编程人员必须确定每道工序的切削用量，并以指令的形式写入程序中。切削用量包括主轴转速、背吃刀量及进给速度等。对于不同的加工方法，需要选用不同的切削用量。切削用量的选择原则是：保证零件加工精度和表面粗糙度，充分发挥刀具的切削性能，保证合理的刀具寿命；并充分发挥车床的性能，最大限度提高生产率，降低成本。

（2）编制程序　对螺纹和相关基点进行数值计算，最后编制程序。

（3）起动车床加工零件　起动车床并进行返回参考点操作；装夹毛坯和刀具；输入程序并且对刀操作，然后按“循环启动”按钮，开始加工零件，最后停机。

2. 零件检测

检测零件，分析零件尺寸误差并修正零件尺寸。

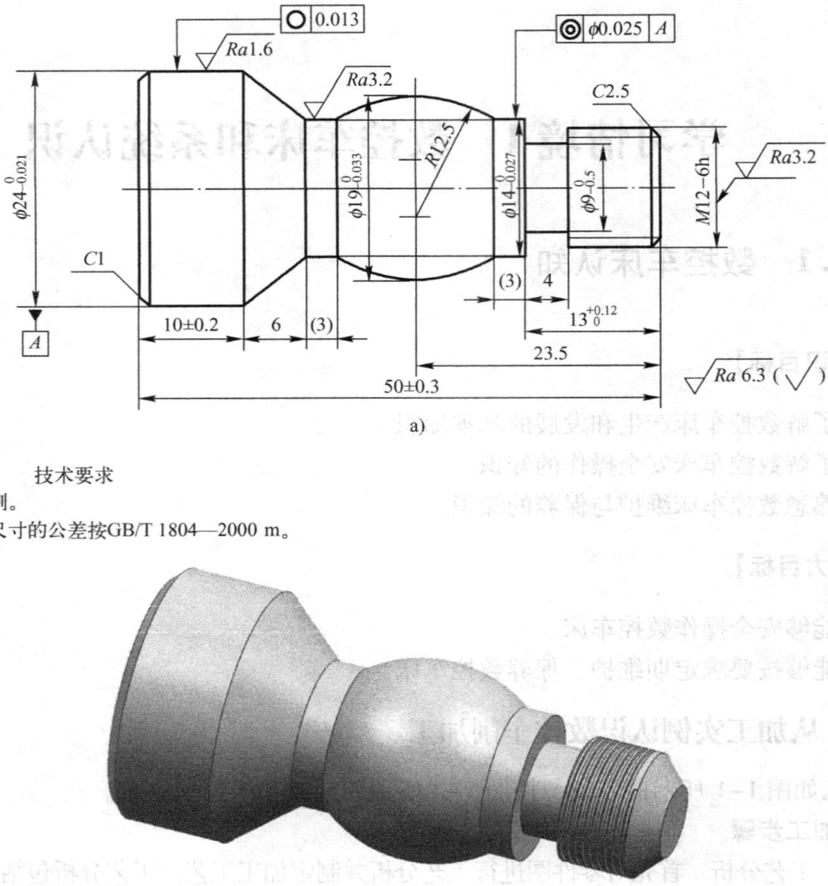

a) 零件图 b) 实体图

图 1-1 加工实例展示零件图

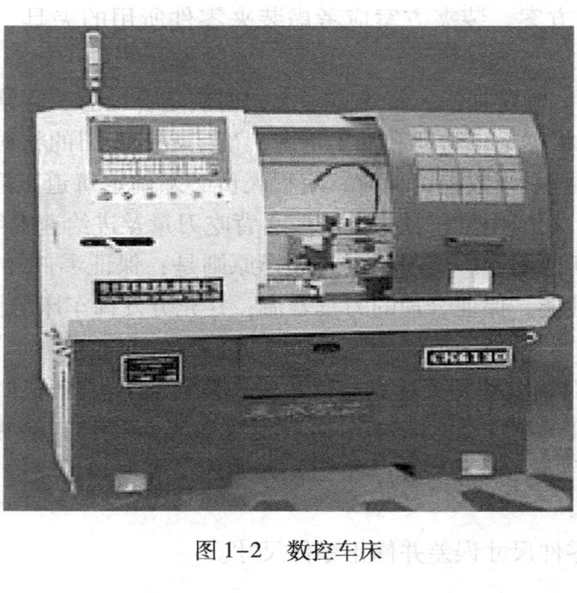

图 1-2 数控车床

1.1.2 数控车床

1. 数控技术

数控是数字控制（Numerical Control）的简称，是近代发展起来的，用数字化信息进行控制的自动控制技术，其含义是使用以数值和符号构成的数字信息自动控制设备的运转。数控技术就是用数字控制技术来控制设备按预先制定的程序来动作。

2. 数控机床

（1）数控机床的概念　数控机床即数字控制机床（Computer Numerical Control Machine Tools），也称为CNC机床。它是利用数控技术，准确按照事先安排好的工艺流程实现加工动作的金属切削机床。

（2）数控机床的产生与发展　1948年，美国帕森斯公司（Parsons Corporation）在研制加工直升机螺旋桨叶片轮廓样板的加工设备（机床）时，由于样板形状复杂多样，精度要求高，一般加工设备难以适应，于是提出了应用电子计算机控制机床来加工样板曲线的设想。后来在美国空军的资助下，1949年，帕森斯公司在麻省理工学院（MIT）伺服机构研究室的协助下进行合作研制。1952年研制出世界上第一台三坐标立式数控机床，从此机床行业，乃至整个制造业和相关产业进入了一个新的发展阶段。

数控机床的产生和发展概括为如下五代两个阶段。

第一阶段：硬线数控阶段（1952～1970年）。

第一代：1952年，美国麻省理工学院研制出电子管控制的第一台三坐标联动的铣床。

第二代：1959年，出现了晶体管控制的“加工中心”。

第三代：1965年，出现了小规模集成电路，使数控系统的可靠性得到了进一步的提高。

以上三代数控系统都是采用专用控制硬件逻辑数控系统，称为普通数控系统，即NC系统。

第四代：1967年以计算机作为控制单元的数控系统，称为柔性制造系统FMS（Flexible Manufacturing System）。

第二阶段：计算机数控阶段（1970年至今）。

第五代：1970年，美国英特尔公司开发使用了微处理器，从此数控机床真正成为CNC系统。

3. 常见数控车床的种类

（1）按数控系统的功能分类

1）经济型数控车床。经济型数控车床一般采用步进电动机驱动形成开环伺服系统，其控制部分采用单板机或单片机来实现，如图1-3所示。此类车床结构简单、价格低廉、无刀尖圆弧半径自动补偿和恒线速切削等功能。

2）全功能型数控车床。全功能型数控车床一般采用闭环或半闭环控制系统，具有高刚度、高精度和高效率等特点，如图1-4所示。

3）车削中心。车削中心是以全功能型数控车床为主体，并配置刀库、自动换刀装置、分度装置和工件装卸机械手等，实现多工序复合加工的机床，如图1-5所示。在工件一次装夹后，它可以完成回转类零件的车、钻、铰、攻螺纹等多种加工工序，其功能全面，但价格较高。

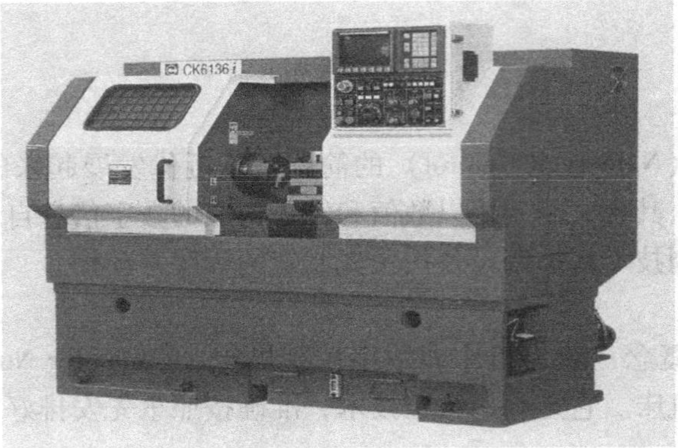

图 1-3　经济型数控车床

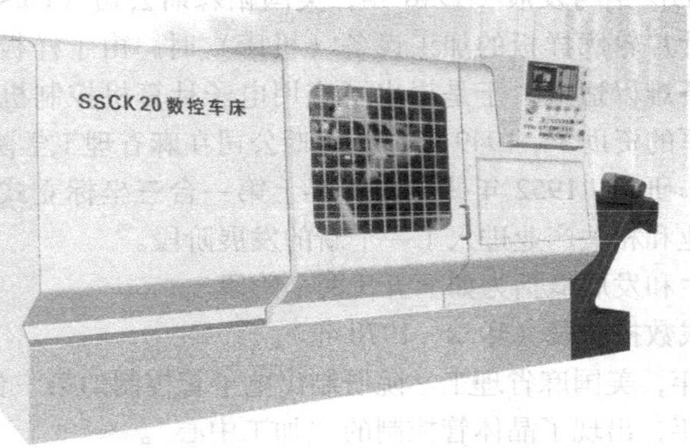

图 1-4　全功能型数控车床

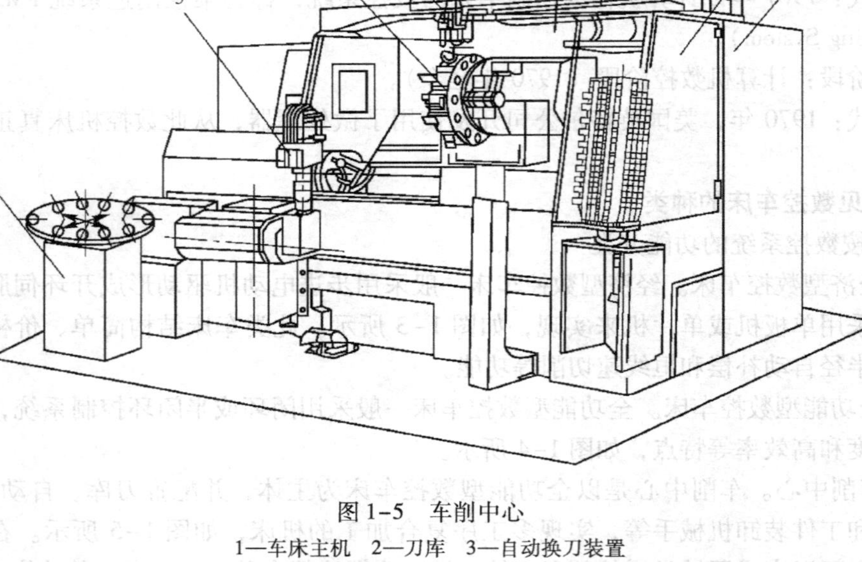

图 1-5　车削中心

1—车床主机　2—刀库　3—自动换刀装置

4—刀架　5—工件装卸机械手　6—载料机

（2）按主轴的配置形式分类

1）卧式数控车床。其主轴轴线处于水平位置，它又可分为水平导轨卧式数控车床（见图 1-6）和倾斜导轨卧式数控车床（见图 1-7），倾斜导轨结构可以使车床具有更大的刚性，并易于排屑。

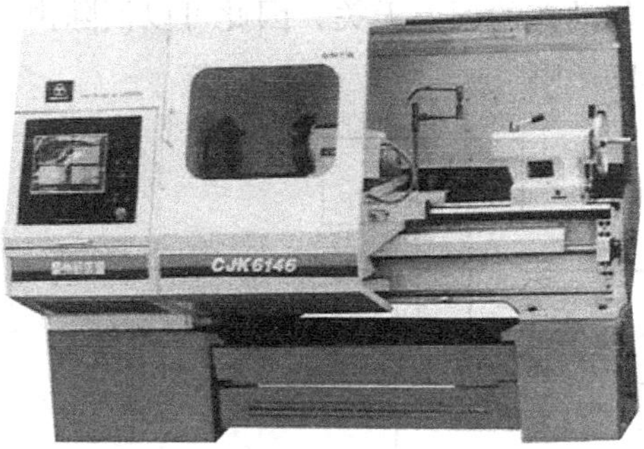

图 1-6　水平导轨卧式数控车床

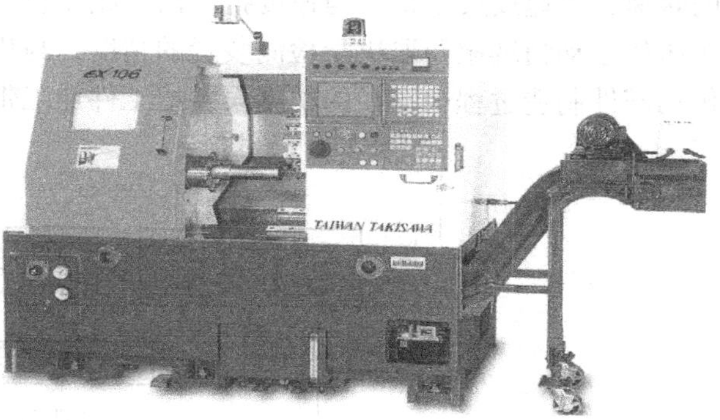

图 1-7　倾斜导轨卧式数控车床

2）立式数控车床。其主轴轴线处于垂直位置，并有一个直径很大的圆形工作台，供装夹工件用，如图 1-8 所示。这类车床主要用于加工径向尺寸大、轴向尺寸较小的大型复杂零件。

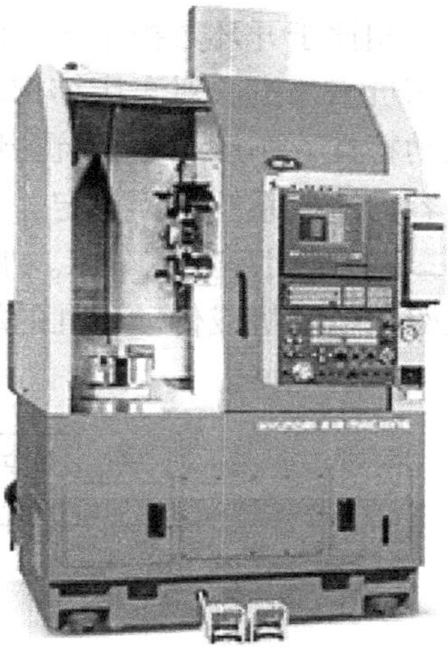

图 1-8　立式数控车床

（3）按控制系统的运动方式分类

1）开环数控车床。开环控制的系统框图如图 1-9 所示。这类数控车床采用开环进给伺服系统。其数控装置发出的指令信号是单向的，没有检测反馈装置对运动部件的实际位移量进行检测，不能进行运动误差的校正，因此步进电动机的步距角误差、齿轮和丝杠组成的传动链误差都将直接影响加工零件的精度。

这类车床通常为经济型、中小型，具有结构简单、价格低廉和调试方便等优点。但通常输出的转矩值大小受到限制，而且当输入的频率较高时，容易产生失步，难以实现运动部件的控制，因此已不能充分满足数控车床日益提高的功率、运动速度和加工精度的控制要求。

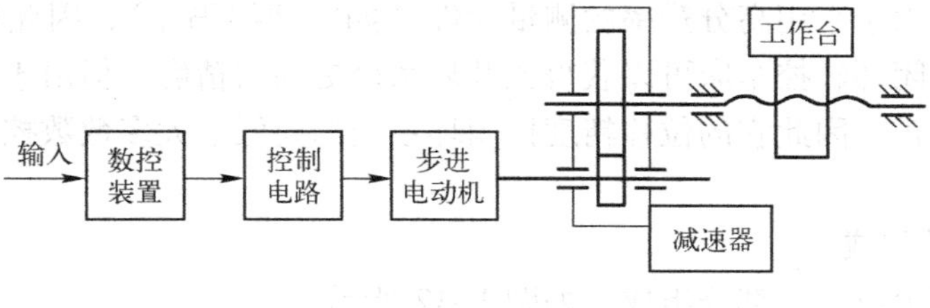

图 1-9　开环控制的系统框图

2）闭环数控车床。闭环控制的系统框图如图 1–10 所示。这类数控车床的位置检测装置安装在滚珠丝杠末端的执行部件上，该位置检测装置可实测进给系统的位移量或位置。数控装置将位移指令与工作台端测得的实际位置反馈信号进行比较，根据其差值不断控制运动，使运动部件严格按照实际需要的位移量运动；还可利用测速元器件随时测得驱动电动机的转速，将速度反馈信号与速度指令信号相比较，对驱动电动机的转速随时进行修正。这类车床的运动精度主要取决于检测装置的精度，与机械传动链的误差无关，因此可以消除由于传动部件制造过程中存在的精度误差给工件加工带来的影响。

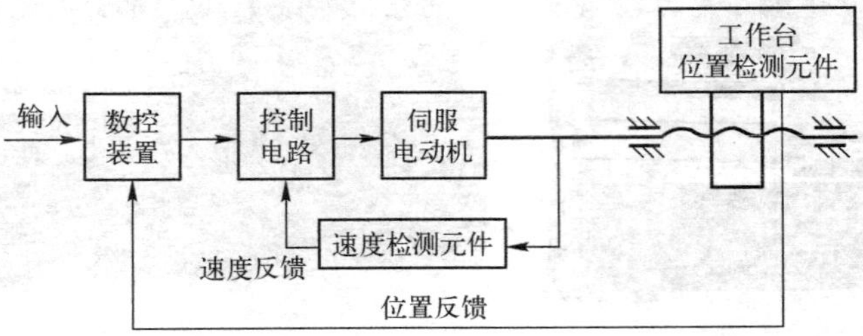

图 1–10　闭环控制的系统框图

相比于开环数控车床，闭环数控车床精度更高、速度更快、驱动功率更大。但是，这类车床价格昂贵，对车床结构及传动链提出了严格的要求。传动链的刚度、间隙，导轨的低速运动特性，车床结构的抗振性等因素都会增加系统调试难度。闭环系统设计和调整得不好，很容易造成系统的不稳定。

3）半闭环数控车床。半闭环控制的系统框图如图 1–11 所示。这类车床的检测元件装在驱动电动机或传动丝杠的端部，可间接测量执行部件的实际位置或位移。

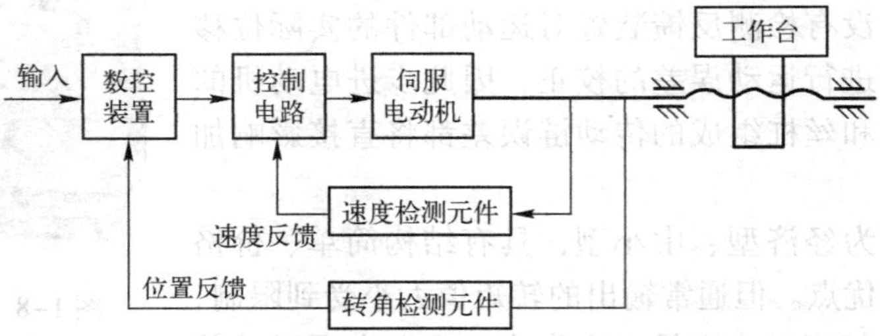

图 1–11　半闭环控制的系统框图

这种系统的闭环环路内不包括机械传动环节，控制系统的调试十分方便，因此可以获得稳定的控制特性。由于采用高分辨率的测量元件（如脉冲编码器），因此可以获得比较满意的精度与速度。半闭环数控车床可以获得比开环系统更高的精度，但由于机械传动链的误差无法得到消除或校正，因此它的位移精度比闭环系统的要低。大多数数控车床采用半闭环控制系统。

4. 数控车床的组成

数控车床主要由以下几部分组成，如图 1–12 所示。

（1）主机　它是数控车床的机械部件，包括床身、主轴箱、刀架尾座和进给机构等。

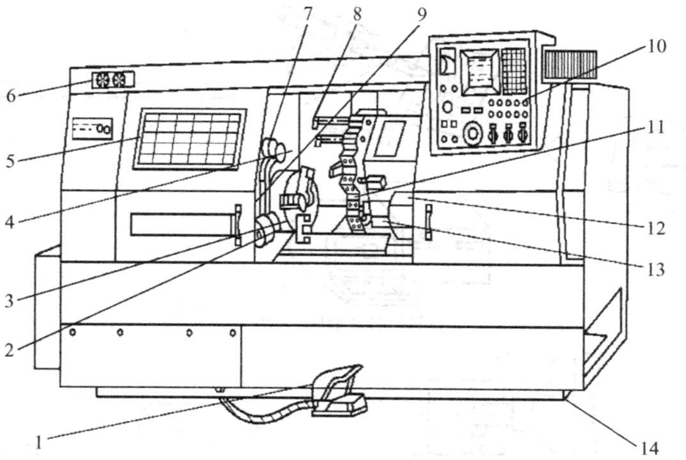

图 1-12 数控车床的组成

1—脚踏开关 2—对刀仪 3—主轴卡盘 4—主轴箱 5—车床防护门
6—压力表 7—对刀仪防护罩 8—防护罩 9—对刀仪转臂
10—操作面板 11—回转刀架 12—尾座 13—滑板 14—床身

（2）数控装置 它是数控车床的控制核心，由各种数控系统完成对数控车床的控制。

（3）伺服驱动系统 它是数控车床切削工作的动力部分，主要实现主运动和进给运动，由伺服驱动电路和伺服驱动装置组成。

（4）辅助装置 它是数控车床的一些配套部件，包括液压装置、气动装置、冷却系统、润滑系统和自动清屑器等。

5. 数控车床的工作原理

数控车床的工作原理如图 1-13 所示。首先根据零件图样制定工艺方案，采用手工或计算机进行零件的程序编制，把加工零件所需的车床各种动作及全部工艺参数变成车床数控装置能接受的信息代码。然后将信息代码通过输入装置（操作面板）的按键，将程序输入数控装置。另一种方法是利用计算机和数控车床的接口直接进行通信，实现零件程序的输入和输出。

进入数控装置的信息，经过一系列处理和运算转变成脉冲信号。有的信号送到车床的伺服系统，通过伺服机构对其进行转换和放大，再经过传动机构驱动车床的有关部件。还有的信号送到可编程序控制器中，用以顺序控制车床的其他辅助动作，如实现刀具的自动更换与变速、松夹工件和开关切削液等动作。

6. 数控车削加工的特点

（1）数控车床车削加工的特点 数控车床车削加工主要有以下几个特点：

1）能加工超精密零件。

2）能加工形状复杂零件。

3）能加工普通车床不能加工的零件。

4）一次装夹、多工序加工。

5）同时加工两个或两个以上的零件。

6）同时加工多工序的不同零件。

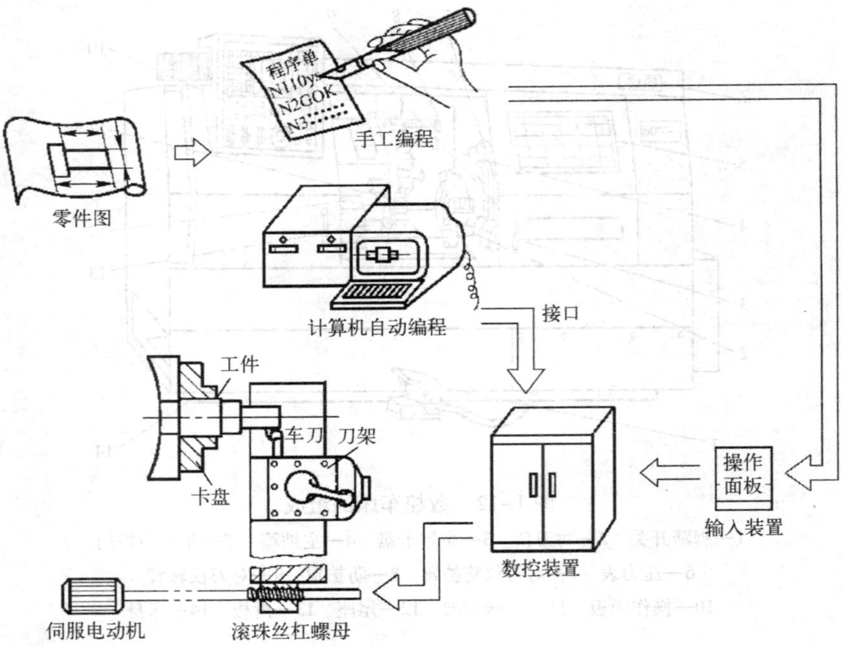

图 1–13　数控车床的工作原理

7）自动化程度高。

（2）数控车床与普通车床对比　数控车床与普通车床相比较，特点见表 1–1。

表 1–1　数控车床与普通车床的对比

数控车床	普通车床
操作者可在较短的时间内掌握操作和加工技能	要求操作者有长期的实践经验
加工精度高、质量稳定，较少依赖于操作者的技能水平	高质量、高精度的加工要求操作者具有高的技能水平
编制程序花费较多时间	适合加工形状简单、单一工序的产品
加工零件复杂程度高，适合多工序加工	加工过程要求具有直觉和技巧
易于加工、工艺标准化和刀具管理规范化	操作者以自己的方式完成加工，加工方式多样，很难实现标准化
适于长时间无人操作和加工自动化，适于计算机辅助生产控制	是实现自动化加工准备环节必不可少的，如材料的预去除及夹具的制作等
生产率高	很难提高加工的专门技术，不利于知识系统化和普及，生产率低，质量不稳定

7. 数控车床的应用范围

数控车床是当今应用较为广泛的数控机床之一，主要用于加工以下类型的零件：

1）轮廓形状特别复杂或难于控制尺寸的回转体零件。

2）精度要求高的零件。

3）特殊的螺旋零件。

4）以特殊方式加工的零件。

数控车床主要用于加工轴类、盘类等回转体零件的内外圆柱面，任意角度的内外圆锥面，复杂回转内外曲面和圆柱、圆锥螺纹等，并能进行切槽、钻孔、扩孔、铰孔及镗孔等切削加工，如图 1-14 所示。

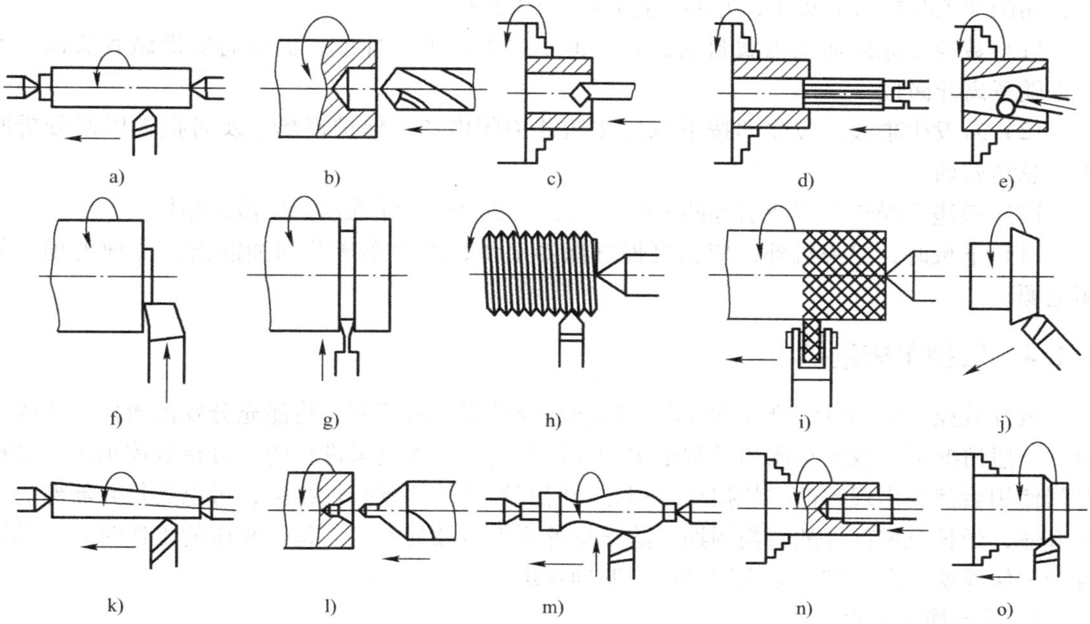

图 1-14　数控车床的加工对象

a）车外圆　b）钻孔　c）镗孔　d）铰孔　e）镗锥孔　f）车端面　g）切槽　h）车螺纹　i）滚花　j）车大锥度锥面　k）车小锥度锥面　l）钻中心孔　m）车成形表面　n）攻螺纹　o）倒角

1.1.3　数控车床的安全操作

1）进入数控实习现场后，应服从安排，听从指挥，不得擅自启动或操作数控系统及车床。工作时请穿好工作服、安全鞋，工作服要扎好袖口，戴好工作帽及防护镜，头发过长应卷入工作帽中，不允许戴手套操作车床。

2）不得在实习现场嬉戏、打闹及进行任何与实习无关的活动，以保证实习正常、有序地进行。

3）使用数控车床前。应仔细查看车床各部分机构是否完好，认真检查数控系统及各电器附件的插头、插座是否连接可靠。检查车床各手柄位置是否正常，并在工作前慢车启动，空转数分钟，观察车床是否有异常。

4）数控车床开机后首先进行回参考点操作，回参考点前首先观察刀架是否已经在参考点附近，若已在参考点附近，应该将刀架向参考点相反的方向移动一段距离，避免回参考点超程报警。

5）操作数控系统前，应检查冷却风扇是否正常运转，以保证良好的散热效果。

6）操作数控系统时，对按键及开关的操作不得太用力，以防止损坏。自动转位刀架未回转到位时，不得用外力强行定位，以防止损坏内部结构。

7）安装工件要放正夹紧，安装完毕应取出卡盘扳手；装卸大工件要用木板保护床面。

8）刀具的安装要垫好、放正、夹牢；装卸完刀具要锁紧刀架，并检查限位。

9）数控车床的加工程序必须经指导教师认可后方可使用，以防止编程错误引起事故。

10）开车后，不能随意改变主轴转速；不能打开车床防护门；不能度量尺寸和触摸工件，切削加工时要精力集中，并要防止各部件的碰撞。

11）数控车床的加工虽属自动进行，但不属无人加工性质，仍然需要操纵者监控，不允许随意离开岗位。

12）若发生事故，应立即按下急停按钮并关闭电源、保护现场、及时报告以便分析原因，总结教训。

13）属违反操作规程所引起的事故，当事人必须按实际维修费用做出赔偿。

14）下班时，除关机外，应认真做好保养工作，擦净车床并加油润滑、清理现场、关闭电源。

1.1.4 数控车床维护

做好数控车床的日常维护和保养，降低数控车床的故障率，将能充分发挥数控车床的功效。一般情况下，数控车床的日常维护和保养是由操作人员来进行的。每台数控车床经过长时间使用后都会出现零部件的损坏，但是及时开展有效地预防性维护，可以延长元器件的工作寿命，延长机械部件的磨损周期，防止意外恶性事故的发生，延长车床的工作时间。具体维护和保养要求在数控车床说明书中有明确规定。

1. 每日检查要点

（1）接通电源前的检查

1）检查车床的防护门、电控柜门是否关闭。

2）检查工具、量具等是否已准备好。

3）检查切削槽内的切屑是否已清理干净。

4）检查切削液、液压油和润滑油的油量是否充足。

5）检查所选择的液压卡盘的夹持方向是否正确。

（2）接通电源后的检查

1）显示屏上是否有报警显示，若有问题应及时予以处理。

2）检查操作面板上的指示灯是否正常，各按钮、开关是否处于正确位置。

3）液压装置的压力表指示是否在所要求的范围内。

4）各控制箱的冷却风扇是否正常运转。

5）刀具是否正确夹紧在刀架上，回转刀架是否可靠夹紧，刀具是否有损伤。

6）若车床带有导套、夹簧，应确认其调整是否合适。

（3）车床运转后的检查

1）有无异常现象。

2）运转中，主轴、滑板处是否有异常噪声。

2. 每月检查要点

1）检查主轴的运转情况。主轴以最高转速一半左右的转速旋转 30 min，用手触摸壳体部分，若感觉温和即为正常。

2）检查 X、Z 轴行程限位开关、各急停开关动作是否正常。可用手按压行程限位开关的滑动轮，若有超程报警显示，说明行程限位开关正常，同时清洁各接近开关。

3）检查 X、Z 轴的滚珠丝杠。若有污垢，应清理干净；若表面干燥，应涂润滑脂。

4）检查回转刀架的润滑状态是否良好。

5）检查导套装置。

① 检查导套内孔状况，看是否有裂纹、毛刺。若有问题，予以修整。

② 检查并清理导套前面盖帽内的切屑。

6）检查并清理冷却槽内的切屑。

7）检查润滑装置，包括下面的内容：

① 检查润滑油管路是否损坏，各管插头是否有松动或漏油现象。

② 检查润滑泵的排油量是否符合要求。

8）检查液压装置，包括下面的内容：

① 检查液压管路是否损坏，各管插头是否有松动或漏油现象。

② 检查压力表的工作状态。通过调整液压泵的压力，检查压力表的指针工作是否正常。

3. 六个月检查要点

1）检查主轴。①检查主轴孔的振摆。将千分表探头伸入卡盘套筒的内壁，然后轻轻地将主轴旋转一周，指针的摆动量小于出厂时精度检查表的允许值即可。

② 检查编码盘同步带的张力及磨损情况。

③ 检查主轴传动带的张力及磨损情况。

2）检查刀架。主要看换刀时其换位动作的连贯性，以刀架夹紧、松开时无冲击为好。

3）检查各插头、插座、电缆、各继电器的触点是否接触良好，检查各印制电路板是否干净，检查主电源变压器、各电机的绝缘电阻（应在 1 MΩ 以上）。

4）检查润滑泵装置浮子开关的动作状况。可用润滑泵装置抽出润滑油，看浮子落至警戒线以下时，是否有报警指示以判断浮子开关的好坏。

5）检查导套装置。用手沿轴向拉导套，检查其间隙是否过大。

6）检查断电后保存车床参数、工作程序用后备电池的电压值，视情况予以更换。

4. 数控系统的日常维护

1）车床电控柜的散热通风 。通常安装于电控柜门上的热交换器或轴流风扇能对电控柜的内外进行空气循环，促使电控柜内的发热装置或元器件（如驱动装置等）进行散热。应定期检查电控柜上的热交换器或轴流风扇的工作状况、风道是否堵塞，否则会引起柜内温度过高而使系统不能可靠运行，甚至引起过热报警。

2）尽量少开电控柜门。加工车间飘浮的灰尘、油雾和金属粉末落在电控柜上容易造成元器件间绝缘电阻下降，从而出现故障。因此，除了定期维护和维修外，平时应尽量少开电控柜门。

3）支持电池的定期更换 。数控系统储存参数用的存储器采用 CMOS 器件，其储存的内容在数控系统断电期间靠支持电池供电保持。在一般情况下，即使电池尚未消耗完，也应每年更换一次，以确保系统能正常工作。电池的更换应在 CNC 系统通电状态下进行。

4）备用印制线路板的定期通电。对于已经购置的备用印制线路板，应定期装到 CNC 系统上通电运行。实践证明，印制线路板长期不用易出故障。

5）数控系统长期不用时的保养。数控系统处于长期闲置的情况下，要经常给系统通电，在车床锁住不动的情况下，让系统空运行。系统通电可利用电器元件本身的发热来驱散电控柜内的潮气，保证电器元件性能的稳定可靠。实践证明，在空气湿度较大的地区，经常通电是降低故障的一个有效措施。

1.1.5 技能应用练习题

1. 单选题

(1) 车床的类别代号是（ ）。

A. Z　　B. X　　C. C　　D. M

(2) 用数控车床加工零件，能获得很高的位置精度，除车床精度高外，主要原因是（ ）。

A. 一次装夹多工位加工　　B. 多次装夹单工位加工

C. 多次装夹多工位加工　　D. 车床振动小

(3) 液压传动是利用（ ）作为工作介质来进行能量传送的一种工作方式。

A. 油类　　B. 水　　C. 液体　　D. 空气

(4) 数控系统的核心是（ ）。

A. 伺服装置　　B. 数控装置

C. 反馈装置　　D. 检测装置

(5) 位置检测装置安装在数控车床的伺服电动机上，属于（ ）。

A. 开环控制系统　　B. 半闭环控制系统

C. 闭环控制系统　　D. 安装位置与控制系统类型无关

(6) 润滑剂有润滑油、（ ）和固体润滑剂。

A. 液体润滑剂　　B. 润滑脂

C. 切削液　　D. 润滑液

(7) 数控装置中电池的作用是（ ）。

A. 给系统的 CPU 运算提供能量

B. 在系统断电时，用它储存的能量来保护 RAM 中的数据

C. 为检测元件提供能量

D. 在突然断电时，为数控车床提供能量，使车床暂时运行几分钟，以便退出刀具

(8) 车床主轴箱内一般采用（ ）。

A. 手工定时润滑　　B. 针阀式注油油杯润滑

C. 自动定时润滑　　D. 溅油润滑

2. 判断题

(1) 数控车床的日常维护记录档案应由操作人员负责填写。（ ）

(2) 具有竞争意识而没有团队合作的员工往往更容易获得成功的机会。（ ）

(3) 车床的日常维护与保养，通常情况下应由后勤管理人员来进行。（ ）

任务 1.2 数控系统认知及面板操作

【知识目标】

1. 了解常见数控系统的基本知识。

2. 掌握数控车床面板各操作按钮的功能。

【能力目标】

1. 正确使用数控车床操作面板各功能按钮。
2. 能熟悉各类数控车床面板。

1.2.1 常见的数控车床控制系统

目前工厂常用的数控系统有 FANUC（发那科）数控系统、SIEMENS（西门子）数控系统、华中数控系统、广州数控系统、三菱数控系统等。每一种数控系统又有多种型号，如 FANUC 系统从 0i ~ 23i、SIEMENS 系统从 802S、802C 到 802D、810D、840D 等。各种数控系统指令也各不相同，即使同一系统不同型号其指令也略有差别，使用时以系统说明书为准，本书以 FANUC 0i 系统为例进行介绍。

1.2.2 数控面板

数控车床的类型和数控系统的种类很多，各生产厂家设计的操作面板也不尽相同，但操作面板中各种旋钮、按钮和键盘上键的基本功能与使用方法基本相同。本节以 FANUC 0i 系统为例，介绍数控车床的面板及其操作说明。FANUC 0i 系统的数控面板分为系统面板和操作面板两部分。

1. FANUC 0i 系统面板

FANUC 0i 系统面板包括 CRT 界面（左半部分）和键盘（右半部分）两部分，键盘用于程序编辑、参数输入等功能，如图 1-15 所示，各个键的功能见表 1-2。

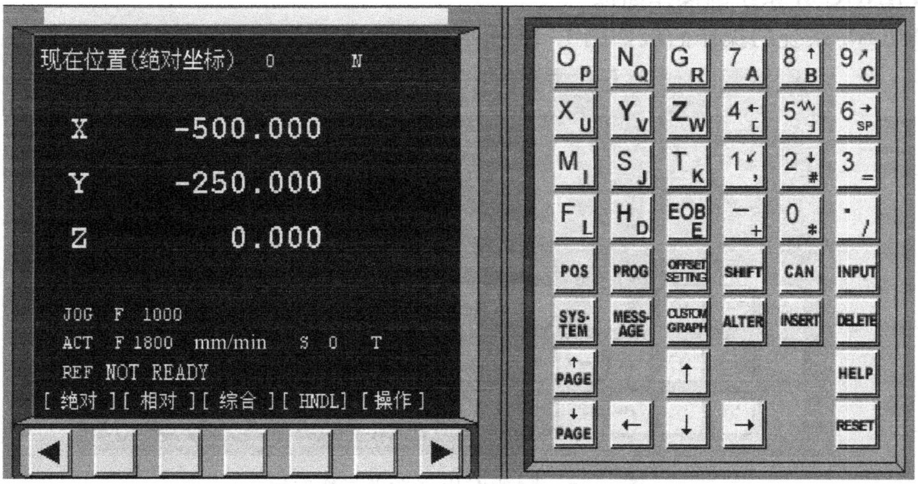

图 1-15　FANUC 0i 系统面板

表 1-2　FANUC 0i 系统面板键盘操作说明

软　键	功　能
	实现左侧 CRT 中显示内容的向上、向下翻页

（续）

软　键	功　能
↑ ← ↓ →	移动 CRT 中的光标位置
O_P N_Q G_R X_U Y_V Z_W M_I S_J T_K F_L H_D EOB_E	实现字符的输入，单击 SHIFT 键后再单击字符键，将输入右下角的字符。例如：单击 O_P 将在 CRT 的光标所处位置输入“O”字符，单击软键 SHIFT 后再单击 O_P 将在光标所处位置输入“P”字符；单击软键的“EOB”将输入“;”，表示换行结束
7_A 8_B 9_C 4_C 5_J 6_SP 1_, 2_# 3_= -_+ 0_* ._/	实现字符的输入，例如：单击软键 5 将在光标所处位置输入“5”字符，单击软键 SHIFT 后再单击 5 将在光标所处位置输入“]”
POS	在 CRT 中显示坐标值
PROG	CRT 将进入程序编辑和显示界面
OFFSET SETTING	CRT 将进入参数补偿和显示界面
CUSTOM GRAPH	在自动运行状态下将数控显示切换至轨迹模式
CAN	删除单个字符
INPUT	将数据域中的数据输入到指定的区域
ALTER	字符替换
INSERT	将输入域中的内容输入到指定区域
DELETE	删除一段字符
RESET	机床复位

2. FANUC 0i 系统的操作面板

FANUC 0i 系统的操作面板如图 1–16 所示，按钮说明见表 1–3。

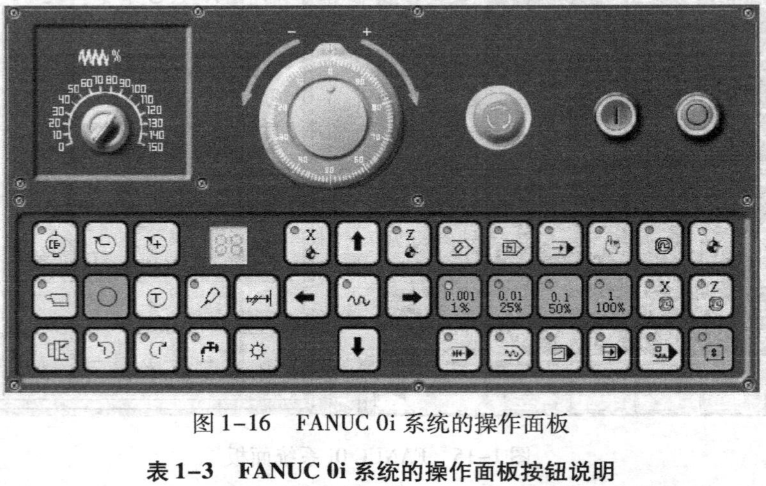

图 1–16　FANUC 0i 系统的操作面板

表 1–3　FANUC 0i 系统的操作面板按钮说明

按　钮	名　称	功 能 说 明
	自动运行	此按钮被按下后，系统进入自动加工模式
	编辑	此按钮被按下后，系统进入程序编辑状态，用于直接通过操作面板输入数控程序和编辑程序

（续）

按　　钮	名　　称	功能说明
	MDI	此按钮被按下后，系统进入 MDI 模式，手动输入并执行指令
	远程执行	此按钮被按下后，系统进入远程执行模式，即 DNC 模式，输入、输出资料
	单节	此按钮被按下后，运行程序时每次执行一条数控指令
	单节忽略	此按钮被按下后，数控程序中的注释符号“/”有效
	选择性停止	当此按钮按下后，“M01”代码有效
	机械锁定	锁定机床
	试运行	机床进入空运行状态
	进给保持	程序运行暂停，在程序运行过程中，按下此按钮运行暂停。按“循环启动”恢复运行
	循环启动	程序运行开始，系统处于“自动运行”或“MDI”位置时按下有效，其余模式下使用无效
	循环停止	程序运行停止，在数控程序运行中，按下此按钮停止程序运行
	回原点	机床处于回零模式，机床必须首先执行回零操作，然后才可以运行
	手动	机床处于手动模式，可以手动连续移动
	手动脉冲	机床处于快速手动控制模式
	手动脉冲	机床处于手轮控制模式
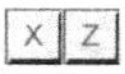	*X*、*Z* 轴选择按钮	在手动状态下，按下该按钮则机床分别移动 *X*、*Z* 轴
	正方向移动按钮	在手动状态下，单击该按钮系统将向所选轴正向移动。在回零状态时，单击该按钮将所选轴回零
	负方向移动按钮	在手动状态下，单击该按钮系统将向所选轴负向移动
	快速按钮	按下该按钮，机床处于手动快速状态
	主轴倍率选择旋钮	将光标移至此旋钮上后，通过单击鼠标的左键或右键来调节主轴旋转倍率
	进给倍率	调节主轴运行时的进给速度倍率
	急停按钮	按下急停按钮，使机床移动立即停止，并且所有的输出（如主轴的转动等）都会关闭
	超程释放	系统超程释放
	主轴控制按钮	从左至右分别为：正转、停止、反转
	手轮显示按钮	按下此按钮，可以显示出手轮面板
	手轮面板	单击按钮将显示手轮面板
	手轮轴选择旋钮	在手轮模式下，将光标移至此旋钮上后，通过单击鼠标的左键或右键来选择进给轴
	手轮进给倍率旋钮	在手轮模式下，将光标移至此旋钮上后，通过单击鼠标的左键或右键来调节手轮步长。×1、×10、×100 分别代表每次移动量为 0.001 mm、0.01 mm、0.1 mm
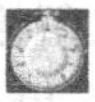	手轮	将光标移至此旋钮上后，通过单击鼠标的左键或右键来转动手轮
	启动	启动控制系统
	关闭	关闭控制系统

1.2.3 操作界面

1. 车床位置界面

单击POS进入坐标位置界面，单击菜单软键［绝对］、菜单软键［相对］，在CRT界面将分别对应相对坐标（见图1-17）和绝对坐标（见图1-18）。

```
现在位置（相对坐标）  O    N

X          -500.000

Y          -250.000

Z             0.000

JOG  F  1000
ACT  F  1800  mm/min     S  O  T
REF  NOT  READY
[绝对][相对][综合][HNDL][操作]
```

图1-17　相对坐标界面

```
现在位置（绝对坐标）  O    N

X          -500.000

Y          -250.000

Z             0.000

JOG  F  6000
ACT  F  6000  mm/min     S  O  T
REF  NOT  READY
[绝对][相对][综合][HNDL][操作]
```

图1-18　绝对坐标界面

2. 程序管理界面

单击POS进入程序管理界面，单击菜单软键［LIB］，将列出系统中所有的程序，在所列出的程序列表中选择某一程序名，单击PROG将显示该程序，如图1-19所示。

```
程式        O0001            N 0001
O0001;
N10  G21  G40  G97  G99;
N20  M03  S600  T0101;
N30  G00  X50.  Z2;
N40  X0;
N50  G01  Z0.  F0.3;
N60  X45.5;
>                            S  O  T
EDIT ****  ***  ***
[程式]  [LIB]  [  ]  [  ]  [操作]
```

图1-19　显示当前程序

3. 车床刀具补偿参数设置界面

车床的刀具补偿包括刀具的磨耗补偿参数和形状补偿参数，两者之和构成车刀偏置量补偿参数。

刀具使用一段时间后磨损，会使产品尺寸产生误差，或者在加工时为精加工留出余量，因此需要对刀具设定磨耗补偿。在键盘上单击OFFSET SETTING键，进入磨耗补偿参数设定界面，如图1-20所示。用方位键↑↓选择所需的番号，并用←→确定所需补偿的值。单击数字键，输入补偿值到输入域。按菜单软键［输入］或按INPUT，参数输入到指定区域。

在键盘上单击键，进入形状补偿参数设定界面，如图 1-21 所示。通常用于对刀或刀具半径补偿，参数输入方法同刀具磨耗补偿参数，R 为刀尖半径，T 为刀具方位号。

刀具补正/磨耗　　O　　N

番号	X	Z	R	T
01	−194.767	−181.300	0.800	3
02	−194.977	−187.600	0.400	3
03	0.000	0.000	0.000	0
04	0.000	0.000	0.000	0
05	0.000	0.000	0.000	0
06	0.000	0.000	0.000	0
07	0.000	0.000	0.000	0
08	0.000	0.000	0.000	0

现在位置（相对坐标）
U　−194.767　W　−187.600
^
>　　S　O　　T
JOG　****　***　***
[NO检索] [测量] [C.输入] [+输入] [输入]

图 1-20　刀具磨耗补偿参数设定界面

刀具补正/形状　　O　　N

番号	X	Z	R	T
01	−194.767	−181.300	0.800	3
02	−194.977	−187.600	0.400	3
03	0.000	0.000	0.000	0
04	0.000	0.000	0.000	0
05	0.000	0.000	0.000	0
06	0.000	0.000	0.000	0
07	0.000	0.000	0.000	0
08	0.000	0.000	0.000	0

现在位置（相对坐标）
U　−194.767　W　−187.600
^
>　　S　O　　T
JOG　****　***　***
[NO检索] [测量] [C.输入] [+输入] [输入]

图 1-21　形状补偿参数设定界面

1.2.4　数控程序处理

数控程序编制有两种方式，可以直接用手工编程方式，也可以用导入数控程序方式。

1. 手工编程

单击操作面板上的编辑键，进入编辑状态，单击键盘上的转入编辑页面。通过键盘输入“O×”（×为程序号，但不能与已有的程序号重复）按键，CRT 界面上将显示一个空程序，可以通过键盘输入一段代码，按键则数据输入域中的内容将显示在 CRT 界面上，用回车换行键结束一行的输入后换行。

2. 导入数控程序

首先用记事本输入程序并保存为文本格式（*.txt 格式）文件。单击操作面板上的编辑键，进入编辑状态，单击键盘上的，CRT 界面转入编辑页面。再按菜单软键［操作］，在出现的下级子菜单中按软键，按菜单软键［READ］，转入如图 1-22 所示的界面。

单击键盘上的数字/字母键，输入“O××××”（××××为任意不超过四位的数字），按软键［EXEC］，单击菜单“机床/DNC 传送”，在弹出的对话框（见图 1-23）中选择所需的 NC 程序，按“打开”确认，则数控程序被导入并显示在 CRT 界面上。

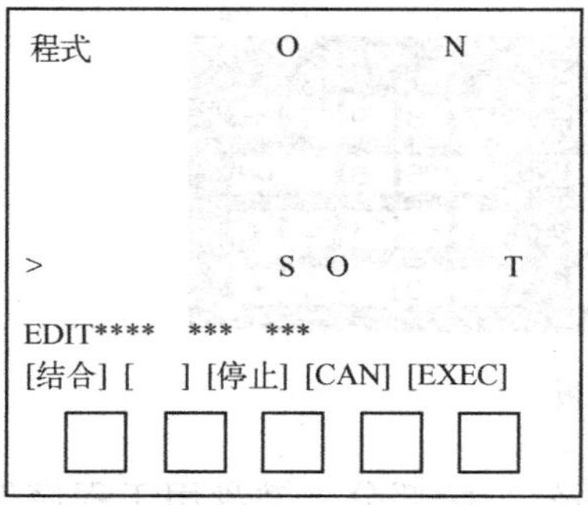

图 1-22　导入程序界面

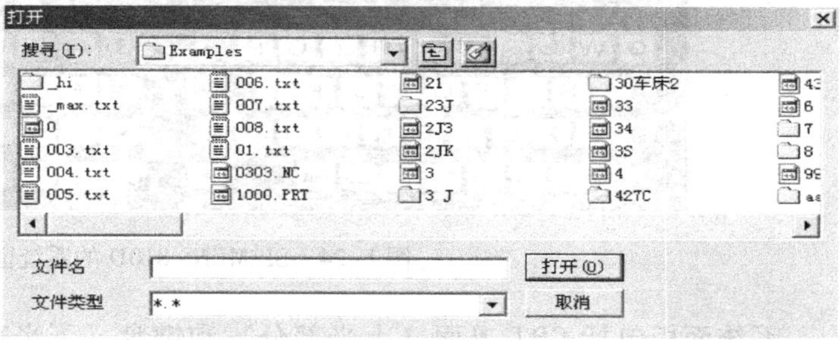

图 1-23　程序导入选择界面

3. 数控程序管理

（1）显示数控程序目录　经过导入数控程序操作后，单击操作面板上的编辑键，编辑状态指示灯变亮，此时已进入编辑状态。单击键盘上的，CRT 界面转入编辑页面。按菜单软键［LIB］，经过 DNC 传送的数控程序名列表显示在 CRT 界面上。

（2）选择一个数控程序　经过导入数控程序操作后，单击键盘上的，CRT 界面转入编辑页面。利用键盘输入“O×”（×为数控程序在目录中显示的程序号），按键开始搜索，搜索到后“O×”显示在屏幕首行程序号位置，NC 程序将显示在屏幕上。

（3）删除一个数控程序　单击操作面板上的编辑键进入编辑状态。利用键盘输入“O××××”（××××为要删除的数控程序在目录中显示的程序号），按键，程序即被删除。

（4）删除全部数控程序　单击操作面板上的编辑键进入编辑状态。单击键盘上的，CRT 界面转入编辑页面。利用键盘输入“0～9999”，按键，全部数控程序即被删除。

（5）保存程序　单击操作面板上的编辑键进入编辑状态。按菜单软键［操作］，在下级子菜单中按菜单软键［Punch］，在弹出的对话框中输入文件名，选择文件类型和保存路径，按“保存”按钮。

1.2.5　拓展知识

1. SIEMENS 810D 标准车床系统面板

SIEMENS 810D 系统的数控面板分为系统面板和操作面板两部分，系统面板如图 1-24 所示。

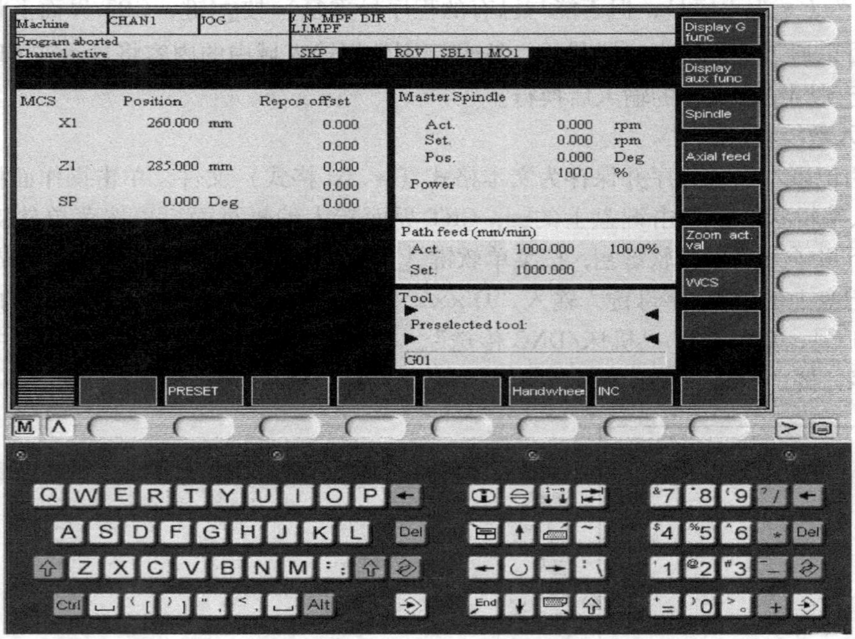

图 1-24　SIEMENS 810D 的系统面板

系统面板包括 CRT 界面（上半部分）和键盘（下半部分）两部分。键盘用于程序编辑、参数输入等功能，各个键的功能见表 1-4。

表 1-4　SIEMENS 810D 的系统面板键盘操作说明

按　键	名　称	功　能
	机床区域键	按此键，进入机床操作区域
	返回键	关闭当前窗口，返回上级菜单
	扩展键	同一个菜单级，软键菜单扩展
	区域转换键	按此键，可从任何操作区域返回到主菜单，以选择操作区域
	上档键	对键上的两种功能进行转换。用了上档键，当按下字符键时，该键上行的字符（除了光标键）就被输出
	报警确认键	
	帮助键	（本软件中无此功能）
	窗口选择键	若屏幕上显示多个窗口，使用该键可以激活下一个窗口（边框发亮），键盘输入只能在激活窗口内进行
	翻页键	用此键可以逐页快速查看激活窗口内的信息
	删除键	自右向左删除字符
	空格键	
	选择键、锁定键、激活键	一般用于单选、多选框
	编辑键、取消键（undo）	
	行末键	光标快速定位，该键使光标快速到行末（编辑器中）
	输入键、回车键	1）接收一个编辑值 2）打开、关闭一个文件目录 3）打开文件

2. SIEMENS 810D 标准车床操作面板

SIEMENS 810D 的操作面板如图 1-25 所示，按钮说明见表 1-5。

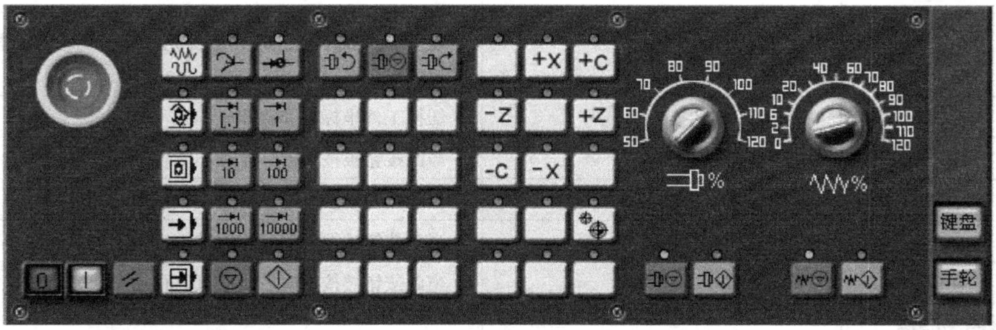

图 1-25　SIEMENS 810D 的操作面板

表 1-5　SIEMENS 810D 的操作面板键盘操作说明

按　钮	名　称	功能简介
	紧急停止	紧急状态下（如危及人身、机床、刀具、工件时）按下此按钮，驱动系统断电，各类动作停止

（续）

按　钮	名　称	功能简介
	手动操作方式（JOG）	用于手动控制机床动作
	示教方式	
	半自动运行操作方式（MDA）	通过一个或数个程序段控制机床动作
	自动运行操作方式（AUTO）	通过程序的自动运行来控制机床动作
	电源开	打开机床电源
	电源关	关闭机床电源
	复位	按下此键，取消当前程序的运行；监视功能信息被清除（除了报警信号，电源开关、启动和报警确认）；通道转向复位状态
	单段	当此按钮被按下时，在运行程序时每次执行一条数控指令
	断电返回	在 JOG 方式下，重新返回（定位）到程序中断处
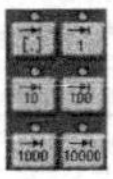	增量进给	
	循环保持	程序运行暂停，在程序运行过程中，按下此按钮运行暂停，按恢复运行
	运行开始	程序运行开始
	主轴正转	按下此按钮，主轴开始正转
	主轴停止	按下此按钮，主轴停止转动
	主轴反转	按下此按钮，主轴开始反转
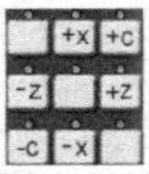	移动按钮	
	返回参考点	在 JOG 方式下，机床必须首先执行返回参考点操作，然后才可以运行
	WCS/MCS 切换	切换工件坐标系和机床坐标系
	锁住主轴	当此按钮被按下时，主轴不能转动
	松开主轴	当此按钮被按下时，允许主轴转动
	进给锁定	当此按钮被按下时，机床被锁定，不可以移动
	进给允许	当此按钮被按下时，机床可以移动
	主轴倍率	将光标移至此旋钮上后，通过单击鼠标的左键或右键来调节主轴倍率
	进给倍率	调节数控程序自动运行时的进给速度倍率，调节范围为 0～120%。置光标于旋钮上，单击鼠标左键，旋钮逆时针转动；单击鼠标右键，旋钮顺时针转动

1.2.6 技能应用练习题

1. 单选题

（1）返回机床参考点的作用是（　　）。

A. 清除丝杠螺距间隙　　B. 清除工作台面反向间隙

C. 建立机床坐标系　　D. 建立工件坐标系

（2）在程序自动运行中，按下操作面板上的（　　）按钮，自动运行暂停。

A. 进给保持　　B. 电源

C. 伺服　　D. 循环

（3）刀具磨耗补偿应输入到系统（　　）中去。

A. 程序　　B. 刀具坐标

C. 刀具参数　　D. 坐标系

（4）按 NC 控制机电源接通按钮 1 ~2 s 后，屏幕显示出（　　）（准备好）字样，表示控制机已进入正常工作状态。

A. ROAD　　B. LEADY

C. READY　　D. MEADY

（5）数控车床编辑状态时模式选择开关应放在（　　）。

A. JOG　FEED　　B. PRGRM

C. ZERO　RETURN　　D. EDIT

2. 判断题

（1）数控车床的开机、关机顺序，一定要按照车床说明书的规定操作。（　　）

（2）数控系统操作面板上的复位键的功能是解除警报和数控系统的复位。（　　）

（3）CNC 系统一般可用集中方式接收加工程序，其中 MDI 是指从通信接口接收程序。（　　）

（4）单步运行可用于快速检查整个程序。（　　）

任务 1.3　数控车床对刀操作

【知识目标】

1. 了解外圆、切槽、螺纹、内孔车刀的刀具参数含义、加工范围。
2. 熟悉各种车刀的切削功能与用途。
3. 理解数控车床对刀的原理。
4. 掌握试切对刀操作的操作方法。
5. 掌握验证对刀正确与否的方法。

【能力目标】

1. 能根据零件的结构特征选择加工刀具及其参数。
2. 能判断出各种型号车床的坐标系。

3. 能利用数控仿真系统软件正确、快速地完成任意型号的车床对刀。

4. 掌握真实车床快速对刀方法及量具的选择。

5. 掌握检测对刀效果的安全方法及程序编制，防止撞刀事故的发生。

1.3.1 学习任务

刀具与毛坯装夹图如图 1-26 所示，尺寸为 ϕ100 mm × 300 mm 的毛坯零件被正确地安装在卡盘上。在刀台上安装四把车刀，包括外圆车刀、切槽刀、外螺纹刀、内孔车刀，在尾座上安装一个钻头，对各类功能不同的刀具进行对刀操作。

通过对仿真软件的操作，完成上述条件下各刀具在仿真系统中的对刀操作，并且能够验证对刀的正确性。最后在机加工车间完成 FANUC 0i 数控系统车床的对刀任务。

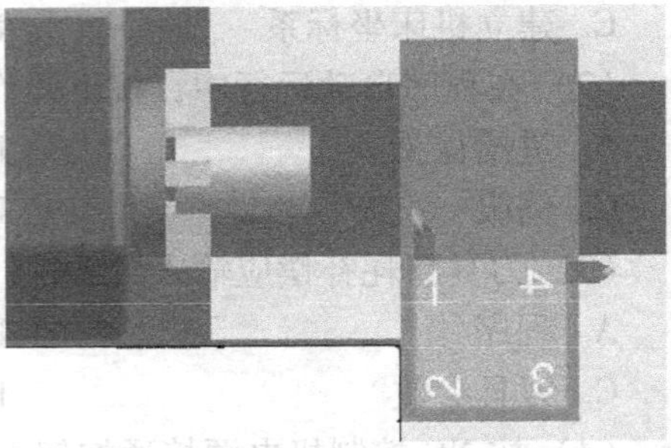

图 1-26 刀具与毛坯装夹图

1.3.2 任务相关知识

1. 车削的种类与刀具

根据数控车床的工艺特点，数控车削加工主要有以下加工内容：

（1）外圆车削与外圆车刀 车削外圆是最常见、最基本的车削方法，工件外圆一般由圆柱面、圆锥面、圆弧面及回转槽等基本面组成。图 1-27 所示为使用各种车刀车削中小型零件外圆。

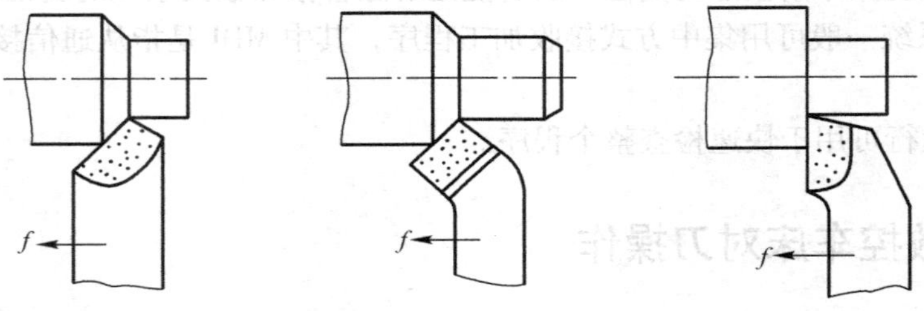

图 1-27 车削外圆示意图

a）直头外圆车刀车削外圆 b）45°外圆车刀车削外圆 c）90°外圆车刀车削外圆

（2）端面车削与端面车刀 车削端面是车削中常见的一种加工方法，如图 1-28 所示。图 1-28a 是使用 45°外圆车刀车削端面，可采用较大的背吃刀量，切削顺利，表面光洁，而且大、小端面均可车削；图 1-28b 是使用 90°右偏车刀从外向工件中心进给车削端面，适用于加工尺寸较小的端面或一般的台阶端面；图 1-28c 是使用 90°右偏车刀从工件中心向外进给车削端面，适用于加工工件中心带孔的端面或一般的台阶端面；图 1-28d 是使用左偏车刀车削端面，刀头强度较高，适宜车削较大端面，尤其是铸锻件的大端面。

（3）内孔车削与内孔车刀 车削内孔是指用车削方法扩大工件的孔或加工空心工件的内表面，内孔零件特征有通孔、不通孔和台阶孔等，常见的车孔方法如图 1-29 所示。

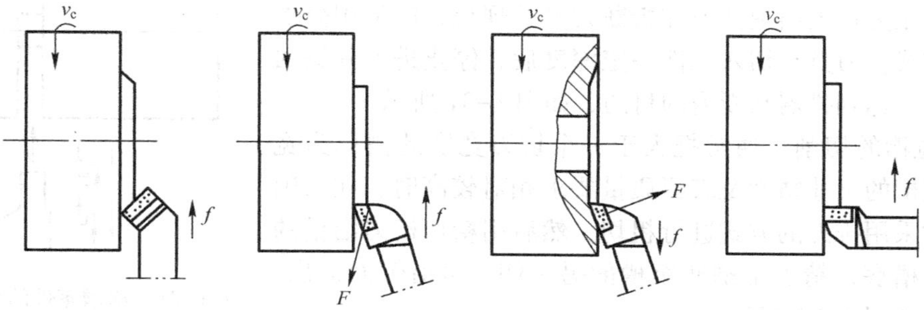

图 1-28　车削端面示意图

a）45°外圆车刀车削端面　b）90°右偏车刀车削端面（自外向中心走刀）
c）90°右偏车刀车削端面（自中心向外走刀）　d）左偏车刀车削端面

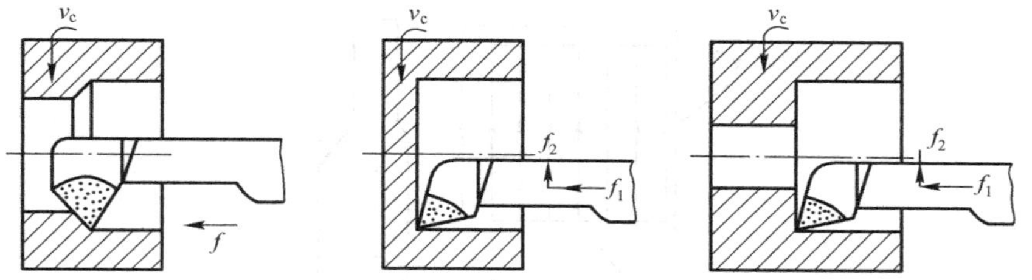

图 1-29　数控车床车削内孔

a）车削通孔　b）车削不通孔　c）车削台阶孔

（4）车槽加工与切槽刀

① 对于宽度、深度值相对不大，且精度要求不高的槽，可采用与槽等宽的切槽刀直接切入一次成形的方法加工，如图 1-30 所示。刀具切入到槽底后可利用暂停指令使刀具短暂停留，以修整槽底圆度，退出过程中可采用工进速度。

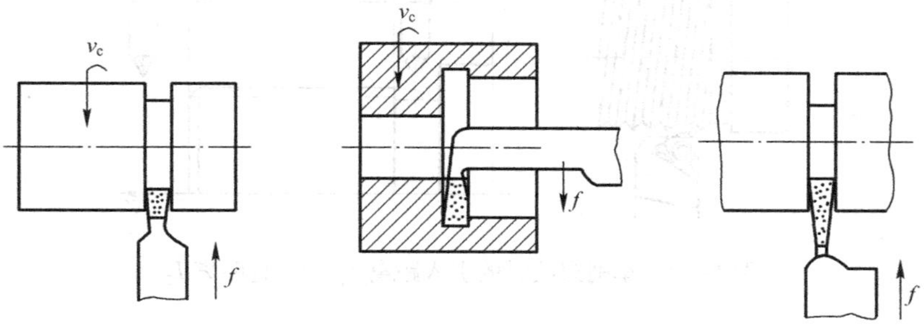

图 1-30　简单槽类零件的加工方式

a）外环槽加工　b）内环槽加工　c）切断

② 对于宽度值不大，但深度较大的深槽零件，为了避免切槽过程中由于排屑不畅，使刀具前部压力过大出现扎刀和折断刀具的现象，应采用分次进刀的方式，刀具在切入工件一定深度后，停止进刀并退回一段距离，达到排屑和断屑的目的，如图 1-31 所示。

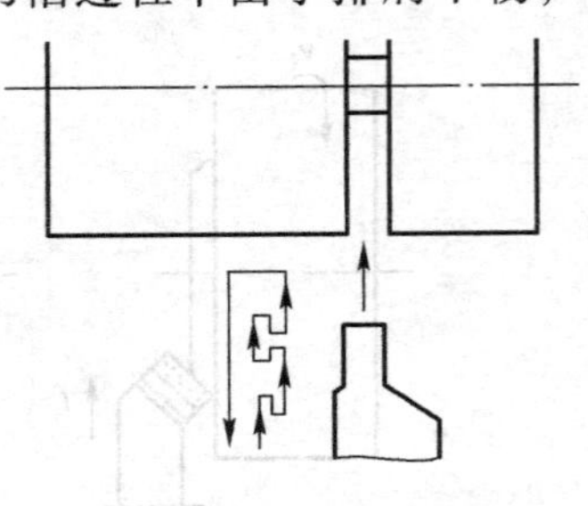

图 1-31　深槽零件的加工方式

③ 宽槽的切削。通常把大于一个切刀宽度的槽称为宽槽，当宽槽的尺寸精度及表面质量要求相对较高时，在切削宽槽时常采用排刀的方式进行粗切，然后用精切槽刀沿槽的一侧切至槽底，精加工槽底至槽的另一侧，再沿侧面退出，切削方式如图 1-32 所示。

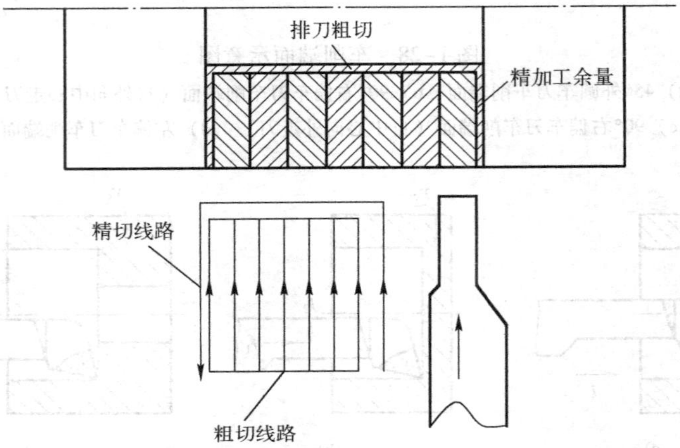

图 1-32　宽槽的切削方式示意图

（5）螺纹车削与螺纹车刀　可车削螺纹是数控车床的特点之一。在普通车床上一般只能加工少量的等螺距螺纹，而在数控车床上，只要通过调整螺纹加工程序，指出螺纹终点坐标值及螺纹导程，即可车削各种不同螺距的圆柱螺纹、锥螺纹或端面螺纹等。螺纹的车削可以通过单刀切削的方式进行，也可进行循环切削。车削螺纹时的引入距离 L_1 和超越距离 L_2 如图 1-33 所示。

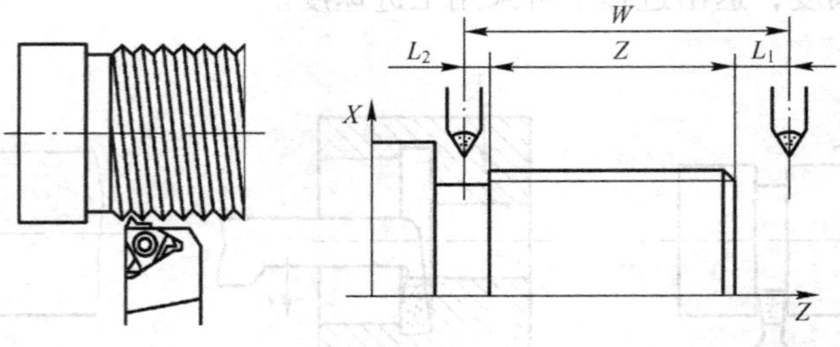

图 1-33　车削螺纹时的引入距离 L_1 和超越距离 L_2

2. 数控车床刀具的特点及类型

刀具的选择是数控加工工艺中的重要内容，它不仅影响数控车床的加工效率，而且直接影响加工质量。数控车床主轴转速比普通车床高 1～2 倍，且主轴输出功率大，因此与传统的加工方法相比，数控加工对刀具的要求更高。应根据车床的加工能力、工件材料的性能、加工工序的内容、切削用量以及其他相关因素，合理选择刀具的类型、结构和几何参数等。

（1）数控车刀的特点　为适应数控加工精度高、效率高、工序集中及零件装夹次数少等要求，数控车刀与普通车床上所用的刀具相比，主要有以下特点：

1）切削效率高。

2）刀具精度高、加工精度稳定。

3）刚性好、抗振及热变形小。

4）互换性好，便于快速换刀。

5）刀具寿命长，切削性能稳定、可靠。

6）刀具的尺寸调整方便，换刀调整时间短。

7）系统化、标准化。

（2）数控车刀的类型

1）按刀具结构的不同分。

① 整体式车刀。整体式车刀由整块材料磨制而成，使用时根据不同用途将切削部分修磨成所需要的形状。

② 焊接式车刀。将硬质合金刀片用焊接的方法固定在刀体上，称为焊接式车刀。其优点是结构简单、制造方便、刚性较好，且通过刃磨可形成所需的几何参数，故使用方便灵活。

根据工件加工表面及用途的不同，焊接式车刀可分为切断刀、外圆车刀、内孔车刀、端面车刀、螺纹车刀和成形车刀等，如图 1-34 所示。

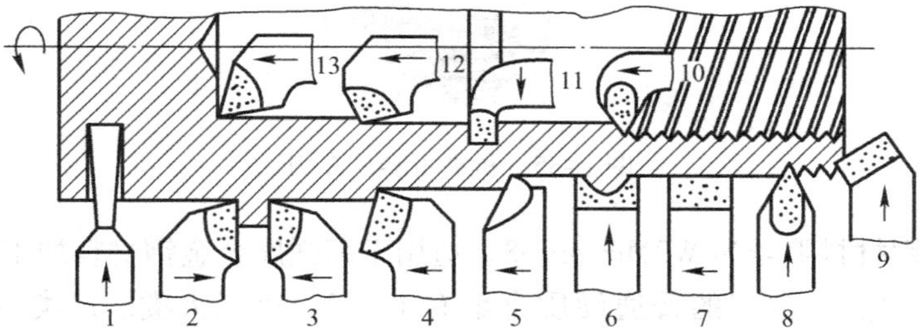

图 1-34　焊接式车刀的种类

1—切断刀　2—90°左偏刀　3—90°右偏刀　4、5—弯头车刀　6—成形车刀　7—宽刃车刀　8—外螺纹车刀　9—端面车刀　10—内螺纹车刀　11—内槽车刀　12—通孔车刀　13—不通孔车刀

③ 机夹可转位车刀。机夹可转位车刀是将硬质合金可转位刀片用机械方法夹固在刀体上。如图 1-35 所示，机夹可转位车刀由刀杆、刀片、刀垫及夹紧元件组成。刀片由硬质合金模压形成，其每边都有切削刃，当某一切削刃用钝后，只要松开夹紧元件，将刀片转一个位置便可继续使用。

目前数控车刀主要采用机夹可转位车刀。刀片主要采用硬质合金刀片和涂层硬质合金刀片。

2）按刀具所用材料的不同分。

① 高速钢刀具。常用的普通高速钢材料牌号为 W6Mo5Cr4V2、W18Cr4V、W9Mo3Cr4V 等，其硬度和韧性的配合较好，热稳定性和热塑性也比较好，但不适用于较硬材料和数控高速切削。

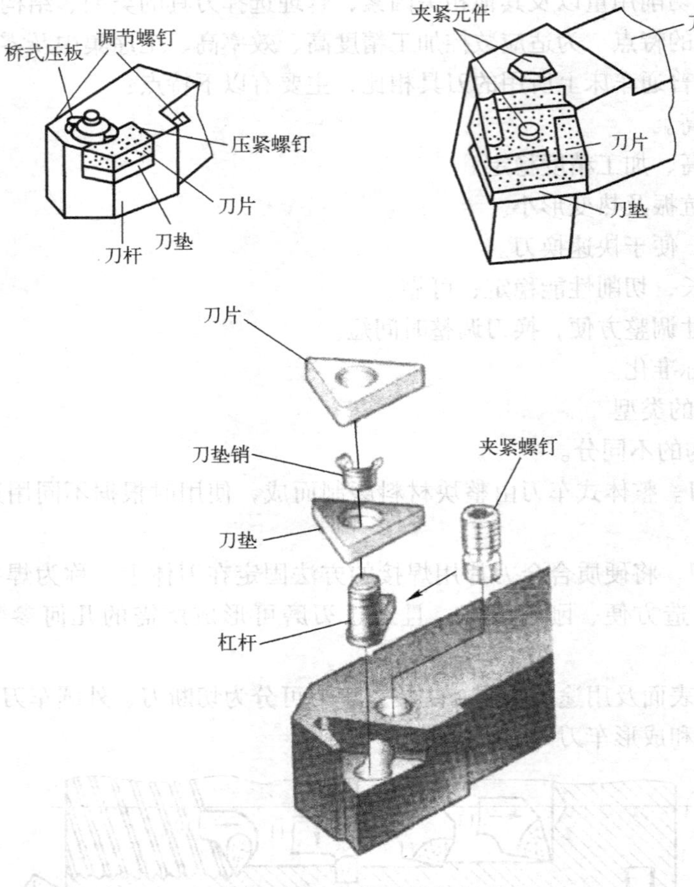

图 1-35　机夹可转位车刀

高性能高速钢材料牌号为 W2MoCr4Co8，适用于高强度合金钢材料加工。

② 硬质合金刀具。常用的普通硬质合金有 K、P、M 三大类。K 类主要牌号有 YG3、YG6、YG8 等，适用于铸铁和有色金属的加工；P 类主要牌号有 YT5、YT15、YT30 等，适用于钢加工；M 类主要牌号有 YW1、YW2 等，适用于难加工钢材的加工。

新型硬质合金的主要牌号有 YM051、YM052、YW3、YW4、YN5、YN10、YD15 等，通过添加某些碳化物使材料性能得到提高，更能适应难加工材料的加工。

③ 金刚石刀具。金刚石刀具的特点是其切削刃口可以磨得非常锋利，适用于有色金属、非金属的精加工。

④ 其他材料刀具，如涂层刀具、立方氮化硼刀具、陶瓷刀具等。

目前，数控车床用得最多最普遍的是硬质合金刀具。

3）按切削工艺的不同分。车削刀具分为外圆车刀、内孔车刀（镗刀）、螺纹车刀、切槽（断）刀具等多种。

3. 数控车刀的选择及安装

（1）数控车刀的选择　刀具选择总的原则是：安装调整方便、刚性好、使用寿命和精度高。在满足加工要求的前提下，尽量选择较短的刀柄，以提高刀具加工的刚性。

数控车刀一般分为三类：尖形车刀、圆弧形车刀和成形车刀。

1）尖形车刀。尖形车刀是以直线形切削刃为特征的车刀。其刀尖即为刀位点，如90°的内、外圆车刀，左、右端面车刀，切槽（断）刀等。使用尖形车刀加工，零件的轮廓形状主要由刀尖位移得到。

2）圆弧形车刀。圆弧形车刀是以一圆弧形切削刃为特征的车刀。由于其切削刃为圆弧形，因此刀位点为圆弧的圆心。当加工凹形轮廓时，车刀圆弧半径应小于或等于被加工凹形轮廓的最小半径；而加工凸形轮廓时，车刀圆弧半径应尽量取大，以利于提高刀具强度。圆弧形车刀可用于加工内、外表面，尤其适应车削各种光滑连接（凹形）的成形面。

3）成形车刀。成形车刀的特征是切削刃的形状、尺寸与被加工零件的轮廓形状相一致。在数控车削中，常见的成形车刀有小半径的圆弧形车刀、非矩形车槽刀和螺纹车刀等。

（2）刀片的选择　由于数控车刀主要采用机夹可转位车刀，因此选择的主要问题是刀片的形状、角度、精度、材料、尺寸、厚度、圆角半径、断屑槽、刃口修磨等要满足各种加工条件的要求。

刀片是机夹可转位车刀的重要元件，按照GB/T 2076－2007，刀片分为带圆孔、带沉孔及无孔三大类，形状有三角形、正方形、五边形、六边形、圆形和菱形等共17种。图1-36所示为几种常用的刀片形状及角度。

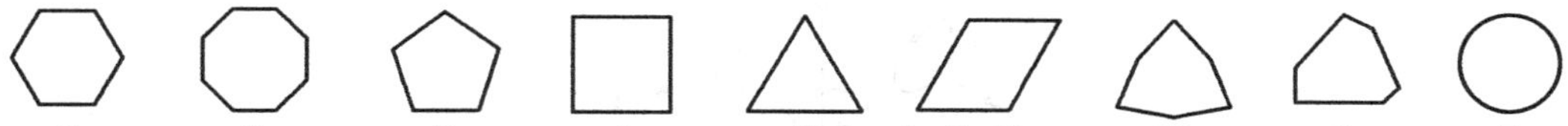

图1-36　常见机夹可转位车刀刀片

1）刀片材料的选择。目前刀片材料应用最多的是硬质合金刀片和涂层硬质合金刀片。选择刀片材质的主要依据是被加工工件的材料、被加工表面的精度、表面的质量要求、切削负荷的大小及切削过程中有无冲击和振动等。

2）刀片尺寸的选择。刀片尺寸的大小取决于有效切削刃长度。在具体选择时需综合考虑有效切削刃的长度、背吃刀量、主偏角大小等因素。

3）刀片形状的选择。在刀片形状选择时，主要考虑被加工工件的表面形状、切削方法、刀具寿命、刀片的转位次数等因素。

（3）车刀的装夹　在实际切削中，车刀安装的高低、车刀刀杆的轴线是否垂直，对车刀角度有很大的影响。以车削外圆为例，当车刀刀尖高于工件轴线时，因其车削平面与基面的位置发生变化，使其前角增大，后角减小；反之，则前角减小，后角增大。车刀安装的歪斜，对主偏角、副偏角影响较大，特别是在车螺纹时，会使牙型半角产生误差。因此，正确的安装车刀，且使刀具夹紧夹牢是保证加工质量、减小刀具磨损、提高刀具使用寿命的重要环节。

4. 机床坐标系

（1）机床坐标系的概念　在数控机床上加工零件，机床的运动是由数控系统发出的指令来控制的。为了确定机床的运动方向和移动距离，就要在机床上建立一个坐标系，这个坐标系就叫作机床坐标系，也叫作标准坐标系。

（2）数控车床坐标系方向的确定　数控车床的加工动作主要分为刀具的运动和工件的

运动两部分。因此，在确定机床坐标系的方向时规定：永远假定刀具相对于静止的工件运动。

对于机床坐标系的方向，统一规定增大工件与刀具间距离的方向为正方向。

数控机床的坐标系采用符合右手定则规定的笛卡儿坐标系。如图 1–37 所示，大拇指的方向为 X 轴的正方向，食指指向 Y 轴的正方向，中指指向 Z 轴的正方向。图中规定了旋转运动 A、B、C 轴旋转的正方向。

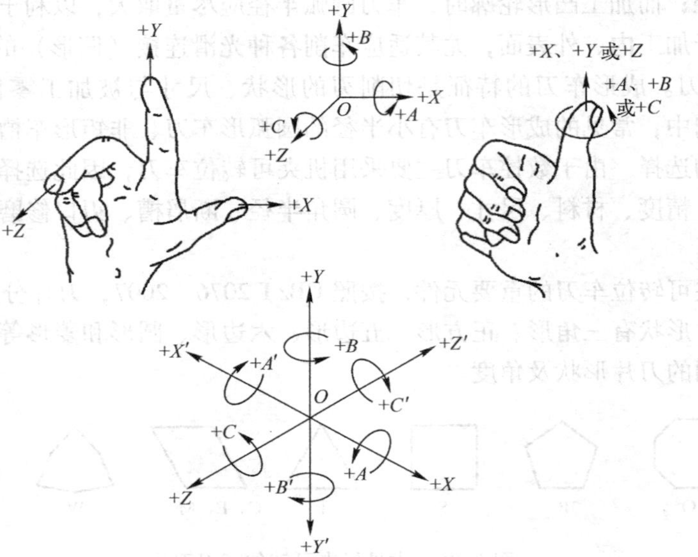

图 1–37 右手笛卡儿坐标系

机床坐标系方向的确定一般按照下面的步骤进行：

1）首先确定 Z 轴坐标方向。一般是选取产生切削力的轴线作为 Z 轴。对于工件旋转的机床，如车床、磨床等，工件转动的轴为 Z 轴；对于刀具旋转的机床，如镗床、铣床、钻床等，刀具转动的轴为 Z 轴，Z 坐标的正方向为刀具远离工件的方向。

2）其次确定 X 轴坐标方向。一般平行于工件装夹面且与 Z 轴垂直。对于工件旋转的机床，如车床、磨床等，X 坐标的方向在工件的径向上，且平行于横向滑座，刀具远离工件旋转中心的方向为 X 轴的正向，如图 1–38 所示。对于刀具旋转的机床，如铣床、镗床、钻床等，若主轴为垂直的，面对刀具主轴向立柱看时，X 轴正向指向右；若主轴为水平方向时，当从主轴向工件看时，X 轴正向指向右。

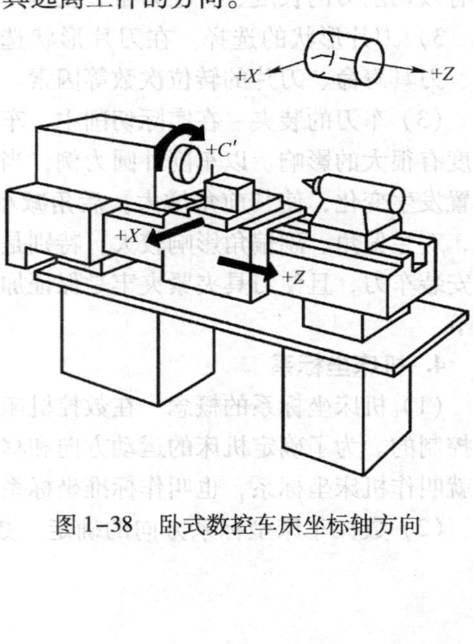

图 1–38 卧式数控车床坐标轴方向

3）最后确定 Y 轴方向。Y 轴垂直于 X 轴和 Z 轴。当 X 轴和 Z 轴及正方向确定后，按右手直角笛卡儿坐标系即可判定 Y 轴及正方向。

（3）机床附加坐标系　为了编程和加工方

便，有时要设置附加坐标系。如果在 X、Y、Z 坐标的运动之外还有第二组和第三组坐标平行于它们，则分别用 U、V、W 和 P、Q、R 指定。

（4）机床原点与机床参考点

1）机床原点。机床原点又叫作机械零点，是指机床坐标系的原点，是机床上的一个固定点，它不仅是在机床上建立工件坐标系的基准点，而且还是机床调试和加工时的基准点。数控机床种类型号不同，其机床原点也不同。通常车床的机床原点设在卡盘端面与主轴中心线的交点处，而铣床的机床原点则设在机床 X、Y、Z 三个轴正方向的运动极限位置。

2）机床参考点。机床参考点的位置是由机床制造厂家在每个进给轴上用限位开关精确调整好的，坐标值已输入数控系统中。因此机床参考点对机床原点的坐标是一个已知数。

数控机床开机时，必须先确定机床原点，即刀架返回参考点的操作。只有机床参考点被确认后，刀具（或工作台）移动才有基准。机床参考点与机床原点的关系如图 1-39 所示。

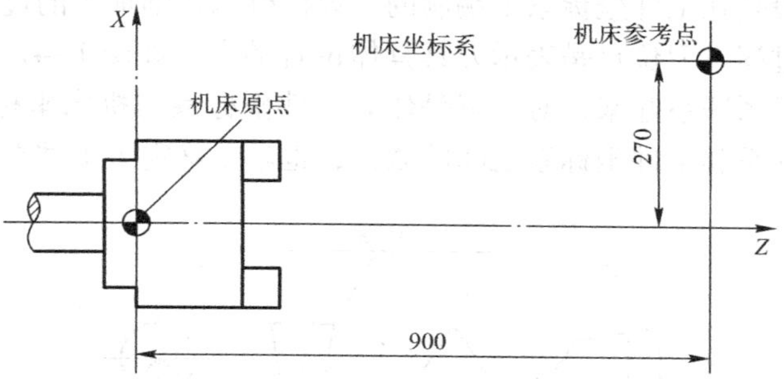

图 1-39　机床参考点与机床原点的关系

5. 工件坐标系

（1）工件坐标系的概念　机床坐标系的建立保证了刀具在机床上的正确运动。但是，加工程序的编制通常是针对某一工件并根据零件图样进行的。为了便于尺寸计算与检查，加工程序的坐标原点一般都尽量与零件图样的尺寸基准相一致。这种针对某一工件并根据零件图样建立的坐标系称为工件坐标系（又叫作编程坐标系）。

（2）工件坐标系原点　工件坐标系原点也称为编程原点，该点是指工件装夹完成后，选择工件上的某一点作为编程或者工件加工的基准点，如图 1-40 所示。

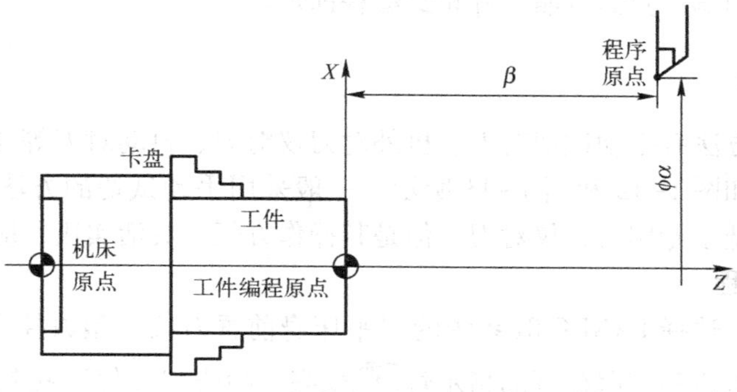

图 1-40　编程原点

工件坐标系原点的选择要尽量满足编程简单、尺寸换算少、引起的加工误差小等条件。一般情况下，以坐标式尺寸标注的零件，选择设计基准点作为编程原点；对称零件或以同心圆为主的零件，编程原点应选在对称中心线或圆心上。

(3) 工件坐标系原点选择原则　工件坐标系原点在工件上的位置虽可任意选择，但一般应遵循以下原则：

1) 工件坐标系原点选在工件图样的基准上，以利于编程。

2) 工件坐标系原点尽量选在尺寸精度高、粗糙度值低的工件表面上。

3) 工件坐标系原点最好选在工件的对称中心线上。

4) 工件坐标系原点要便于测量和检验。

6. 对刀分析

工件加工时，需要将工件安装在数控机床上才能加工，刀具的切削加工都是处于机床坐标系下的运动，但在编制控制刀具或者工件运动的数控指令编程时，为了便于计算和处理，工件的加工程序一般是在工件坐标系下编制的，数控机床切削加工的过程就是刀位点根据编程坐标切削运动的过程，刀位点是表示刀具具体位置的点，如图 1-41 所示。这就需要将工件坐标系与机床坐标系联系起来，对刀就是建立工件坐标系与机床坐标系联系的一个过程。对刀建立了机床坐标系和工件坐标系之间的联系，也就是确定了工件在机床中的位置。

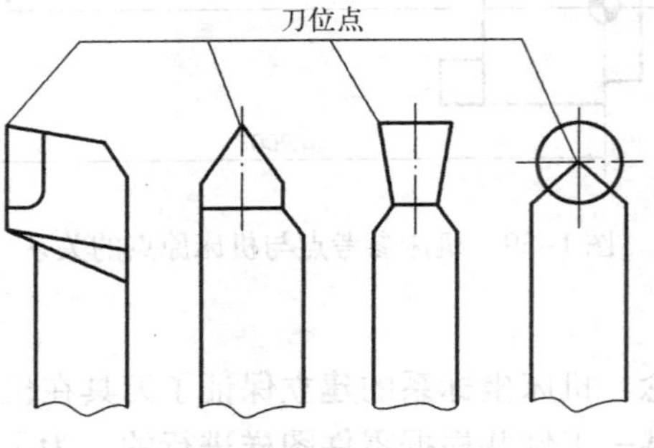

图 1-41　车刀的刀位点

零件的加工往往需要多把刀具加工才能完成，那么每一把刀具都需要对刀操作，这就需要调整每把刀具的刀位点。这样，在刀架转位后，虽然刀具的刀位点不在同一个点上，但通过刀具补偿，使每把刀的刀位点重合于某一理想基准点，这样编程时就不用考虑刀具的长度和刀尖圆弧半径的影响，只需按照工件轮廓编程即可。

1.3.3　任务实施

数控车床对刀方法有手动试切对刀、机外对刀仪对刀、自动对刀等几种方法，机外对刀仪对刀、自动对刀如图 1-42 和图 1-43 所示。一般采用手动试切的方法进行对刀，虽然这种方法的对刀精度低于专用对刀仪对刀，但是其操作方便、灵活实用，应用较为广泛。

1. 试切对刀过程

(1) 激活车床　选择 FANUC 0i 系统的“平床身前置刀架”型数控车床。单击“启动”按钮，此时机床电机和伺服控制的指示灯变亮。检查“急停”按钮是否松开，若未松开，单击“急停”按钮，将其松开。

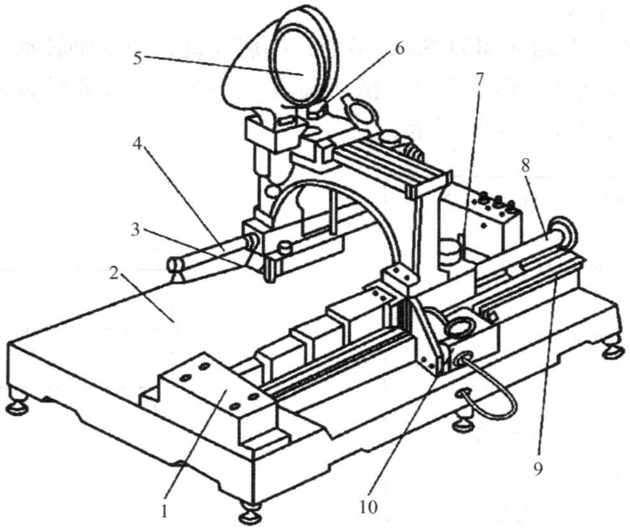

图 1-42　机外对刀仪对刀

1—刀具台安装座　2—底座　3—光源　4、8—轨道　5—投影放大镜　6—*X* 向进给手柄　7—*Z* 向进给手柄　9—刻度尺　10—微型读数器

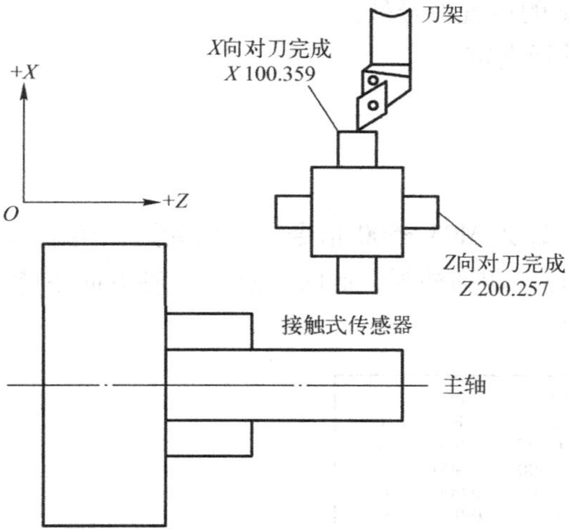

图 1-43　自动对刀

（2）车床回参考点　检查操作面板上回原点指示灯是否亮，若指示灯亮，则已进入回原点模式；若指示灯不亮，则单击“回原点”按钮，转入回原点模式。

在回原点模式下，先将 *X* 轴回原点，单击操作面板上的“X 轴选择”按钮，使 *X* 轴方向移动指示灯变亮，单击“正方向移动”按钮，此时 *X* 轴将回原点，*X* 轴回原点灯变亮，CRT 上的 *X* 坐标变为“600.000”。同样，再单击“Z 轴选择”按钮，使指示灯变亮，单击，*Z* 轴将回原点，*Z* 轴回原点灯变亮，此时 CRT 界面如图 1-44 所示。

（3）对刀操作过程

1）试切端面，*Z* 轴对刀。

① 在“MDI”模式下输入 M03 S500 指令，按启动键，使主轴转动（或手动模式下按主轴正转按钮，使主轴转动）。移动刀具，试切端面，此时刀具沿 *Z* 轴方向不能再移动，只能沿 *X* 轴方向退出刀具，如图 1–45 所示。

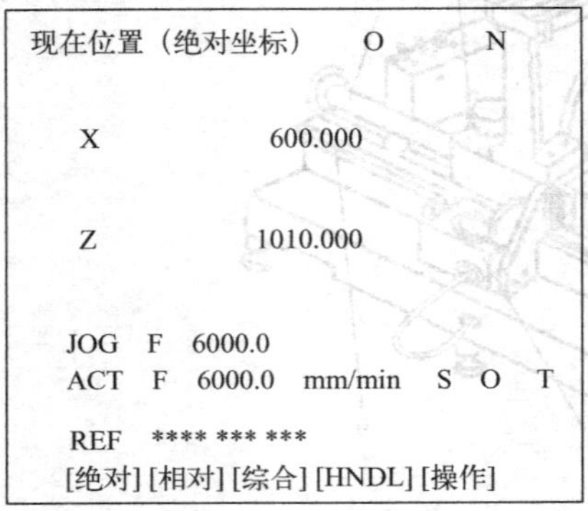

图 1–44　FANUC 0i 型前置机床回零界面

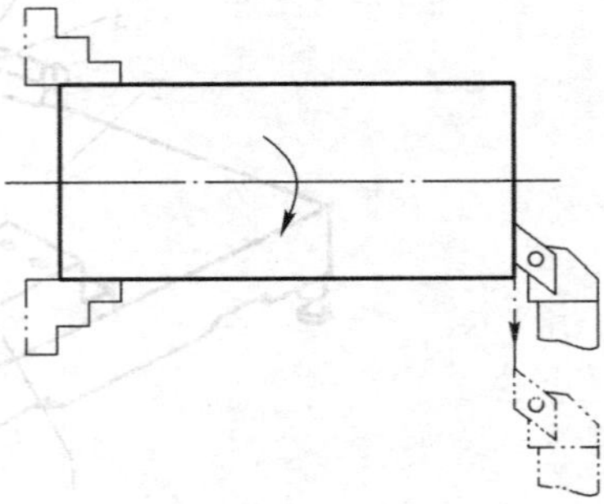

图 1–45　*Z* 轴对刀示意图

② 按功能键“OFFSET SETTING”和软键“补正”，显示刀具补正画面，找到［刀具补正/形状］界面，如图 1–46 所示。

③ 将光标移至欲设定的偏置刀号处。

④ 按地址键“Z”进行设定。

⑤ 键入测量值（0）。

⑥ 按软键【测量】。

2）试切外圆，*X* 轴对刀。

① 在“MDI”模式下输入 M03 S500 指令，按启动键，使主轴转动（或手动模式下按主轴正转按钮，使主轴转动）。切削外圆，此时刀具沿 *X* 轴方向不能再移动，只能沿 *Z* 轴方向退出刀具，如图 1–47 所示。

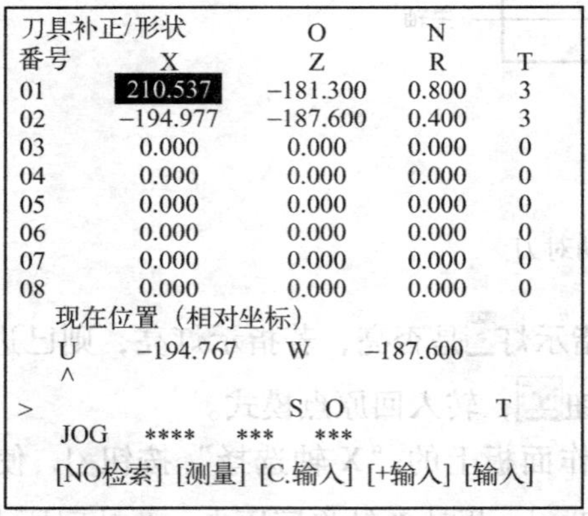

刀具补正/形状　O　N

番号	X	Z	R	T
01	210.537	−181.300	0.800	3
02	−194.977	−187.600	0.400	3
03	0.000	0.000	0.000	0
04	0.000	0.000	0.000	0
05	0.000	0.000	0.000	0
06	0.000	0.000	0.000	0
07	0.000	0.000	0.000	0
08	0.000	0.000	0.000	0

现在位置（相对坐标）
U　−194.767　W　−187.600
^
>　S　O　T
JOG　****　***　***
[NO检索] [测量] [C.输入] [+输入] [输入]

图 1–46　刀具补偿界面

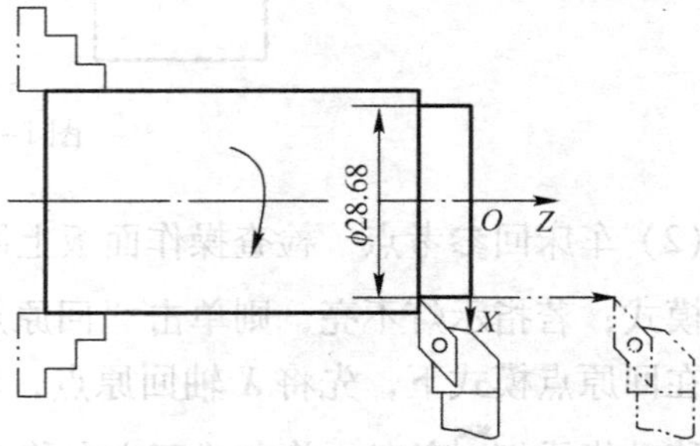

图 1–47　*X* 轴对刀示意图

② 按功能键“OFFSET SETTING”和软键“补正”，显示刀具补正画面，找到［刀具补正/形状］界面。

③ 将光标移至欲设定的偏置刀号处。

④ 按地址键“X”进行设定。

⑤ 测量工件外圆的直径（28.68 mm）。

⑥ 输入测量值（28.68 mm）。

⑦ 按软键【测量】。

2. 对刀效果验证

1）车床界面切换至“MDI”模式。

2）按程序“PROG”键。

3）按“MDI”软键，自动出现加工程序名“O0000”。

4）输入测试程序“G00 T0101 X0. Z200.”。

5）按“循环启动”键，运行测试程序。

6）程序运行结束后，观察刀具 X 向是否在零线上，Z 轴与工件右端面的距离是否为 200 mm，如是，则对刀操作正确；如不是，则对刀操作不正确，需重新对刀。

3. 仿真练习

完成上述对刀任务后，仿真练习对刀操作并验证，教师对学生对刀效果进行检测，并做出点评。

4. 车间操作

1）起动车床，回参考点操作。

2）工件装夹方案。

① 工件伸出长度。用自定心卡盘装夹工件进行粗车或精车时，若工件直径 $D \leqslant 30$ mm，其悬伸长度应不大于工件直径的 5 倍。若工件直径 $D > 30$ mm，其悬伸长度应不大于工件直径的 3 倍。否则，应采用一夹一顶的方法。

② 工件夹紧时，自定心卡盘三个卡爪分别轮流夹紧，装夹时用套筒。

③ 使主轴正转，观察装夹效果，如果工件径向圆跳动较大，则应该重新装夹。

3）切削刀具选择与安装。

① 刀具选择。常用的外圆切削刀具如图 1-48 所示。试切对刀操作时选用 90°外圆车刀，操作时控制好零件表面粗糙度，以便测量。

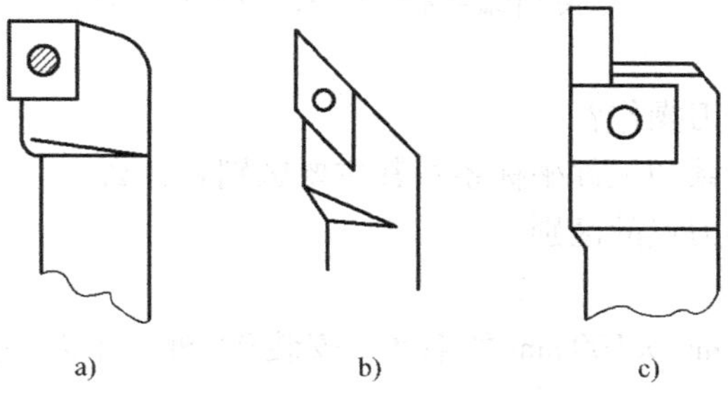

图 1-48　常用的外圆切削刀具

a）90°外圆车刀　b）35°外圆车刀　c）切槽刀

② 刀具安装。数控车刀安装时应注意以下几个问题：

a. 车刀刀头探出长度一般为刀杆厚度的 1～1.5 倍。

b. 车刀刀垫要平整，数量尽量少。

c. 车刀刀尖与工件轴线等高或者稍微高一点。

d. 车刀主偏角控制在 90°~95°，车刀负偏角控制在 5°~8°。

1.3.4 技能应用练习题

1. 理论题

（1）单选题

1）回零操作就是使运动部件回到（　　）。

A. 机床坐标系原点　B. 机床的机械零点　C. 工件坐标的原点

2）调整数控车床的进给速度直接影响到（　　）。

A. 加工零件的粗糙度和精度、刀具和车床的寿命、生产率

B. 加工零件的粗糙度和精度、刀具和车床的寿命

C. 刀具和车床的寿命、生产率

D. 生产率

3）进给率即（　　）。

A. 每转进给量×每分钟转数　　B. 每转进给量/每分钟转数

C. 切深×每分钟转数　　D. 切深/每分钟转数

4）车削运动分为（　　）（　　）两种。工件的旋转运动是（　　）。

A. 切深运动　B. 主运动　C. 进给运动　D. 旋转运动

5）在刀具材料中，制造各种结构复杂的刀具应选用（　　）。

A. 碳素工具钢　B. 合金工具钢　C. 高速工具钢　D. 硬质合金

6）增大刀具的前角，切屑（　　）。

A. 变形大　B. 变形小　C. 很小

7）冲击负荷较大的断续切削应取较大（　　）的刃倾角。加工高硬度材料时应取（　　）刃倾角。精加工时应取（　　）刃倾角。

A. 负值　B. 正值　C. 零值

8）产生加工硬化的主要原因是（　　）。

A. 前角太大　B. 刀尖圆弧半径大　C. 工件材料硬　D. 切削刃不锋利

（2）简答题

1）为什么要进行对刀操作?

2）什么是机床坐标系和工件坐标系？其主要区别是什么?

3）简述刀位点、换刀点的区别。

2. 操作题

1）有一尺寸为 ϕ50 mm×100 mm 的毛坯，安装 90°外圆车刀一把，利用仿真软件实施对刀操作并进行验证。

2）有一尺寸为 ϕ45 mm×60 mm 的毛坯，如图 1-49 所示，安装 90°外圆车刀一把，零件加工程序已经给出，见表 1-6。利用仿真软件，录入程序，完成对刀操作，加工出如图 1-49 所示零件。

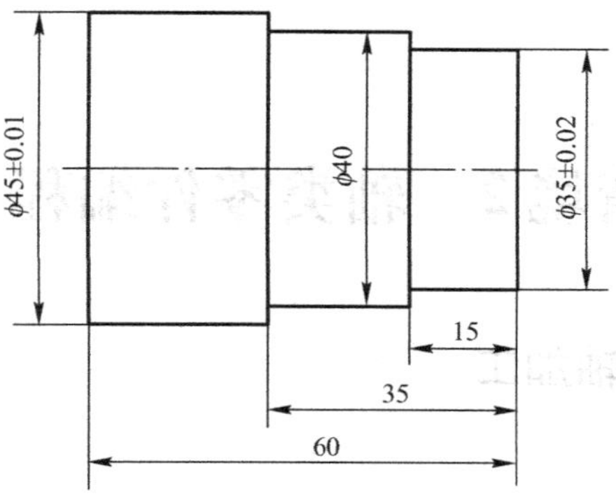

图 1–49 轴零件

表 1–6 数控加工程序卡

零 件 号		零 件 名 称		编 程 原 点	
程序号	O0001	数 控 系 统	FANUC 0i	编 制	
程序内容			简要说明		
O0001; N10 G21 G40 G97 G99; N20 M03 S600 T0101; N30 G00 X50.0 Z2.0; N40 G90 X40.0 Z－35.0 F0.2; N50 X35.0 Z－15.0; N60 G00 X100.0 Z100.0; N70 M05; N80 M30;			程序号 程序初始化 主轴正转，调用一号刀 刀具定位 车外圆，精车 ϕ40 mm 外圆 车 ϕ15 mm 外圆 退刀 主轴停转 程序结束		

学习情境2　轴类零件编程与加工

任务2.1　简单阶梯轴加工

【知识目标】

1. 了解数控机床的编程规则。
2. 熟悉数控加工程序开始与结束一般指令。
3. 掌握用G00和G01指令加工阶梯轴的编程方法。

【能力目标】

1. 掌握外圆加工刀具的选用、安装方法。
2. 掌握阶梯轴的加工方法。
3. 掌握数控机床的自动运行操作方法。

2.1.1　学习任务

加工如图2-1所示的阶梯轴零件，已知材料为45钢，毛坯尺寸为ϕ50 mm×100 mm，具体技术要求见图样。

2.1.2　任务相关知识

1. 轴类零件的装夹

车削加工前，必须将零件放在车床夹具中定位和夹紧，使零件在整个切削过程中始终保持正确的位置。根据轴类零件的形状、大小、精度和数量的不同，可采用不同的装夹方法。

(1) 卡盘装夹　卡盘分为自定心卡盘和单动卡盘两种，卡爪可装成正爪或反爪，反爪用于装夹较大的零件。

自定心卡盘装夹是车床上最常用的装夹方式，其结构如图2-2所示。自定心卡盘的三个卡爪是同步运动的，能自动定心，装夹一般不需找正，装夹方便、省时，但定心精度不高(一般为0.05~0.08 mm)，夹紧力较小，适用于装夹截面为圆形、三角形、六边形的轴类和盘类等形状规则的中小型零件。

单动卡盘(见图2-3)的卡爪是各自独立运动的，因此在装夹零件时必须找正后才可车削，但找正比较费时。其夹紧力较大，常用于装夹大型或形状不规则的零件。

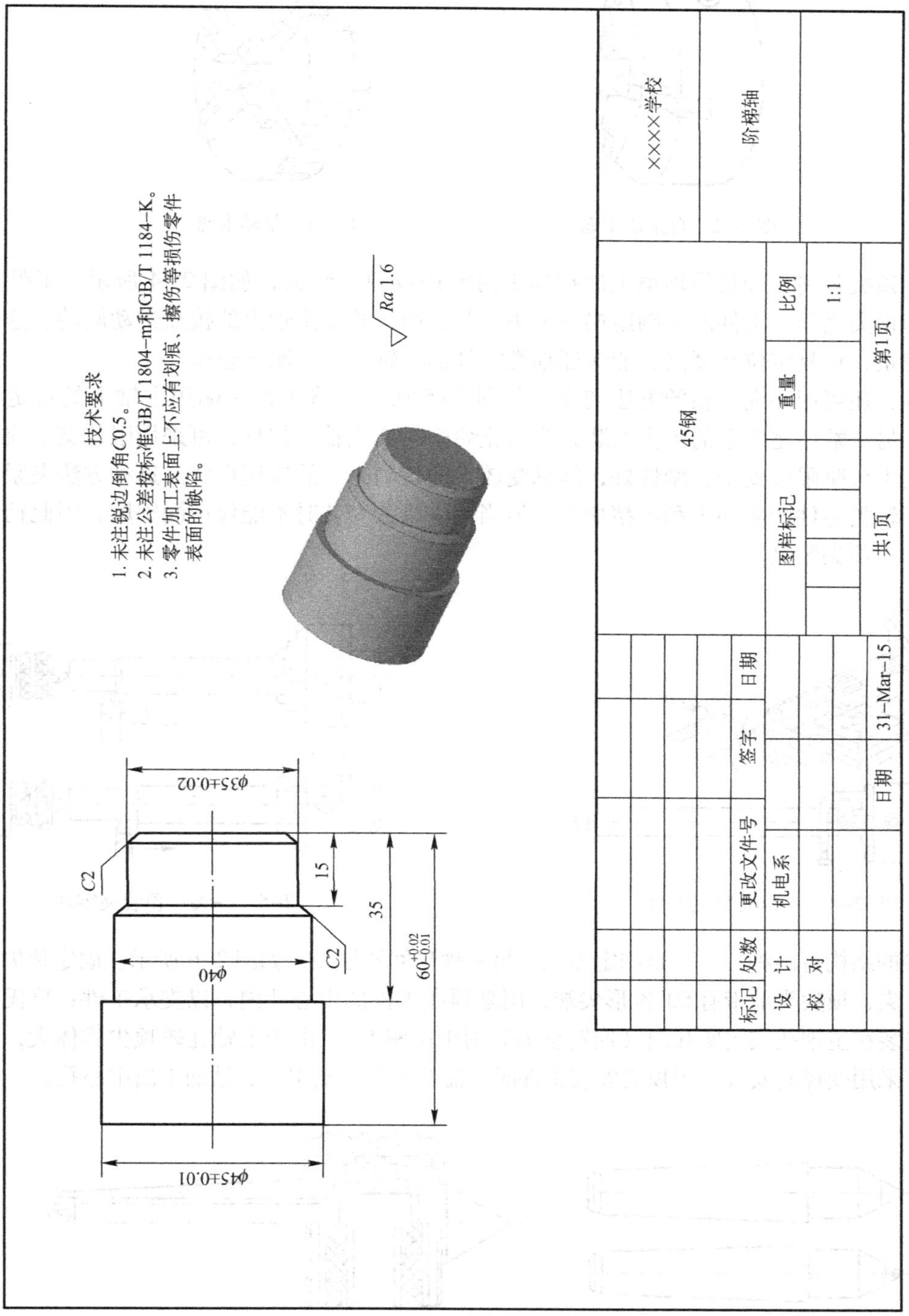
技术要求
1. 未注锐边倒角C0.5。
2. 未注公差按标准GB/T 1804–m和GB/T 1184–K。
3. 零件加工表面上不应有划痕、擦伤等损伤零件表面的缺陷。
Ra 1.6
φ35±0.02
φ40
φ45±0.01
C2
C2
15
35
60+0.02 −0.01
××××学校
阶梯轴
45钢
图样标记
重量
比例
1:1
共1页
第1页
标记
处数
更改文件号
签字
日期
设计
机电系
校对
日期
31–Mar–15
图2–1 阶梯轴

图 2–1 阶梯轴零件

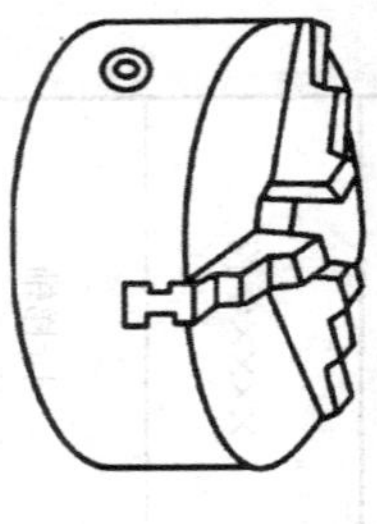

图 2-2　自定心卡盘

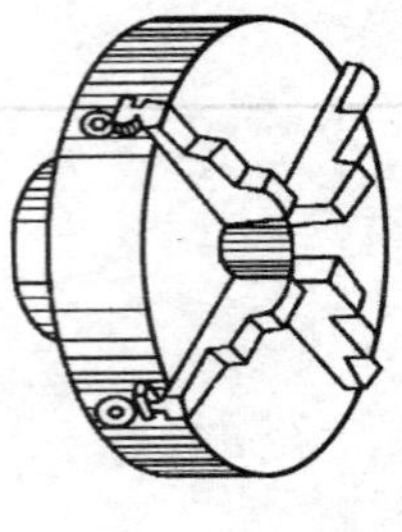

图 2-3　单动卡盘

（2）顶尖装夹　较长的轴类工件在加工时常用双顶尖装夹，如图 2-4 所示。工件支承在前后两顶尖之间，工件的一端用鸡心夹头夹紧，由安装在主轴上的拨盘带动旋转。这种方法无须找正，重复定位精度高，能保证轴类零件的同轴度，但刚性较差。

另外，还可用一夹一顶的方法装夹，如图 2-5 所示。将工件一端用主轴上的自定心卡盘夹持，另一端用尾座上的顶尖安装，为防止切削时产生轴向位移，可采用限位支承或台阶限位，其中台阶限位安全、刚性好，能承受较大的切削力，故应用广泛。这种方法夹紧力较大，适于轴类零件的粗加工和半精加工，但当工件调头安装时不能保证同轴度，因此精加工时应该用双顶尖装夹。

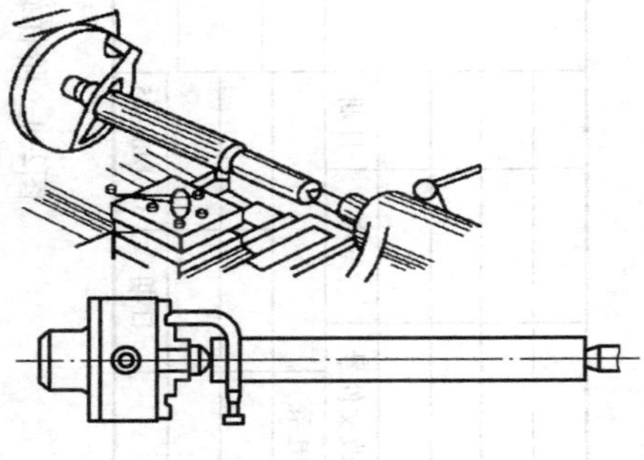

图 2-4　双顶尖装夹零件

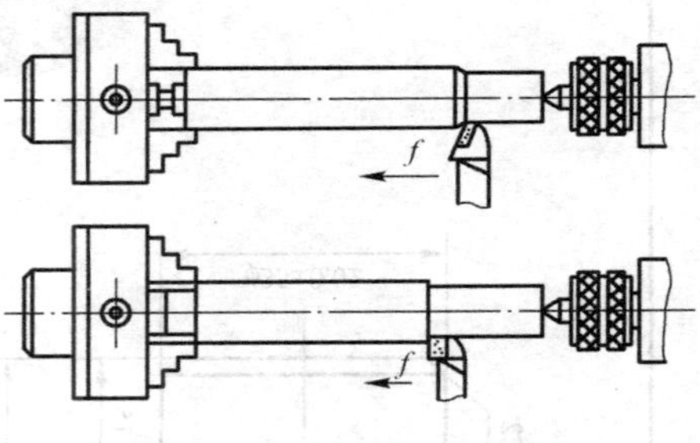

图 2-5　一夹一顶装夹零件

顶尖的结构有两种：一种是固定顶尖，另一种是回转顶尖，如图 2-6 所示。固定顶尖又称为普通顶尖，顶尖头部带有 60°锥形尖端，用来顶在工件的中心孔内，以支承工件；莫氏锥体的尾部安装在主轴孔或尾座孔内（回转顶尖只用于尾座上）。由于主轴孔较顶尖锥体大，因此安装时需采用变径套安装。用顶尖安装工件时，需在工件两端用中心钻加工出中心孔。

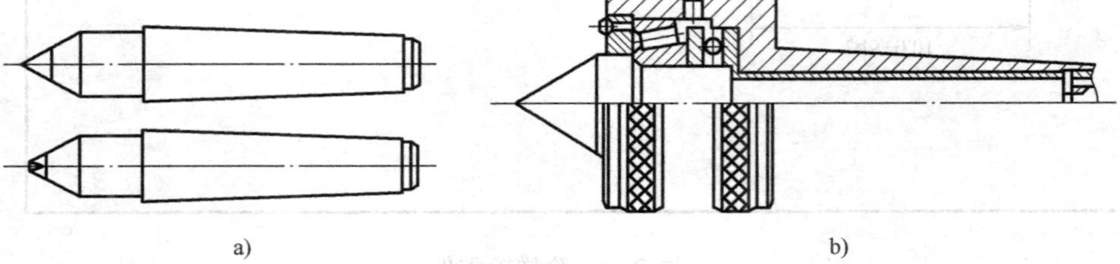

a)　　　　b)

图 2-6　顶尖类型

a）固定顶尖　b）回转顶尖

（3）中心架和跟刀架　中心架及其工作原理如图 2-7 所示，用于长径比大于 15 的细长轴类零件的加工。这种装夹方法可增加工件的刚度，使工件变形小。

跟刀架及其工作原理如图 2-8 所示，主要用于长径比大于 15 的细长轴类零件的半精加工和精加工，以增加工件的刚度。跟刀架安装在床鞍上，可以随床鞍一起移动。跟刀架一般放在车刀的前面，以防止跟刀架支承爪擦伤工件的已加工表面。

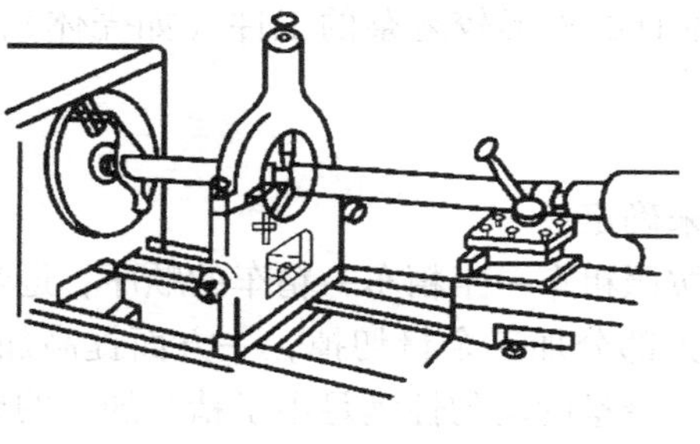

图 2-7　中心架及其工作原理

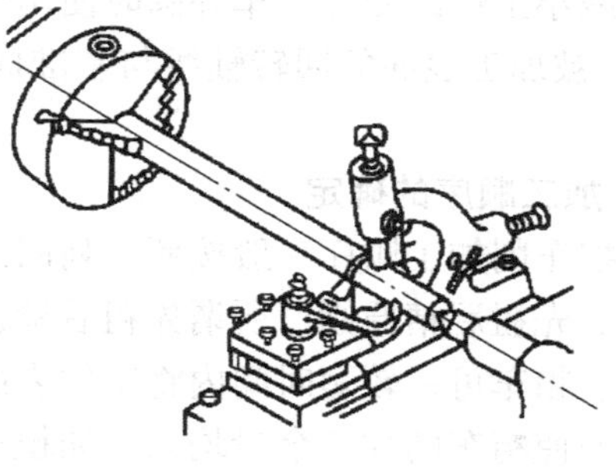

图 2-8　跟刀架及其工作原理

（4）心轴装夹　为了提高生产率，保证产品质量，车削对同轴度要求较高的盘类工件时，常用心轴装夹工件。图 2-9 所示为锥度心轴，这种心轴靠其配合面的摩擦力来传递切削力，所以不可承受大的切削力，一般用于精加工。图 2-10 所示为带螺母压紧的实体心轴，当工件内孔的长度与内径之比小于 1 时常采用。这种心轴的圆柱面与工件内孔常用间隙配合，定位精度较差，且对工件内孔与其左侧面的垂直度要求很高。图 2-11 所示为可胀心轴，当拧紧螺母 2 时，开口套筒 1 胀开，夹紧工件，这种夹紧方法效率较高。

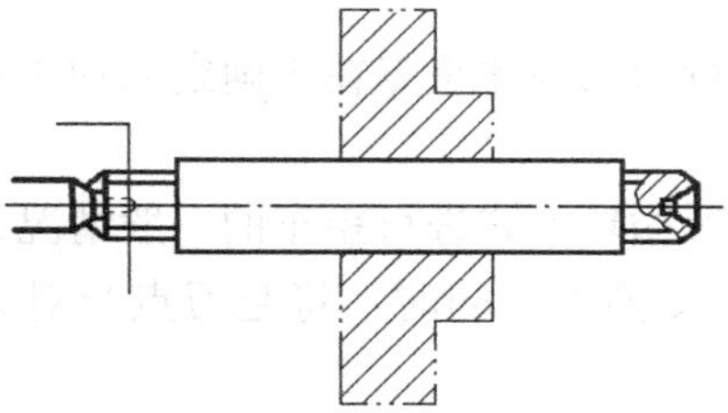

图 2-9　锥度心轴

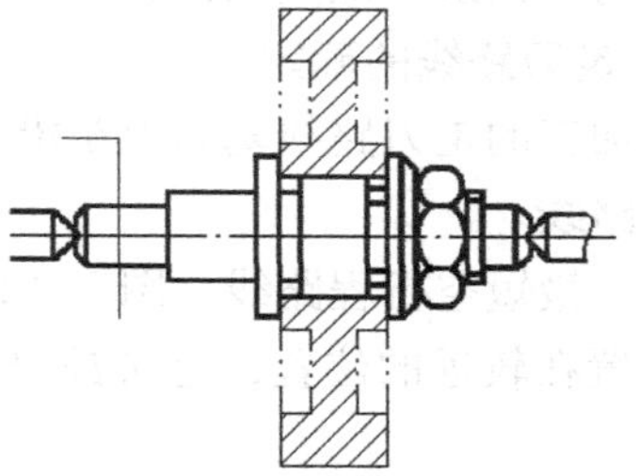

图 2-10　带螺母压紧的实体心轴

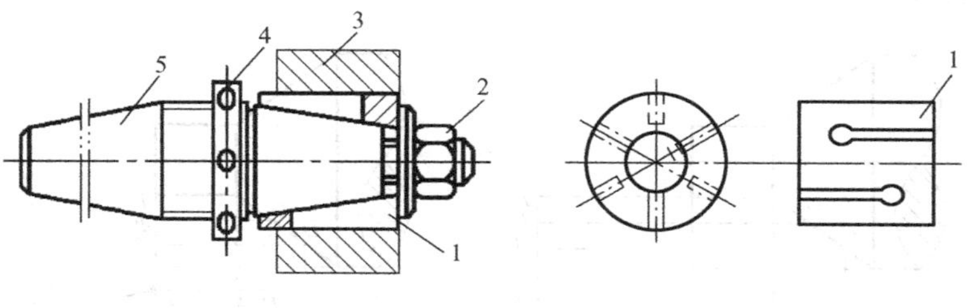

图 2-11　可胀心轴

1—开口套筒　2、4—螺母　3—工件　5—圆锥面

（5）工件装夹的原则

1）用自定心卡盘装夹工件时，若工件直径 $D \leqslant 30$ mm，其悬伸长度应不大于直径的 5

倍；若工件直径 $D>30$ mm，其悬伸长度应不大于直径的 3 倍。

2）当工件长度较长或很长时，为增加工件的刚度，防止在车削过程中产生振动、崩刀等，需采用一夹一顶装夹方式或使用跟刀架。

3）当加工轴类零件，各个表面的同轴度要求很高时，可采用双顶尖装夹。

4）当加工一些特殊的零件（如薄壁套）时，要使用辅助夹具。车内孔时使用开口套筒，以减小工件的变形。车外圆时使用小锥度心轴，以内孔定位。

5）被加工表面的回转轴线与基准面相互垂直的外形较复杂的工件（如壳体），可采用花盘。

2. 加工顺序的确定

数控车削加工顺序一般按照下列四个原则来确定：

（1）先粗后精原则　所谓先粗后精，就是按照粗车→半精车→精车的顺序，逐步提高加工精度。粗车可在较短时间内将工件表面上的大部分加工余量切掉，一方面提高加工效率，另一方面使精车的加工余量均匀。如粗车后所留余量的均匀性满足不了精车加工的要求，则应安排半精车。为保证加工精度，精车时，要按照图样尺寸一刀车出零件轮廓。

（2）先近后远原则　这里所指的远与近是按加工部位相对于对刀点的距离而言的。离对刀点远的部位后加工，可以缩短刀具的移动距离，减少空行程时间。对于车削而言，先近后远还有利于保持零件的刚性，改善切削条件。

（3）基面先行原则　基面先行是指先加工用于精基准的表面，以减小后续工序的装夹误差。如轴类零件加工时，先加工出中心孔，再以中心孔定位加工外圆和端面。

（4）先内后外原则　对于有内孔和外圆表面的零件加工，通常先加工内孔，后加工外圆。因内表面加工散热条件较差，为防止热变形对加工精度的影响，应先安排加工。

3. 走刀路线的确定

精加工的走刀路线基本上是沿零件轮廓顺序进行的，因此重点在于确定粗加工及空行程的走刀路线。

（1）最短空行程路线　图 2-12a 所示为采用矩形循环方式进行粗车的一般情况，其对刀点 A 设置在较远的位置，是考虑到加工过程中需方便换刀，同时，将起刀点与对刀点重合在一起。

按三刀粗车的走刀路线安排如下：第 1 刀为 $A\to B\to C\to D\to A$，第 2 刀为 $A\to E\to F\to G\to A$，第 3 刀为 $A\to H\to I\to J\to A$。

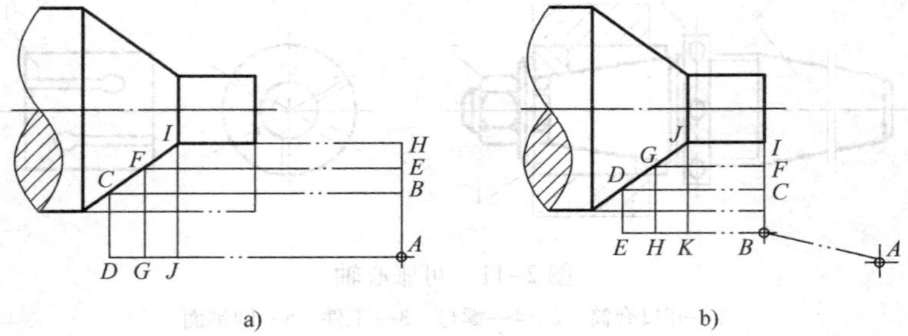

图 2-12　最短行程路线示意图

a）起刀点与对刀点重合时　b）起刀点与对刀点分离时

图 2–12b 所示为将起刀点与对刀点分离，并设于 B 点位置，仍按相同的切削余量进行三刀粗车，其走刀路线安排如下：

对刀点 A 到起刀点 B 的空行程为 $A \to B$，第 1 刀为 $B \to C \to D \to E \to B$，第 2 刀为 $B \to F \to G \to H \to B$，第 3 刀为 $B \to I \to J \to K \to B$，起刀点 B 到对刀点 A 的空行程为 $B \to A$。

显然，图 2–12b 所示的走刀路线短。

（2）大余量毛坯的切削路线　图 2–13a 所示为阶梯车削法切削大余量工件走刀路线。在同样的背吃刀量情况下，按图 2–13a 所示的 1 ~5 顺序切削，使每次所留余量相等。

按照数控车床加工的特点，还可以放弃常用的阶梯车削法，改用顺毛坯轮廓进给的走刀路线，如图 2–13b 所示。

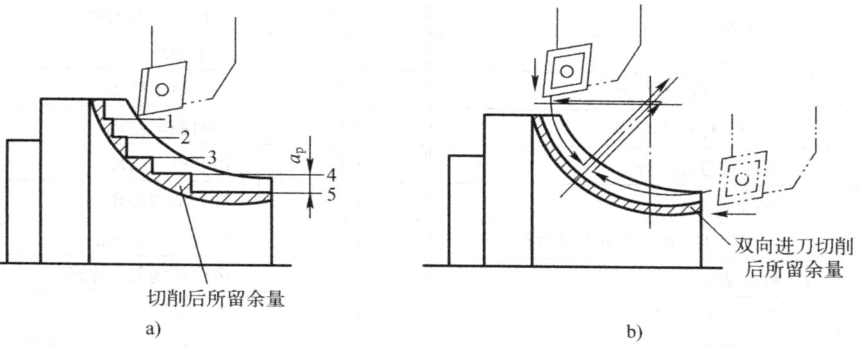

图 2–13　大余量毛坯的切削路线

a）阶梯车削法　b）顺毛坯轮廓车削法

4. 数控车床编程特点

1）在一个程序段中，可以采用绝对值编程（用 X、Z 表示）、增量值编程（用 U、W 表示）或者二者混合编程。

2）当直径方向（X 方向）用绝对值编程时，X 以直径值表示；用增量值编程时，以径向实际位移量的 2 倍值表示，并附方向符号（正向可以省略）。

3）车削加工毛坯余量较大时，为简化编程，数控装置常备有不同形式的固定循环，可以进行多次重复循环切削。

4）编程时，常认为车刀刀尖是一个点，而实际上为了提高刀具寿命和工件表面质量，车刀刀尖常被磨成一个圆弧，因此，当编制加工程序时，需要考虑对刀具进行半径补偿。

5. 程序的结构

（1）行号　格式：N××××

程序的行号可以不要，但是有行号在编程时会方便些。行号可以不连续，行号最大为 9999，超过后再从 1 开始。

“选择跳过”符号“/”，只能置于程序段的起始位置，如果有这个符号，并且车床操作面板上“选择跳过”打开，则本条程序不执行。这个符号多用在调试程序时，如在开切削液的程序前加上这个符号，则在调试程序时可以使这条程序无效，而正式加工时使其有效。

（2）准备功能　准备功能也称为 G 功能，见表 2–1。G 功能根据其功能分为若干个组，在同一条程序段中，如果出现多个同组的 G 功能，那么取最后一个有效。

表 2-1 准备功能指令

代 码	功 能	代 码	功 能
G00	快速点位移动	G54	选择工件坐标系 1
G01	直线插补	G55	选择工件坐标系 2
G02	顺圆插补	G56	选择工件坐标系 3
G03	逆圆插补	G57	选择工件坐标系 4
G04	暂停	G58	选择工件坐标系 5
G10	可编程数据输入	G59	选择工件坐标系 6
G11	注销可编程数据输入	G65	宏程序调用
G18	*ZX* 平面选择	G66	宏程序模态调用
G20	英制输入	G67	宏程序模态调用取消
G21	公制输入	G70	精车循环
G22	存储行程检查接通	G71	外圆粗车循环
G23	存储行程检查断开	G72	端面粗车循环
G27	返回参考点检查	G73	仿形粗车循环
G28	返回参考点	G74	排屑钻端面孔
G30	返回第 2、第 3 和第 4 参考点	G75	外径/内径钻孔
G31	跳转功能	G76	螺纹切削复合循环
G32	等螺距螺纹切削	G90	固定循环
G34	变螺距螺纹切削	G92	螺纹切削单一固定循环
G40	注销刀具半径补偿	G94	固定循环/每分钟进给
G41	刀具半径补偿（左）	G95	固定循环/每转进给
G42	刀具半径补偿（右）	G96	表面切削恒线速控制
G50	工件坐标系的设立	G97	表面切削恒线速控制取消

G 功能分为模态与非模态两类。一个模态 G 功能被指定后，直到同组的另一个 G 功能被指定才无效。而非模态的 G 功能仅在被指定的程序段中有效。

例：

```
N10 G01 X250. Y320. ;
N11 G04 X100. ;
N12 G01 Z－120. ;
N13 X380. Y400. ;
……
```

在这个例子的 N12 这条程序中出现了“G01”功能，由于这个功能是模态的，所以尽管在 N13 这条程序中没有“G01”，但是其作用还是存在的。

（3）辅助功能　地址“M”和两位数字组成的字表示辅助功能，也称为 M 功能，见表 2–2。

表 2-2 辅助功能指令

代 码	意 义	代 码	意 义
M00	停止程序运行	M03	主轴正向转动开始
M01	选择性停止	M04	主轴反向转动开始
M02	结束程序运行	M05	主轴停止转动

（续）

代　码	意　义	代　码	意　义
M06	换刀指令	M32	结束程序运行且返回程序开头
M08	切削液开启	M98	子程序调用
M09	切削液关闭	M99	子程序结束

6. 切削用量的选择

（1）背吃刀量 a_p 的确定　背吃刀量是指已加工表面与待加工表面之间的垂直距离，又称为切削深度，单位为 mm。

背吃刀量根据机床、工件和刀具的刚度来决定，在刚度允许的条件下，应尽可能使背吃刀量等于工件的加工余量，这样可以减少走刀次数，提高生产率。为了保证加工表面质量，可留少许精加工余量，一般为 0.2～0.5 mm。

（2）切削速度 v_c 的确定　切削速度是指切削时，车刀切削刃上某一点相对待加工表面在主运动方向上的瞬时速度（单位为 m/min），又称为线速度。与普通车削加工时一样，切削速度根据零件上被加工部位的直径，并按零件和刀具的材料及加工性质等条件，根据实践经验来确定。

（3）主轴转速 n 的确定　由于交流变频调速数控车床低速输出力矩小，因而切削速度不能太低。主轴转速 n 可用下式计算：

$$n = 1000v_c \div \pi d$$

编程指令格式：S××××（地址 S 后跟四位数字）。

G96 是接通恒线速度控制的指令，当 G96 执行后，S 后面的数值为切削速度。例如：G96 S100 表示切削速度为 100 m/min。

G97 是取消 G96 的指令。执行 G97 后，S 后面的数值表示主轴每分钟转数。例如：G97 S800 表示主轴转速为 800 r/min，系统开机状态为 G97 指令。

（4）进给量 f 的确定　进给量是指工件旋转一周，车刀沿进给方向移动的距离，单位为 mm/r，它与背吃刀量 a_p 有着较密切的关系。表 2-3 为一些资料上切削用量的推荐数据，供使用时参考。

表 2-3　切削用量推荐数据

工件材料	加工内容	背吃刀量 a_p/mm	切削速度 v_c/(m/min)	进给量 f/(mm/r)	刀具材料
碳素钢 R_m >600 MPa	粗加工	5～7	60～80	0.2～0.4	YT 类
		2～3	80～120	0.2～0.4	
	精加工	2～6	120～150	0.1～0.2	
	钻中心孔		500～800 r/min		W18Cr4V
	钻孔		≈30	0.1～0.2	
	切断（宽度小于 5 mm）		70～110	0.1～0.2	YT 类
铸铁 200HBW 以下	粗加工		50～70	0.2～0.4	YG 类
	精加工		70～100	0.1～0.2	
	切断（宽度小于 5 mm）		50～70	0.1～0.2	

编程指令格式：F×××× （地址 F 后跟四位数字）。

在 G99 程序段后 F 所指定的进给速度单位为 mm/r，范围为 0.0001 ~500 mm/r。系统开机状态为 G99，只有输入 G98 指令后，G99 才被取消。而 G98 为每分钟进给，单位为 mm/min，指定的范围为 1 ~15000 mm/min。

（5）T 功能　该指令用来控制数控系统进行选刀和换刀。用地址 T 和其后的数字来指定刀具号和刀具补偿号，例如 T0101 表示采用 1 号刀具和 1 号刀补。

（6）切削用量选择的原则　粗车时，宜选择大的背吃刀量 a_p、较大的进给量 f、较低的切削速度 v_c，以提高生产率。

半精车或精车时，应选用较小（但不能太小）的背吃刀量 a_p和进给量 f，较高的切削速度 v_c，以保证零件加工精度和表面粗糙度。

7. 基本指令 G00、G01

在数控车床的程序中，X、Z 后面跟的是绝对尺寸，U、W 后面跟的是增量尺寸。X、Z 后所有编入的坐标值全部以编程原点为基准，U、W 后所有编入的坐标值全部以刀具前一个坐标位置作为起始点来计算。

1）快速点位移动 G00。

格式：G00 X(U)_ Z(W)_;

说明：

① $X(U)$、$Z(W)$ 为目标点坐标值。

② 执行该指令时，刀具以车床规定的进给速度从所在点以点位控制方式移动到目标点。移动速度不能由程序指令设定，它的速度已由生产厂家预先调定。若编程时设定了进给速度 F，则对 G00 程序段无效。

③ G00 为模态指令，只有遇到同组指令时才会被取代。

④ X、Z 后面跟的是绝对坐标值，U、W 后面跟的是增量坐标值。

⑤ X、U 后面的数值应乘以 2，即以直径方式输入，且有正、负号之分。

要实现从起点 A 快速移动到目标点 C，如图 2-14 所示，编程如下：

其绝对值编程方式为：G00 X141.2 Z98.1；

其增量值编程方式为：G00 U91.8 W73.4；

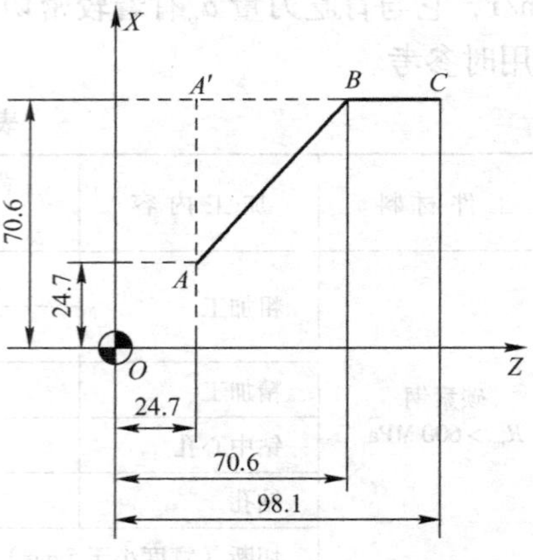

图 2-14　快速点定位

当执行上述程序段时，刀具实际的运动路线不是一条直线，而是一条折线，首先刀具从点 A 以快速进给速度运动到点 B，然后再运动到点 C。因此，在使用 G00 指令时要注意刀具是否和工件及夹具发生干涉，对不适合联动的场合，两轴可单动。如果忽略这一点，就容易发生碰撞，而在快速状态下的碰撞就更加危险。

2）直线插补 G01。直线插补也称为直线切削，该指令使刀具以直线插补运算联动方式由某坐标点移动到另一坐标点，移动速度由进给功能指令 F 来设定。当车床执行 G01 指令时，如果之前的程序段中无 F 指令，则在该程序段中必须含有 F 指令。G01 和 F 都是模态指令。

格式：G01　X(U)_ Z(W)_ F_;

说明：

① $X(U)$、$Z(W)$为目标点坐标，F 为进给速度。

② G01 指令是模态指令，可加工任意斜率的直线。

③ G01 指令后面的坐标值取绝对尺寸还是增量尺寸，由尺寸地址决定。

④ G01 指令进给速度由模态指令 F 决定。如果在 G01 程序段之前的程序段中没有 F 指令，而当前的 G01 程序段中也没有 F 指令，则车床不运动，车床倍率开关在 0 位置时车床也不运动。因此，为保险起见 G01 程序段中必须含有 F 指令。

⑤ 在 G01 指令前若出现 G00 指令，而该程序段中未出现 F 指令，则 G01 指令的移动速度按照 G00 指令的移动速度执行。

要切削长度为 80 mm、直径为 40 mm 的阶梯轴，如图 2-15 所示，编程如下：

其绝对值编程方式为：G01 X40. Z－80.；

其增量值编程方式为：G01 U0. W－80.；

3）倒角和倒圆（G01 指令的特殊用法）。G01 指令在编程时还有一种特殊用法，即可以倒角和倒圆。倒角（见图 2-16）程序指令为：G01 X30.0 Z－20.0 C4.；倒圆（见图 2－17）程序指令为：G01 X30.0 Z－20.0 R4.；

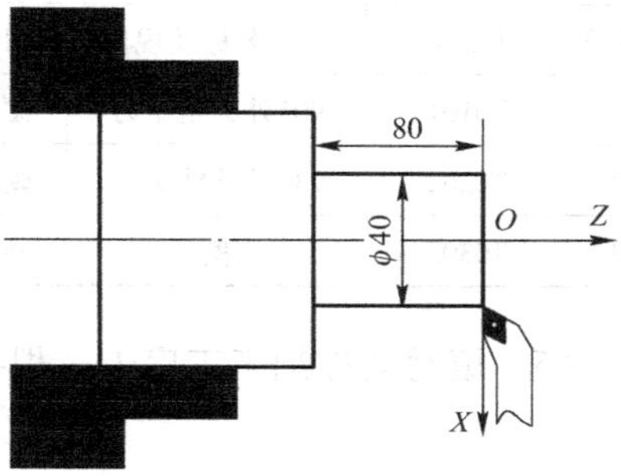

图 2-15　G01 指令运用

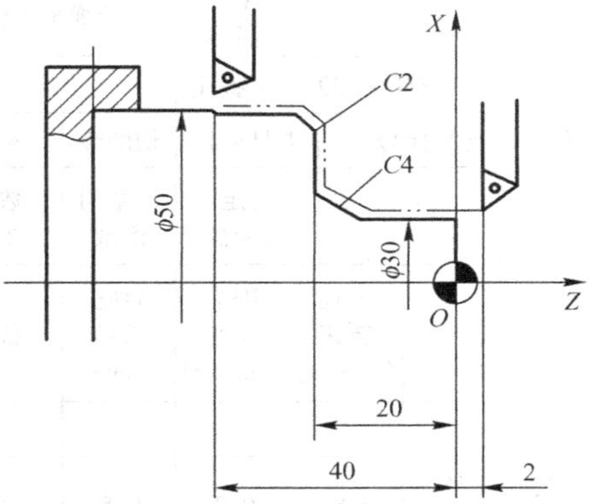

图 2-16　用 G01 指令倒角

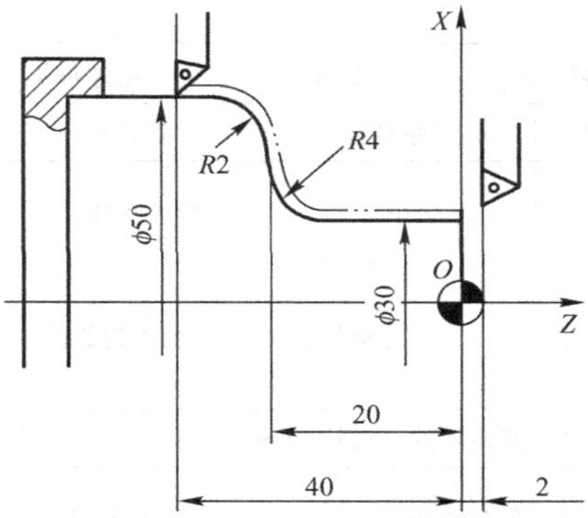

图 2-17　用 G01 指令倒圆

2.1.3　任务实施

1. 任务工艺分析

（1）零件图分析　图 2-1 所示的零件由阶梯状的圆柱面组成，零件没有几何公差要求，有表面粗糙度要求，说明 ϕ45 mm、ϕ40 mm、ϕ35 mm 外圆尺寸要求精加工；零件的长度尺寸有公差要求，加工时注意保证工件总长，零件从右至左外径尺寸依次增大。

（2）确定装夹方案　该零件为轴类零件，轴线为工艺基准，加工外表面用自定心卡盘夹持 ϕ45 mm 的外圆，一次装夹完成加工。

(3) 加工工艺路线设计

① 车端面。

② 粗车 $\phi45$ mm、$\phi40$ mm、$\phi35$ mm 外圆，留精加工余量为 0.5 mm。

③ 从右至左精加工各面。

(4) 刀具选择　用于车端面和粗、精车外圆的刀具有 45°、75°、90°、93°和 95°外圆车刀。仿真软件最常用的是 90° ~95° 外圆车刀，刀尖半径为 0.2 ~0.4 mm。填写表 2-4 刀具卡。

表 2-4　刀具卡

产品名称或代号				零件名称	阶梯轴零件	零件图号	图 2-1
序号	刀具号	刀具名称及规格	刀具材料	数量	加工表面	刀尖半径/mm	备注
1	T0101	90°外圆粗车刀	硬质合金	1	车端面、粗车外圆轮廓	0.4	
2	T0202	93°外圆精车刀	硬质合金	1	精车外圆轮廓	0.2	
3	T0303	切槽刀	硬质合金	1	切断		左刀尖

(5) 填写数控加工工序卡　根据加工工艺分析，填写表 2-5 工序卡。

表 2-5　工序卡

数控加工工序卡			产品型号			零件图号	图 2-1	
			产品名称			零件名称	阶梯轴零件	
材料牌号	45/钢	毛坯种类	棒料	毛坯尺寸/mm	$\phi50\times100$	备注		
工序号	工序名称	设备名称	设备型号	程序编号	夹具代号	夹具名称	切削液	车间
2	车	数控车床	CK6140	O0001	1	自定心卡盘	油基切削液	数控车间
工步	工步内容	刀具号	刀具	量具及检具	主轴转速/(r/min)	进给速度/(mm/r)	背吃刀量/mm	备注
1	安装零件，夹持 15 mm							
2	车右端面	T0101	90°车刀	游标卡尺、外径千分尺	800	0.2	0.5	手动
3	粗车外圆轮廓，直径方向留 0.5 mm 余量	T0101	90°车刀	游标卡尺、外径千分尺	800	0.2	2	自动
4	精车外圆轮廓至尺寸要求	T0202	93°车刀	游标卡尺、外径千分尺	1000	0.1	0.5	自动
5	掉头装夹							
6	切断	T0303	切槽刀		400	0.05		手动
编制		审核				共 1 页		第 1 页

2. 程序编制

编制程序，填写参考程序，见表 2-6。

表 2–6　参考程序

零件号		零件名称	简单阶梯轴	编程原点	工件右端面中心
程序号	O0001	数控系统	FANUC 0i	编　　制	
程序内容			简要说明		
O0001；			程序号		
N10 G21 G40 G97 G99；			程序初始化		
N20 M03 S600 T0101；			主轴正转，调用一号刀		
N30 G00 X60. Z2.；			刀具定位		
N40 X0.；			刀具移动到 *X* 轴中心处		
N50 G01 Z0. F0.3；			刀具切削至工件端面 Z0 处		
N60 X45.5；			粗车 ϕ45 mm 外圆		
N70 Z－62.；			退刀		
N80 X50.；					
N90 G00 Z2.；					
N100 X40.5；			粗车 ϕ40 mm 外圆		
N110 G01 Z－35.；					
N120 X45.；			退刀		
N130 G00 Z2.；					
N140 X35.5；			粗车 ϕ35 mm 外圆		
N150 G01 Z－15.；					
N160 X40.；			退刀		
N170 G00 X100. Z100.；					
N172 M03 S1000 T0202；			提高转速，换 2 号精车刀		
N174 G00 X31.；					
N176 G01 Z0. F0.1；					
N180 G01 X35. Z－2.；			倒角 *C*2		
N190 G01 Z－15. F0.1；			精车 ϕ35 mm 外圆		
N192 G01 X36.；					
N200 G01 X40. Z－17.；			倒角 *C*2		
N210 Z－35.；			精车 ϕ40 mm 外圆		
N220 X45.；					
N230 Z－62.；			精车 ϕ45 mm 外圆		
N240 X50.；					
N250 G00 X100.；					
N260 Z100.；			退刀		
N270 M30；			程序结束		

3. 仿真加工

使用数控加工仿真软件对加工程序进行检验，正确进行数控加工仿真操作，完成零件的仿真加工。

4. 车间实际加工

通过仿真加工，确定零件程序正确后，在实训车间对该零件进行实际操作加工。

（1）零件的夹紧　零件的夹紧操作要注意夹紧力与装夹部位，如果是毛坯，夹紧力可大些；如果是已加工表面，夹紧力就不可过大，以防止夹伤零件表面，还可用铜皮包住表面进行装夹；有台阶的零件尽量让台阶靠着卡爪端面装夹；带孔的薄壁件需用专用夹具装夹，以防止变形。

（2）刀具的装夹　刀尖高度与工件的回转中心线等高，刀尖伸出长度约为刀具厚度的 1.5 倍。

5. 零件检测及评价

利用游标卡尺、外径千分尺、内径千分尺、表面粗糙度工艺样板等量具测量工件。教师对学生加工的零件进行检测，包括尺寸精度的检测和零件加工质量的检测，评分表见表 2–7。

表 2–7　评分表

加工开始时间：			加工结束时间：		加工时间：	
检测项目		技术要求	配分	评分标准	检测结果	得分
外圆（15）	1	外圆尺寸 ϕ35 mm	5	超差 0.02 mm 以上无分		
	2	外圆尺寸 ϕ40 mm	5	超差无分		
	3	外圆尺寸 ϕ45 mm	5	超差 0.01 mm 以上无分		
长度（15）	4	15 mm	5	超差无分		
	5	35 mm	5	超差无分		
	6	60 mm	5	超差 0.02 mm 以上无分		
程序（20）	7	程序正确、合理	20	出错一次扣 1 分		
工艺（10）	8	切削用量选择合理	5	出错一次扣 1 分		
	9	加工工艺制定合理	5	出错一次扣 1 分		
仿真操作（10）	10	机床操作规范	5	出错一次扣 1 分		
	11	刀具、工件装夹正确	5	出错一次扣 1 分		
安全生产（30）	12	安全操作机床	20	出错一次扣 5 分		
	13	工具、量具摆放整齐	5	出错一次扣 1 分		
	14	机床整理	5	出错一次扣 1 分		
总配分			100	总得分		
停工原因					加工日期 年　月　日	

2.1.4　拓展知识

1. 外圆切削循环 G90

功能：当零件的内、外圆柱面上毛坯余量较大时，用 G90 可以去除大部分毛坯余量。

切削圆柱面时，格式：

G90 X(U)_ Z(W)_ F_;

刀具从循环起点开始按矩形循环，最后又回到循环起点，如图 2–18 所示。图中虚线表示按 R 快速移动，实线表示按 F 指定的工件进给速度移动。

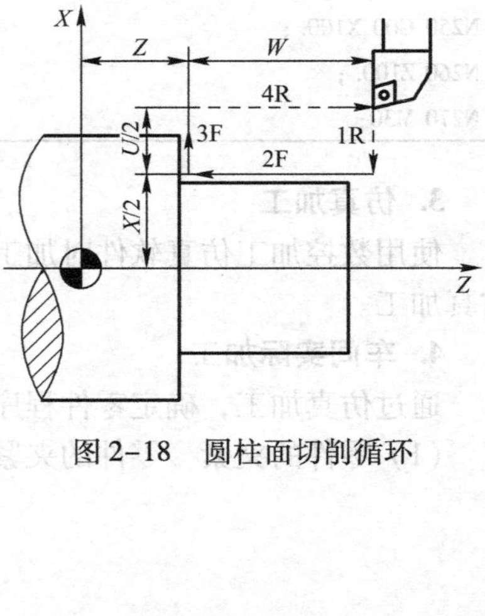

图 2–18　圆柱面切削循环

X、*Z* 为圆柱面切削终点坐标值，*U*、*W* 为圆柱面切削终点相对循环起点的坐标分量。

切削圆锥面时，格式：

G90 X(U)_ Z(W)_ R_ F_;

R 为切削起点与切削终点的半径差，如图 2-19 所示，其符号为差的符号（无论是绝对值编程还是增量值编程）。

2. 端面切削循环 G94

功能：当零件的端面上毛坯余量较大时，用 G94 可以去除大部分毛坯余量。

切削端平面时，格式：

G94 X(U)_ Z(W)_ F_;

X、*Z* 为端平面切削终点坐标值，*U*、*W* 为端平面切削终点相对循环起点的坐标分量，如图 2-20 所示。

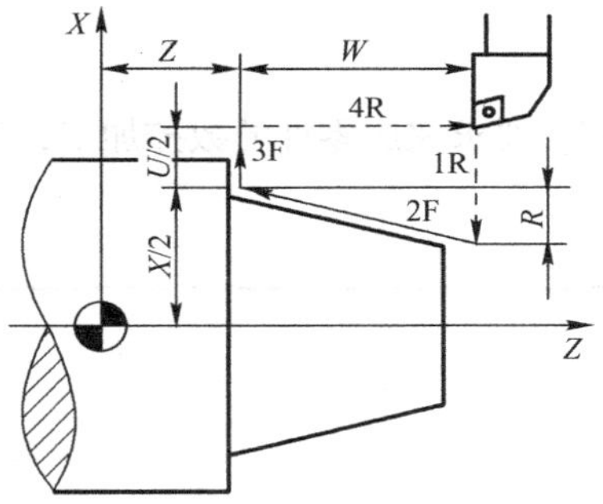

图 2-19　圆锥面切削循环

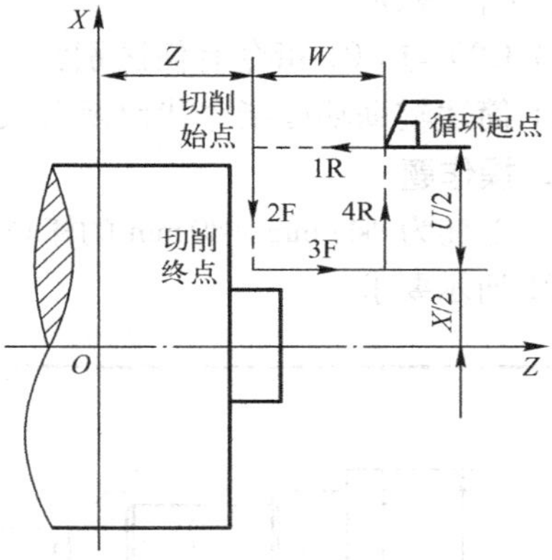

图 2-20　端平面切削循环

2.1.5　技能应用练习题

1. 理论题

（1）单选题

1）G00 是指令刀具以（　　）移动方式，从当前位置运动并定位于目标位置的指令。

A. 点动　　B. 走刀　　C. 快速　　D. 标准

2）当数控车床的手动脉冲发生器的选择开关位置在 ×100 时，通常情况下手轮的进给单位是（　　）。

A. 0.1 mm/格　　B. 0.001 mm/格　　C. 0.01 mm/格　　D. 1 mm/格

3）切削三要素是指进给量、背吃刀量和（　　）。

A. 切削厚度　　B. 切削速度　　C. 进给速度　　D. 主轴转速

4）在程序自动运行中，按下操作面板上的“（　　）”按钮，自动运行暂停。

A. 进给保持　　B. 电源　　C. 伺服　　D. 循环

5）工件坐标系的零点一般设在（　　）。

A. 机床原点　　B. 换刀点　　C. 工件端面　　D. 卡盘根

6）数控机床上有一个机械原点，该点到机床坐标零点在进给坐标轴方向上的距离可以在机床出厂时设定，该点称为（　　）。

A. 工件零点　　B. 机床零点　　C. 机床参考点　　D. 限位点

7）辅助指令 M03 功能是主轴（　　）。

A. 反转　　B. 启动　　C. 正转　　D. 停止

8）辅助指令 M01 指令表示（　　）。

A. 选择停止　　B. 程序暂停　　C. 程序结束　　D. 主程序结束

9）FANUC 数控系统程序结束指令为（　　）。

A. M00　　B. M03　　C. M05　　D. M30

10）如果在同一个程序中指定了多个属于同一组的 G 代码时，只有（　　）面那个 G 代码有效。

A. 最前　　B. 中间　　C. 最后　　D. 左

（2）简答题

1）G00 与 G01 指令有何区别？

2）简述辅助功能指令代码及含义。

2. 操作题

1）毛坯为 $\phi 47\,mm \times 80\,mm$ 的棒料，材料为 45 钢，要求完成零件的数控加工，车削尺寸至图 2–21 所示要求。

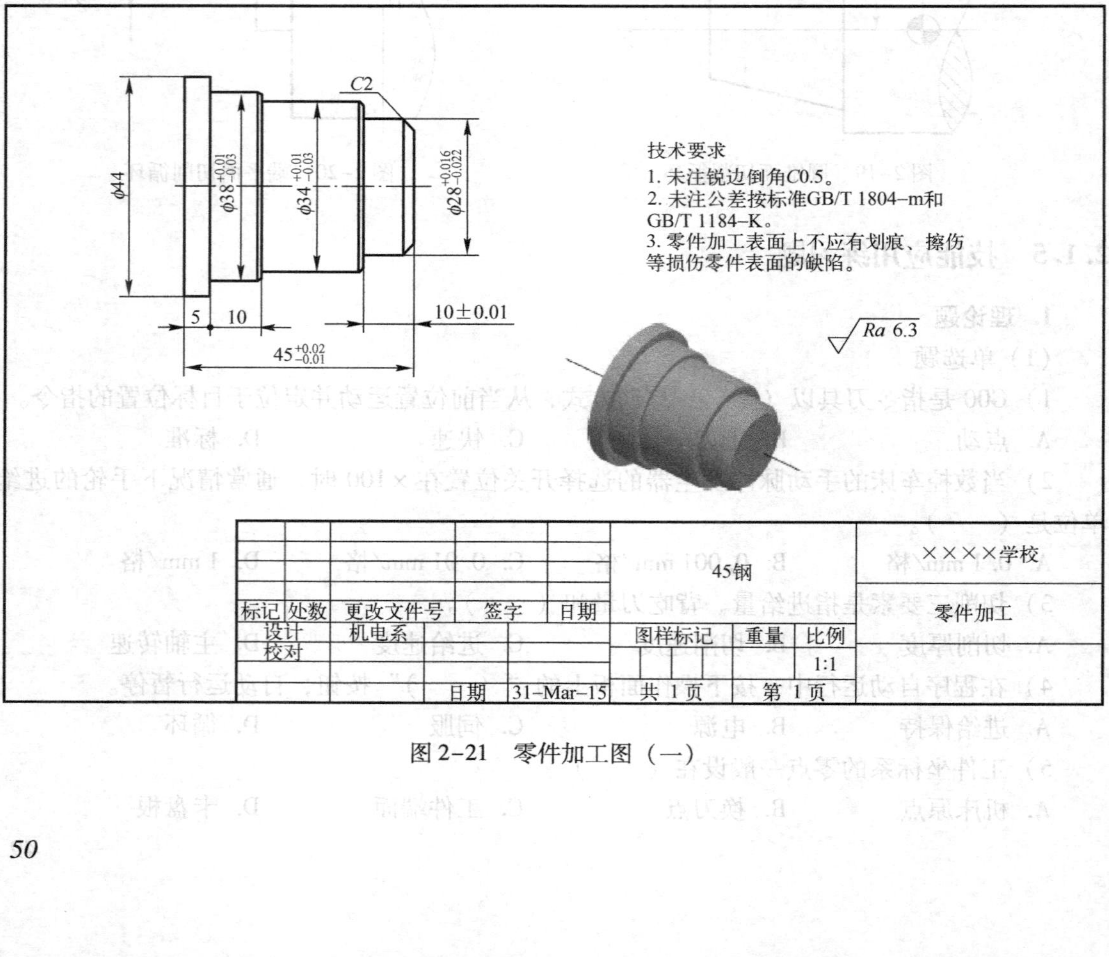

图 2–21　零件加工图（一）

2）毛坯为 $\phi30\,mm \times 80\,mm$ 的棒料，材料为 45 钢，要求完成零件的数控加工，车削尺寸至图 2-22 所示要求。

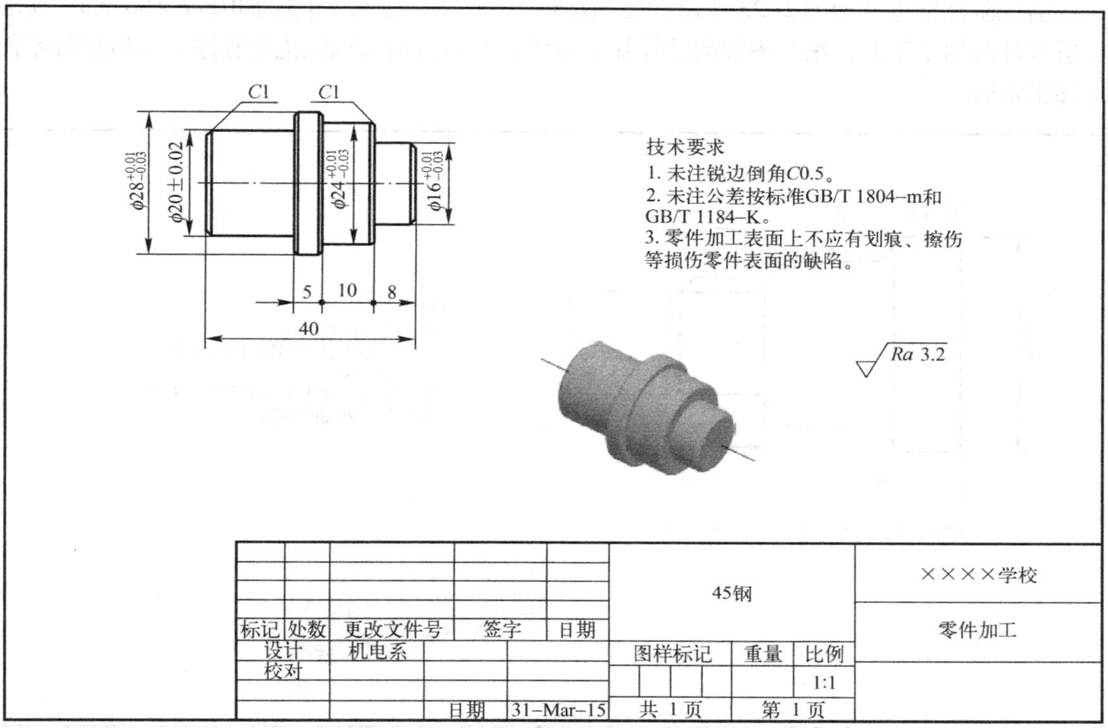

图 2-22　零件加工图（二）

任务 2.2　圆弧阶梯轴加工

【知识目标】

1. 了解带圆弧的阶梯轴零件的结构特点、加工工艺特点和工艺性能，能正确分析带圆弧的阶梯轴零件的加工工艺。

2. 熟悉带圆弧的阶梯轴零件的工艺编制方法。

3. 掌握带圆弧的阶梯轴零件的手工编程方法。

4. 掌握数控系统的 G02、G03、G41、G42、G40 等指令的编程格式及应用。

【能力目标】

1. 能分析带圆弧的阶梯轴零件的结构特点、特殊加工要求，理解加工技术要求。

2. 会分析带圆弧的阶梯轴零件的工艺性能，能正确选择设备、刀具、夹具与切削用量，能编制数控加工工艺卡。

3. 能正确运用数控仿真系统软件，调试、校验编写的零件程序，并虚拟加工。

4. 能在车间实践加工带圆弧的阶梯轴零件并实施检测。

2.2.1 学习任务

圆弧阶梯轴零件如图 2-23 所示，已知材料为 45 钢，毛坯尺寸为 ϕ40 mm × 80 mm。要求分析零件的加工工艺，编写零件的数控加工程序，并通过仿真调试优化程序，最后进行零件的加工检验。

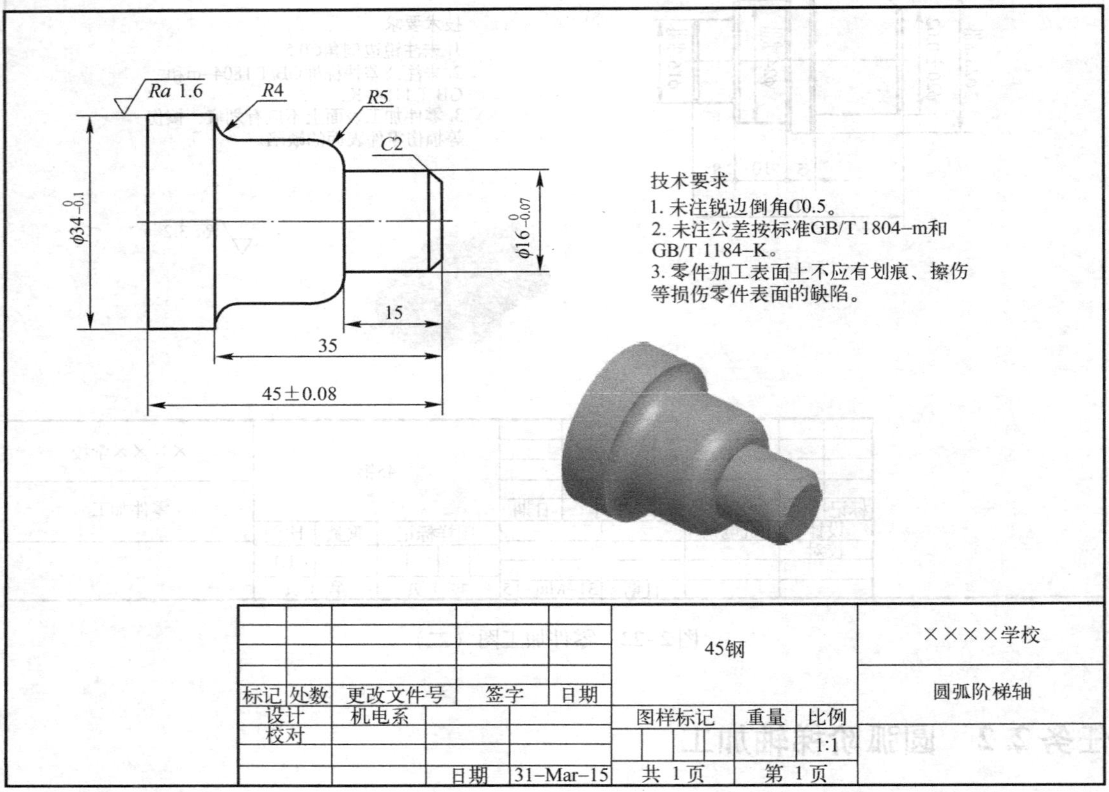

图 2-23　圆弧阶梯轴零件

2.2.2 任务相关知识

带圆弧的零件是数控车削加工的典型加工零件，如何制定带圆弧零件的数控加工工艺、编制数控程序，本任务以圆弧阶梯轴为例加以说明。首先学习与带圆弧零件相关的数控加工工艺和数控编程指令，其次针对本例具体分析图样、加工工艺，设计加工工艺方案，编制工艺卡、刀具卡等数控加工技术文件，编程仿真加工、实际车间加工并进行质量检测。

1. 圆弧常用加工方法

圆弧的加工方法有很多，常见的有阶梯法、同心圆法和车锥法等。

（1）阶梯法　阶梯法是先粗车阶梯，最后一刀精车圆弧。图 2-24 所示为车圆弧的阶梯切削路线。

（2）同心圆法　同心圆法是用不同的半径圆来车削，最后将所需圆弧加工出来。图 2-25

所示为车圆弧的同心圆弧切削路线。

（3）车锥法　图 2–26 为车圆弧的车锥法切削路线：先车一个圆锥，再车圆弧。

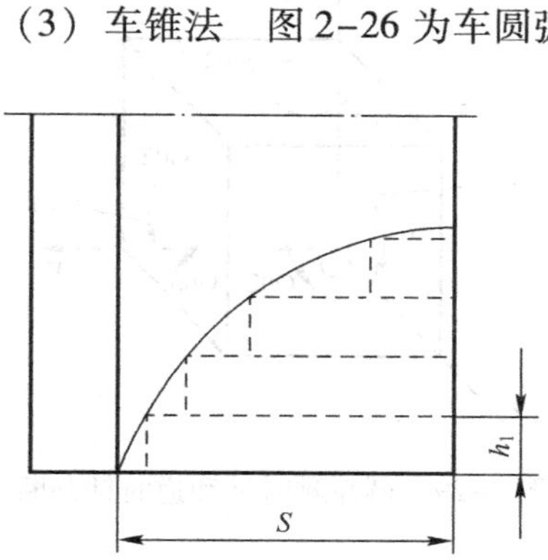

图 2–24　车圆弧的阶梯切削路线

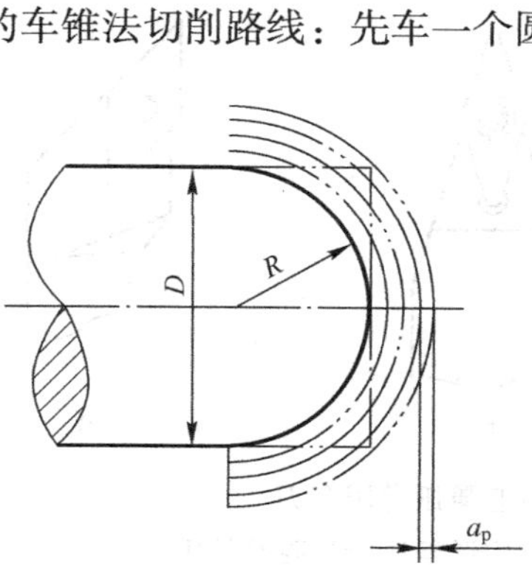

图 2–25　车圆弧的同心圆弧切削路线

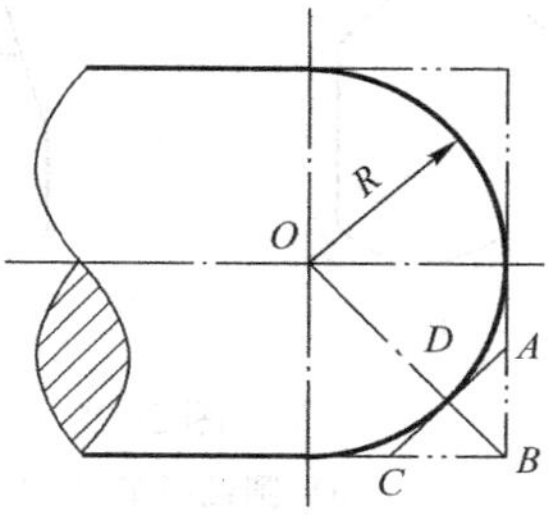

图 2–26　车圆弧的车锥法切削路线

（4）凹圆弧加工方法　车削凹圆弧时，常见的加工方法有等径圆弧法、同心圆弧法、梯形法和三角形法，如图 2–27 所示。

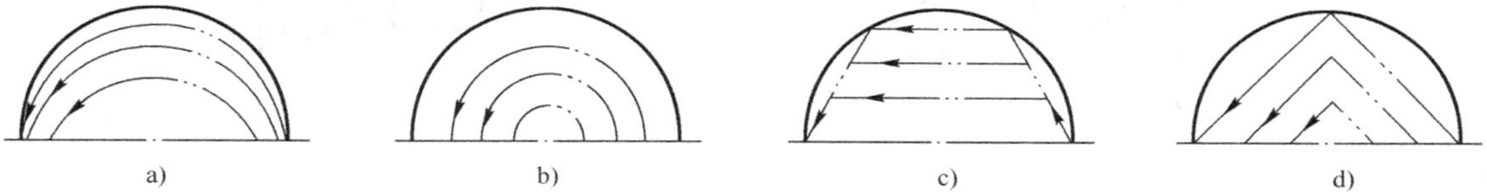

图 2–27　凹圆弧加工方法

a）等径圆弧法　b）同心圆弧法　c）梯形法　d）三角形法

上述各种加工方法中：

1）程序段数最少的为同心圆及等径圆形式。

2）走刀路线最短的为同心圆形式，其余依次为三角形、梯形及等径圆形式。

3）计算和编程最简单的为等径圆形式（可利用程序循环功能），其余依次为同心圆、三角形和梯形形式。

4）金属切除率最高、切削力分布最合理的为梯形形式。

5）精车余量最均匀的为同心圆形式。

2. 加工圆弧常用的刀具

数控车床加工圆弧经常用到圆弧形车刀、尖形车刀和菱形车刀，如图 2–28 所示。

3. 编程知识

（1）圆弧顺逆的判断

1）圆弧插补的顺逆方向判断原则：沿圆弧所在平面（*XZ* 平面）的垂直坐标轴的负方向看去，顺时针方向为 G02，逆时针方向为 G03，如图 2–29 所示。

2）根据刀架的位置判断圆弧插补的顺逆，如图 2–30 所示。

（2）圆弧插补指令 G02/G03　圆弧半径 *R* 编程法。

顺时针圆弧插补指令：G02 X(U)_　Z(W)_　R_　F_;

逆时针圆弧插补指令：G03 X(U)_　Z(W)_　R_　F_;

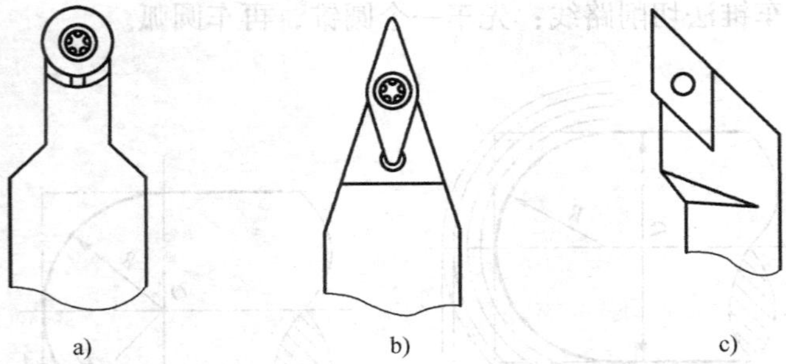

a)　　　　b)　　　　c)

图 2-28　加工圆弧常用车刀

a）圆弧形车刀　b）尖形车刀　c）菱形车刀

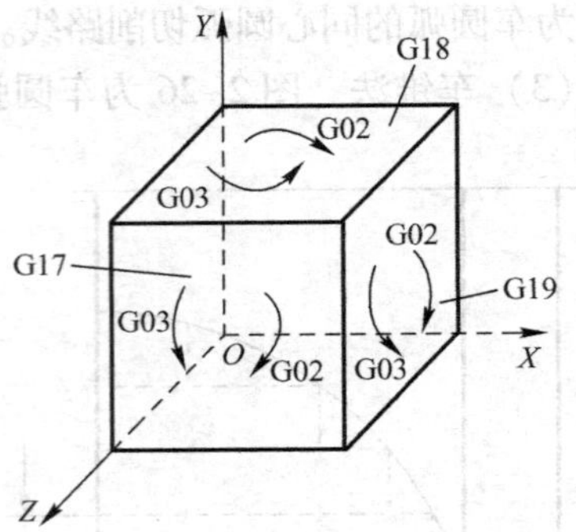

图 2-29　圆弧顺时针和逆时针判断

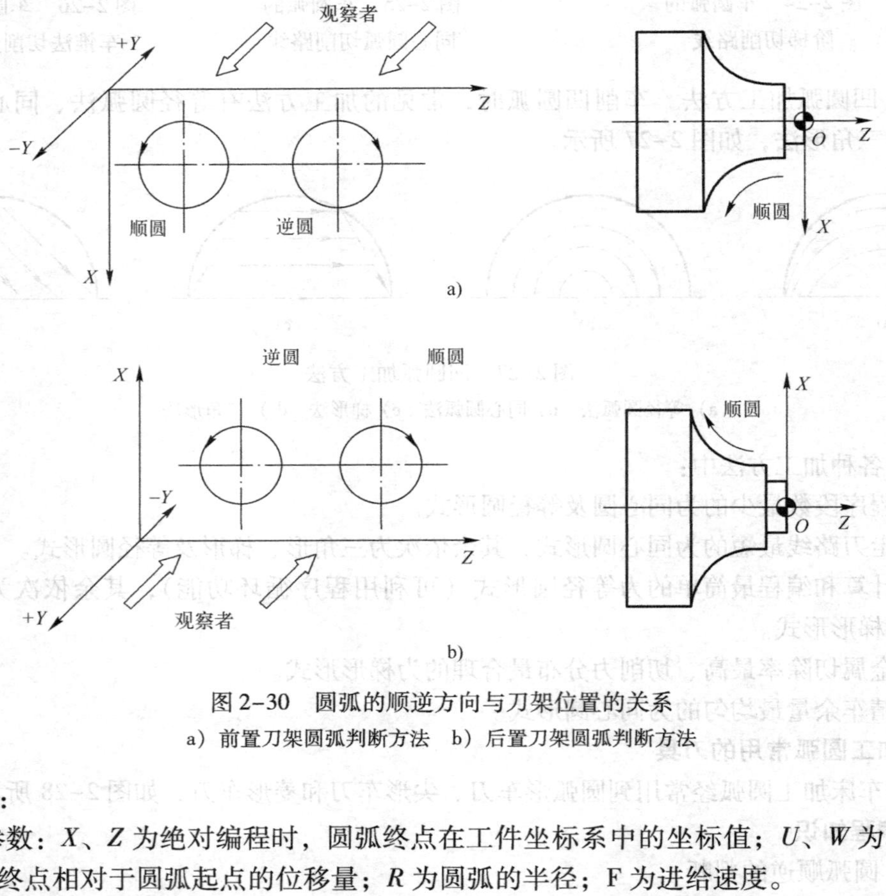

图 2-30　圆弧的顺逆方向与刀架位置的关系

a）前置刀架圆弧判断方法　b）后置刀架圆弧判断方法

说明：

① 参数：*X*、*Z* 为绝对编程时，圆弧终点在工件坐标系中的坐标值；*U*、*W* 为增量编程时，圆弧终点相对于圆弧起点的位移量；*R* 为圆弧的半径；F 为进给速度。

② 当圆弧对应圆心角 $\alpha \leqslant 180°$ 时，*R* 取正值；当圆弧对应圆心角 $180 < \alpha < 360°$ 时，*R* 取负值，如图 2-31 所示。

③ 半径编程方法只能用于非整圆编程，不适于整圆编程，整圆编程时需要用 *I*、*K* 编程法。

④ 如果是数控车削，圆弧圆心角 $\alpha \leqslant 180°$，同时 *R* 值是知道的，就不必用 *I*、*K* 方式编程，用 *R* 方式编程即可。

4. 刀尖圆弧自动补偿功能

（1）刀位点的概念　所谓刀位点是指编制程序和加工时，用于表示刀具特征的点，也是对刀和加工的基准点，如图 2-32 所示。

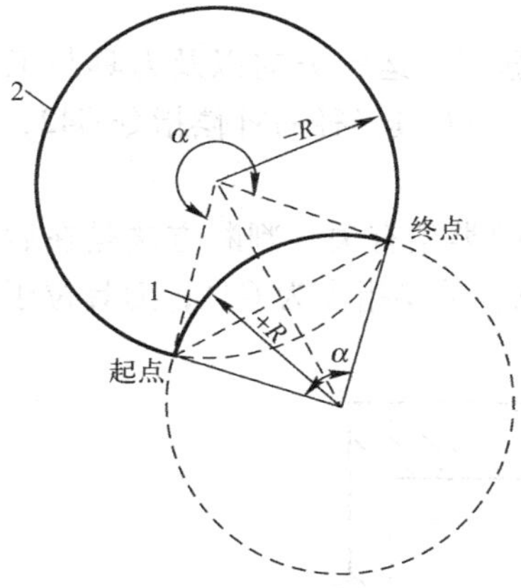

图 2-31　用 R 编程时 $\pm R$ 的判断

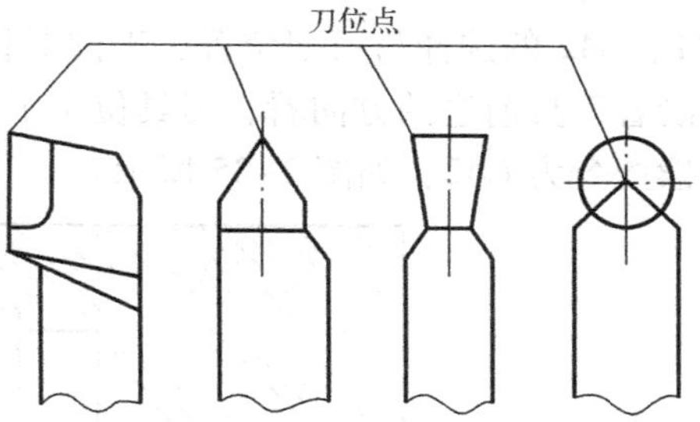

图 2-32　刀位点

（2）刀尖圆弧半径补偿的概念　数控车床加工是以车刀理想刀尖为基准编写数控轨迹代码的，假想刀具刀尖沿着工件轮廓切削加工，一般将刀尖看作一个点来考虑，对刀时也希望能以理想刀尖来对刀。但实际加工中，为了降低被加工工件的表面粗糙度值，减缓刀具磨损，提高刀具寿命，一般在车刀刀尖处磨成圆弧过渡刃，这样就产生了假想刀尖，如图 2-33A 点所示。

由于刀尖圆角的存在，X 向、Z 向对刀所获得的刀尖位置是一个假想刀尖。用假想的刀尖编制出的程序进行端面、外径、内径等与轴线平行或垂直的表面加工时，是不会产生误差的。但是在进行倒角、锥面及圆弧切削时，则会产生少切或过切现象，造成加工误差，影响尺寸精度，如图 2-34 所示。

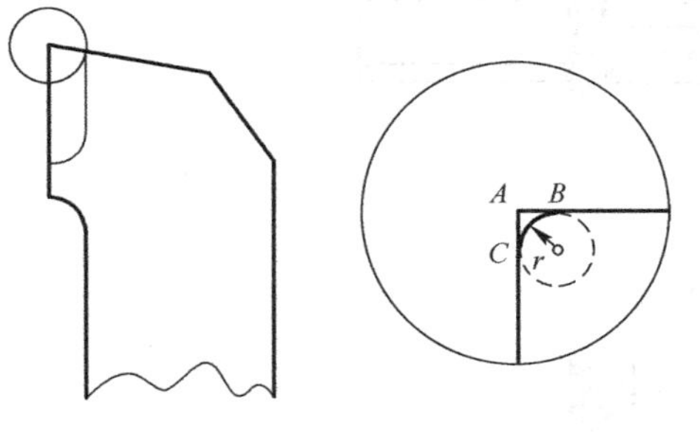

图 2-33　假想刀尖示意图

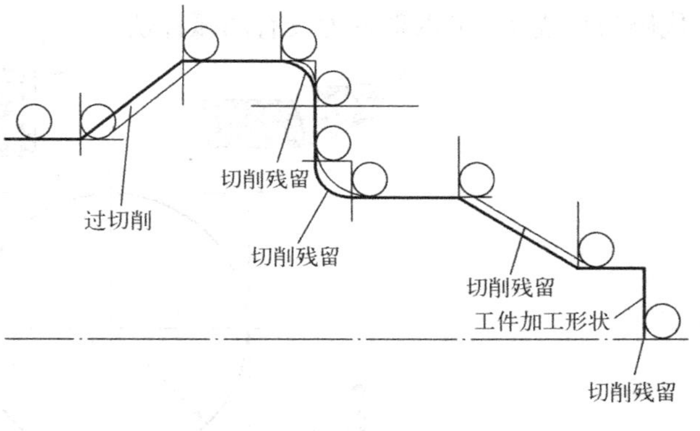

图 2-34　过切与少切

编程时若以圆弧中心编程，可以避免过切和少切现象，但刀位点计算比较麻烦，并且如果刀尖圆弧半径值发生变化时，程序也需要改变。因此，必须通过刀具半径补偿功能来补偿刀尖圆角带来的加工误差。现在，一般数控系统都有刀具半径自动补偿功能，编程时，只需按工件的实际轮廓尺寸编程即可，不必考虑刀尖圆弧半径的大小，加工时数控系统能根据刀尖圆弧半径自动计算出补偿量，避免少切或过切现象的产生。

需要注意的是，当加工轨迹到达圆弧或圆锥部位时并不马上执行所读入的程序段，而是再读入下一段程序，判断两段程序之间的转接情况，然后根据转接情况计算相应的运动轨迹。由于多读了一段程序进行预处理，故能进行精确的补偿，自动消除车刀存在刀尖圆弧带来的加工误差，从而提高加工精度。

（3）刀尖圆弧半径补偿的类型及判断方法　根据刀具运动方向以及刀具与工件的相对位置，半径补偿指令可分为刀具半径左补偿指令 G41 和刀具半径右补偿指令 G42，取消刀具补偿用 G40 指令。

G41、G42 的选择与刀架位置、工件形状及刀具的类型有关。判断方法是在后置刀架坐标系里沿着刀具前进的方向看，刀具位于工件的左侧，补偿指令为 G41；刀具位于工件的右侧，补偿指令为 G42，如图 2-35 所示。

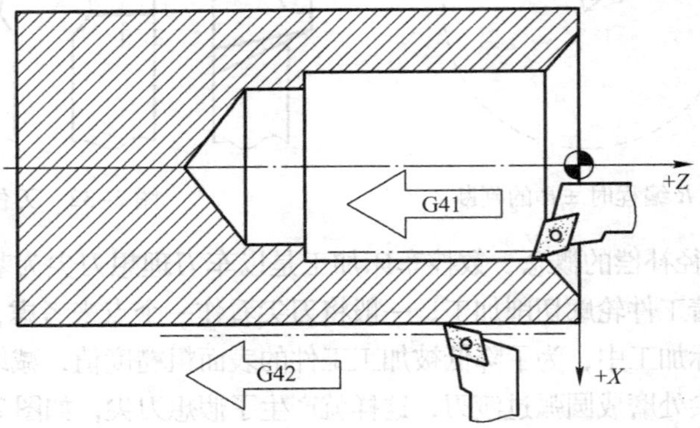

图 2-35　刀尖圆弧半径补偿类型判断

（4）假想刀尖方位号　假想车刀刀尖相对圆弧中心的方位与刀具移动方向有关，它直接影响圆弧车刀补偿计算结果。图 2-36 是圆弧车刀假想刀尖方位及代码，从图中可以看出，刀尖的方位有八种，分别用数字代码 1～8 表示。同时规定，当刀尖取圆弧中心位置时，代码为 0 或 9，可以理解为没有圆弧补偿。

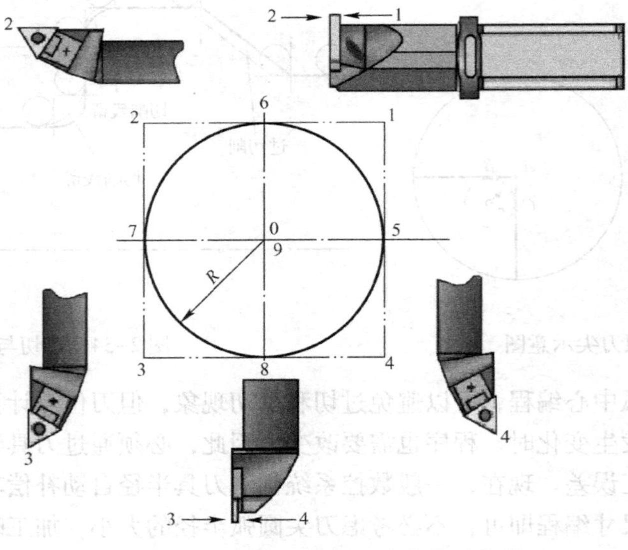

图 2-36　圆弧车刀假想刀尖方位及代码

（5）刀尖圆弧半径补偿过程　当系统执行到含 T 代码的程序指令时，仅仅是从中取得了刀具补偿的寄存器地址号（其中包括刀具几何位置补偿和刀具半径大小），此时并不会开始实施刀具半径补偿。只有在程序中遇到 G41、G42 指令时，才开始从刀库中提取数据，并实施相应的刀具半径补偿。

1）格式：G41/G42/G40　G01/G00 X（U）_ Z（W）_；其中：X(U)、Z(W)为建立或撤销刀具半径补偿程序段中刀具移动的终点坐标。

2）数控车床刀尖圆弧半径补偿功能的设置。刀尖圆弧半径补偿值可以通过刀具补偿设定界面设定，T 指令要与刀具补偿编号相对应，并且要输入刀尖位置序号，如图 2-37 所示。

刀具补正/形状　　　　O　　N

番号	X	Z	R	T
01	210.537	-181.300	0.800	3
02	-194.977	-187.600	0.400	3
03	0.000	0.000	0.000	0
04	0.000	0.000	0.000	0
05	0.000	0.000	0.000	0
06	0.000	0.000	0.000	0
07	0.000	0.000	0.000	0
08	0.000	0.000	0.000	0

现在位置（相对坐标）

U　-194.767　W　-187.600

^

>　　S 0　　T

JOG　****　***　***

[NO 检索]　[测量]　[C.输入]　[+输入]　[输入]

图 2-37　刀尖圆弧半径补偿设置

在刀具补偿设定画面中，刀具代码 T 中的补偿号对应的存储单元中存放一组数据，除 X 轴、Z 轴的长度补偿值外，还有圆弧半径补偿值和假想刀尖位置序号（0 ~ 9）。操作时，可以将每一把刀具的四个数据分别输入刀具补偿号对应的存储单元中，即可实现自动补偿。图 2-37 中所示的 01 号刀具的刀尖圆弧半径值为 0. 8mm，刀尖方位序号为 3；02 号刀具的刀尖圆弧半径值为 0. 4mm，刀尖方位序号为 3。

3）刀具补偿的过程。刀尖圆弧半径补偿的过程分为三步，即刀补的建立［第（1）步］、刀补的进行［第（2）步］和刀补的取消［第（3）步］，如图 2-38 所示。

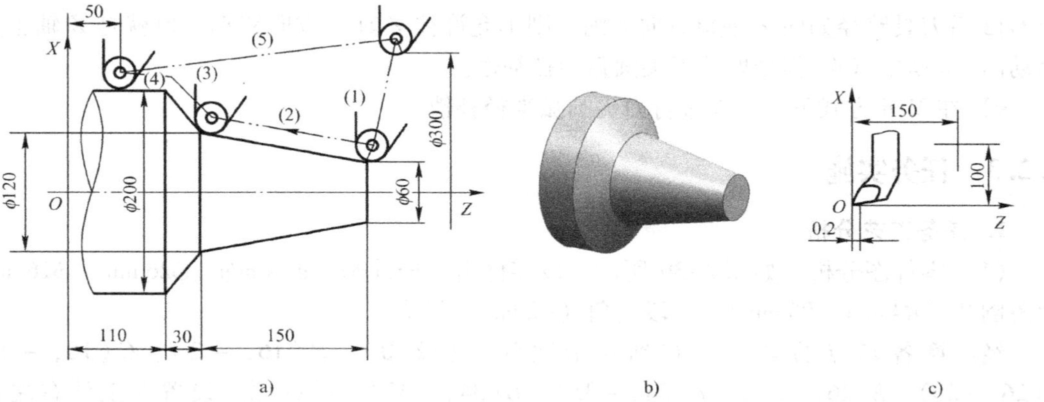

图 2-38　刀尖圆弧半径补偿编程实例

a）零件图　b）实体图　c）01 号刀

上述实例数控加工程序见表2-8。

表2-8 数控加工程序

零件号	2-38	零件名称		编程原点	
程序号	O0001	数控系统	FANUC 0i	编 制	
程 序 内 容			简 要 说 明		
O0001; …… N10 G00 X300. Z330. T0101; N12 G42 G00 X60.0 Z290.0; N14 G01 X120.0 W-150.0 F0.3; N16 X200.0 W-30.0; N18 Z50.0; N20 G40 G00 X300.0 Z330.; ……			程序号 调用01号刀和1号刀补，刀具快速定位 刀补引入程序段 圆锥外圆面车削 锥形台阶车削 ϕ200 mm外圆车削 取消刀补		

（6）刀尖圆弧半径补偿的注意事项

1）G40、G41、G42都是模态指令，可相互注销。

2）G40、G41、G42只能用G00、G01结合编程，刀具半径补偿的建立和取消不应在G02、G03圆弧轨迹程序段上进行。

3）在编入G40、G41、G42的G00与G01前后的两个程序段中，*X*、*Z*值至少有一个值变化，否则产生报警。

4）工件上有锥度、圆弧时，必须在精车锥度或圆弧的前一程序段建立半径补偿，一般在切入工件时的程序段建立半径补偿。

5）在调用新刀前，必须取消刀具补偿，否则产生报警。

6）必须在刀具补偿参数设定页面的刀尖圆弧半径处填入该把刀具的刀尖圆弧半径值，如图2-37中的*R*0.8 mm、*R*0.4 mm项，这时车床的数控装置会自动计算出应该移动的补偿量，作为刀尖圆弧半径补偿的依据。

7）必须在刀具补偿参数设定页面的假想刀尖方向处填入该把刀具的假想刀尖号码，如图2-37中的T项，作为刀尖圆弧半径补偿的依据。

8）刀尖圆弧半径补偿G41或G42指令后，刀具路径必须是单向递增或单向递减，即指令G42后刀具路径如向*Z*轴负方向切削，则不允许往*Z*轴正方向移动，也就是*Z*轴正方向移动前，必须用G40指令取消刀尖圆弧半径补偿。

9）在MDI方式下，不能进行刀尖圆弧半径补偿。

2.2.3 任务实施

1. 任务工艺分析

（1）零件图分析　如图2-39所示，该零件由三处外圆（ϕ34 mm、ϕ26 mm、ϕ16 mm），两段倒圆（*R*4 mm、*R*5 mm），一段倒角（*C*2 mm）组成。

经计算各基点的坐标从右到左依次为*A*(12,0)、*B*(16,-2)、*C*(16,-15)、*D*(26,-20)、*E*(26,-31)、*F*(34,-35)、*G*(34,-45)。编程原点设置在工件右端面的中心。

（2）确定装夹方案　该零件为轴类零件，轴线为工艺基准，加工外表面用自定心卡盘

夹持 ϕ34 mm 外圆一次装夹完成加工。

（3）确定加工顺序及加工路线

1）加工顺序：按先主后次、先粗后精、先外后内的加工原则确定加工路线。

① 装夹 ϕ34mm 外圆、找正，手动车削端面。

② 粗加工 ϕ34 mm、ϕ26 mm、ϕ16 mm 外圆，留精加工余量为 1 mm。

③ 精加工 R5 mm、R4 mm 圆弧面和 ϕ34 mm、ϕ26 mm、ϕ16 mm 外圆。

2）加工路线。加工路线如图 2-40 所示。

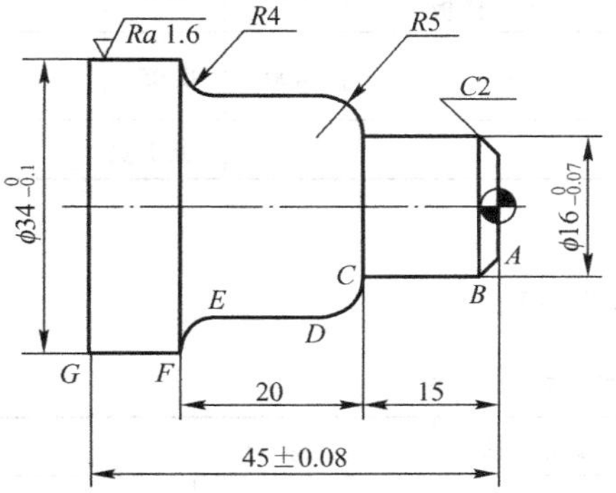

图 2-39　圆弧阶梯轴

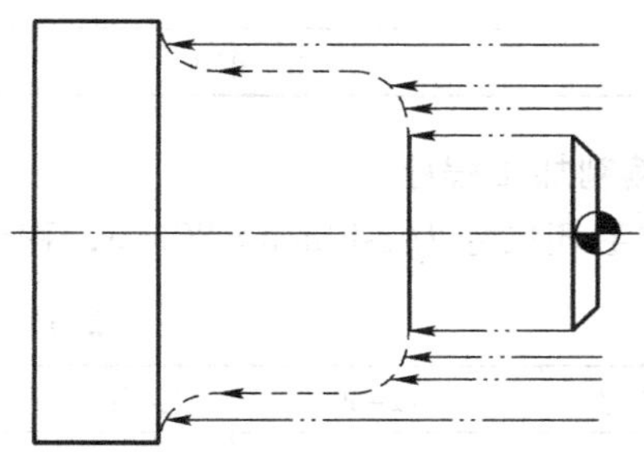

图 2-40　加工路线

（4）刀具参数选择　刀具卡见表 2-9。

表 2-9　刀具卡

产品名称或代号				零件名称	圆弧阶梯轴	零件图号	图 2-39
序号	刀具号	刀具名称及规格	刀具材料	数量	加工表面	刀尖半径/mm	备注
1	T0101	90°外圆粗车刀	硬质合金	1	车端面、粗车外圆轮廓	0. 4	
2	T0202	93°外圆精车刀	硬质合金	1	精车外圆轮廓	0. 2	
3	T0303	切槽刀	硬质合金	1	切断		左刀尖

（5）切削用量参数选择　工序卡见表 2-10。

表 2-10　工序卡

数控加工工序卡				产品型号		零件图号	图 2-39	
				产品名称		零件名称	圆弧阶梯轴	
材料牌号	45	毛坯种类	棒料	毛坯尺寸/mm	ϕ40×80	备注		
工序号	工序名称	设备名称	设备型号	程序编号	夹具代号	夹具名称	切削液	车间
2	车	数控车床	CK6140	O0001	1	自定心卡盘	油基切削液	数控车间
工步	工步内容	刀具号	刀具	量具及检具	主轴转速/(r/min)	进给速度/(mm/r)	背吃刀量/mm	备注
1	安装零件，夹持 30mm							

（续）

工步	工步内容	刀具号	刀具	量具及检具	主轴转速/(r/min)	进给速度/(mm/r)	背吃刀量/mm	备注
2	车右端面	T0101	90°车刀	游标卡尺、外径千分尺	800	0.2	0.5	手动
3	粗车外圆轮廓，直径方向留0.5 mm余量	T0101	90°车刀	游标卡尺、外径千分尺	800	0.2	2	自动
4	精车外圆轮廓至尺寸要求	T0202	93°车刀	游标卡尺、外径千分尺、半径样板	1000	0.1	0.5	自动
5	切断	T0303	切槽刀		400	0.05		手动
编制		审核				共1页		第1页

2. 编制加工程序

零件毛坯尺寸为 $\phi40mm \times 80mm$，程序见表2-11。

表2-11　零件加工参考程序

零件图号	图2-39	零件名称	圆弧阶梯轴	编程原点	
程序号	O0002	数控系统	FANUC 0i	编　制	

程序内容	简要说明
O0002;	程序号
N10 G21 G40 G97 G99;	程序初始化设置
N20 M03 S600 T0101;	
N30 G00 X42. Z2.;	定位
N40 G90 X35. Z-45. F0.2;	粗车 $\phi34$ mm外圆，留1 mm精加工余量
N50 X30. Z-31.;	
N60 X27.;	粗车 $\phi26$ mm外圆，留1 mm精加工余量
N70 X22. Z-15.;	
N80 X17.;	粗车 $\phi16$ mm外圆，留1 mm精加工余量
N85 G00 X100. Z100.;	退回换刀点
N90 M03 S1000 T0202;	提高主轴转速，换2号精车刀
N100 G00 X12.;	
N110 G01 Z0. F0.1;	
N120 G01 X16. Z-2. F0.3;	精加工 *C*2 mm倒角
N130 G01 Z-15.;	精车 $\phi16$ mm×15 mm外圆
N140 G03 X26. Z-20. R5.;	精车 *R*5 mm圆弧
N150 G01 Z-31.;	精车 $\phi26$ mm×31 mm外圆
N160 G02 X34. Z-35. R4.;	精车 *R*4 mm圆弧
N170 G01 Z-50.;	精车 $\phi34$ mm×45 mm外圆，注意 *Z* 向多精车5 mm
N180 G01 X35.;	*X* 向精车到 $\phi35$ mm
N190 G00 X100. Z100.;	快速退刀
N200 T0202;	换出切断刀具，刀具宽为4 mm
N210 M03 S400;	主轴转速为400 r/min
N220 G00 X40. Z-49.;	切断刀具定位
N230 G01 X0. F0.1;	切断
N240 X40.;	*X* 向退刀
N250 Z100.;	*Z* 向退刀
N260 M05;	主轴停止
N270 M30;	程序结束

3. 仿真加工

使用数控加工仿真软件对加工程序进行检验，正确进行数控加工仿真的操作，完成零件的仿真加工。

4. 车间实际加工

通过仿真加工，确定零件程序的正确性后，在实训车间对该零件进行实际操作加工，操作时注意以下操作事项：

1）自动运行之前把进给倍率开关调到最小，确认第一刀定位准确后方可将进给倍率开关调整至正常状态。

2）加工运行时必须把数控车床防护门关好。

3）加工过程中要学会听声音，当加工噪声明显变化时，一定要警惕，分析原因，切忌盲目操作。

5. 零件检测及评价

1）利用游标卡尺、外径千分尺、内径千分尺、表面粗糙度工艺样板等量具测量工件，学生对自己加工的零件进行检测，包括尺寸精度的检测和零件加工质量的检测。

2）圆弧的检查方法。

① 用半径样板检测。半径样板也称为 R 规，是一种测量精度要求不高的圆弧常用量具，测量范围有 1 ~ 6. 5 mm、7 ~ 14. 5 mm、15 ~ 25 mm 三种。根据初估被测圆弧半径大小，将半径样板上标有相应半径值的样板与被测圆弧采用光隙法进行比较，如图 2-41 所示。

图 2-41 半径样板检测

② 用样板检测。用样板检测主要适用于精度要求不高的场合，如图 2-42 所示。

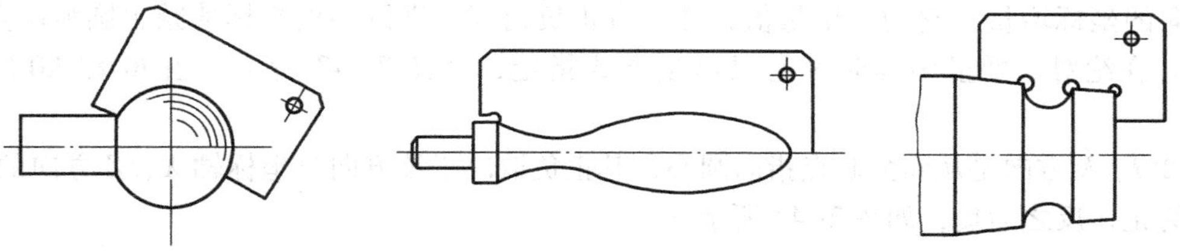

图 2-42 样板检测

3）教师对学生加工的零件进行检测，并做出点评，见表 2-12。

表 2-12 评分表

加工开始时间：			加工结束时间：		加工时间：	
检测项目		技术要求	配分	评分标准	检测结果	得分
外圆（20）	1	外圆尺寸 ϕ34 mm	10	超差 0. 01 mm 以上无分		
	2	外圆尺寸 ϕ16 mm	10	超差 0. 02 mm 以上无分		

（续）

检测项目		技术要求	配分	评分标准	检测结果	得分
圆弧（20）	3	圆弧 $R5$ mm	10	超差无分		
	4	圆弧 $R4$ mm	10	超差无分		
长度（20）	5	15 mm	10	超差无分		
	6	45 mm	10	超差 0.08 mm 以上无分		
程序（10）	7	程序正确、合理	10	出错一次扣 1 分		
工艺（10）	8	切削用量选择合理	5	出错一次扣 1 分		
	9	加工工艺制定合理	5	出错一次扣 1 分		
仿真操作（10）	10	车床操作规范	5	出错一次扣 1 分		
	11	刀具、工件装夹正确	5	出错一次扣 1 分		
安全生产（10）	12	安全操作车床	6	出错一次扣 1 分		
	13	工具、量具摆放整齐	2	出错一次扣 1 分		
	14	车床整理	2	出错一次扣 1 分		
总配分			100	总得分		
停工原因					加工日期 年　月　日	

2.2.4 拓展知识

1. 圆弧 *I*、*K* 编程法

圆弧顺时针插补：G02 X(U)_　Z(W)_　I_　K_　F_;

圆弧逆时针插补：G03 X(U)_　Z(W)_　I_　K_　F_;

（1）参数说明

① 参数：$X(U)$、$Z(W)$ 是指圆弧终点坐标；I、K 表示圆弧圆心相对于圆弧起点在 X、Z 方向的坐标增量，它们是增量值，并带有正负情况，即圆心的坐标值减去圆弧起点的坐标值，在绝对、增量编程时都是以增量方式指定，如图 2-43 所示。当 $I0$ 和 $K0$ 时可以省略。

② I、K 方向是从圆弧起点指向圆心，其正负取决于该方向与坐标轴 X、Z 方向的异同，相同为正，反之为负，如图 2-44 所示。

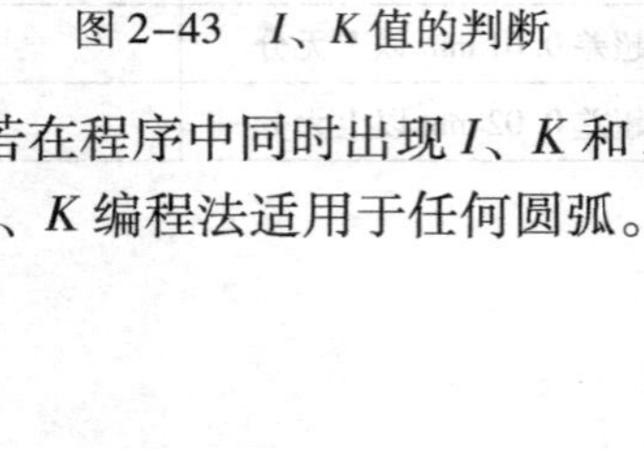

图 2-43　I、K 值的判断

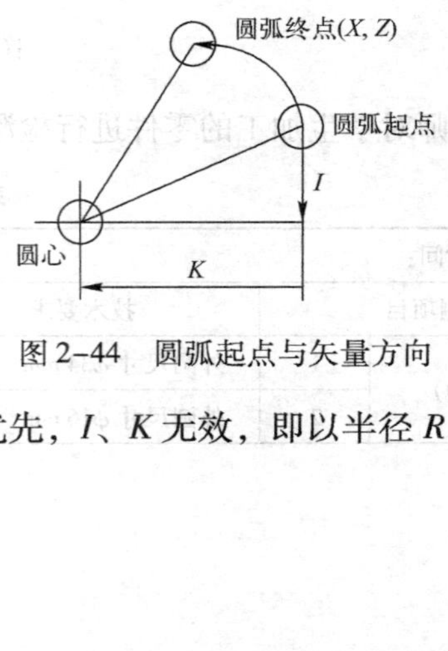

图 2-44　圆弧起点与矢量方向

③ 若在程序中同时出现 I、K 和 R 时，以 R 为优先，I、K 无效，即以半径 R 方式编程。

④ I、K 编程法适用于任何圆弧。

（2）举例说明　编写圆弧部分程序，如图 2-45 所示。

用 *R* 编程：G02 X50. Z－20. R25.；用 *I*、*K* 编程：G02 X50. Z－20. I25. K0.；

2. G01 倒圆

G01 倒圆可以理解为 G01 的特殊运用，如图 2-46 所示。

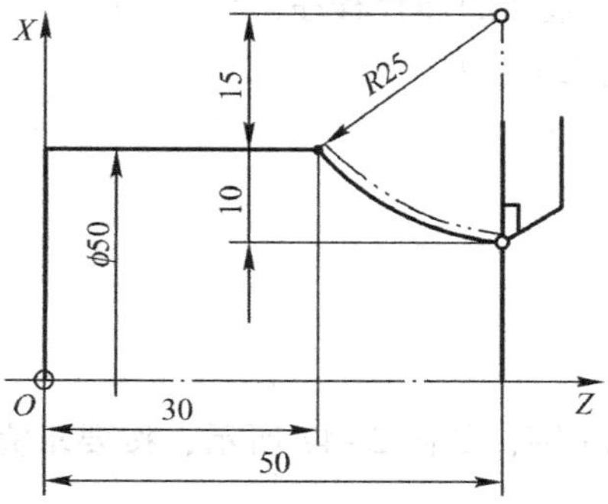

图 2-45　编程举例

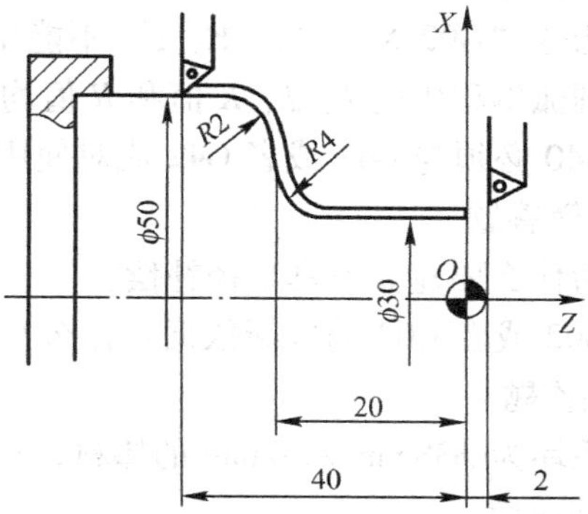

图 2-46　G01 倒圆

加工程序如下：

```
G01 X30. Z2. ;
G01 X30. Z－20. R4. ;
G01 X50. Z－20. R2. ;
```

2.2.5　技能应用练习题

1. 理论题

（1）单选题

1）圆弧切削用 *I*、*J* 表示圆心位置时，是以（　　）表示。

A. 增量值　　B. 绝对值　　C. G80 或 G81　　D. G98 或 G99

2）刀具半径补偿存储器中需输入刀具（　　）值。

A. 刀尖的半径　　B. 刀尖的直径

C. 刀尖的半径和刀尖的位置　　D. 刀具的长度

3）圆弧插补的过程中数控系统把轨迹拆分成若干微小（　　）。

A. 直线段　　B. 圆弧段　　C. 斜线段　　D. 非圆曲线段

4）指令 G41 或 G42 必须在含有（　　）指令的程序段中才能生效。

A. G00 或 G01　　B. G02 或 G03

C. G01 或 G02　　D. G01 或 G03

5）G01 G02 G03 X100. ……指令中实际有效的 G 代码是（　　）。

A. G00　　B. G01　　C. G02　　D. G03

6）在数控加工中，如果圆弧指令后的半径值遗漏，则车床按（　　）执行。

A. 直线指令　　B. 圆弧指令　　C. 停止　　D. 报警

7）圆弧编程中的 *I*、*K* 值是（　　）的矢量值。

A. 起点到圆心　　　　B. 终点到圆心　　　　C. 圆心到起点　　　　D. 圆心到终点

8）数控车刀自右向左车削外圆时，刀具补偿方位号是（　），车削内孔时是（　）。

A. 01　　　　B. 02　　　　C. 03　　　　D. 04

（2）判断题

1）圆弧逼近法是指用圆弧近似代替非圆曲线进行节点计算和加工的方法。（　　）

2）指令“G02 X_　Z_　R_；”不能用于编写整圆的插补程序。（　　）

3）圆弧编程中的 I、J、K 值和 R 值均有正负之分。（　　）

4）G40 必须与 G41 或者 G42 成对使用。（　　）

（3）简答题

1）为什么要建立刀具半径补偿？

2）G02 或者 G03 的判断依据是什么？

2. 操作题

1）毛坯为 ϕ38 mm × 50 mm 的棒料，材料为 45 钢，如图 2-47 所示，按要求完成零件的数控编程与加工。

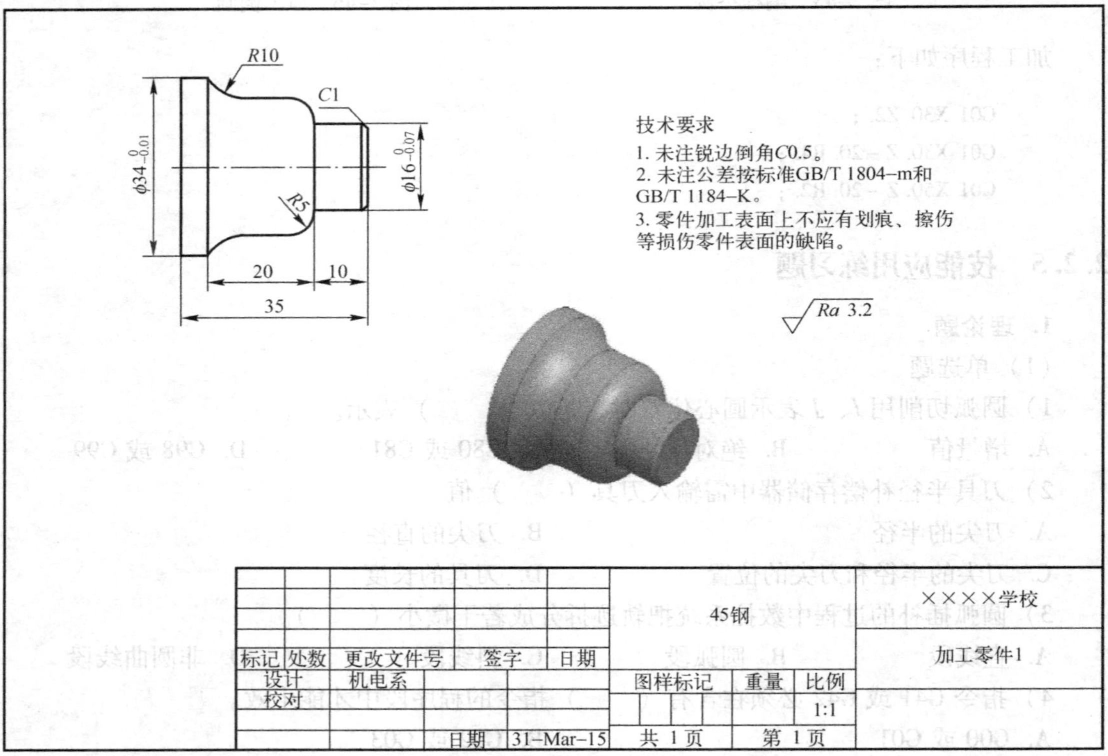

图 2-47　零件加工图（一）

2）毛坯为 ϕ50 mm × 100 mm 的棒料，材料为 45 钢，如图 2-48 所示，按要求完成零件的数控编程与加工。

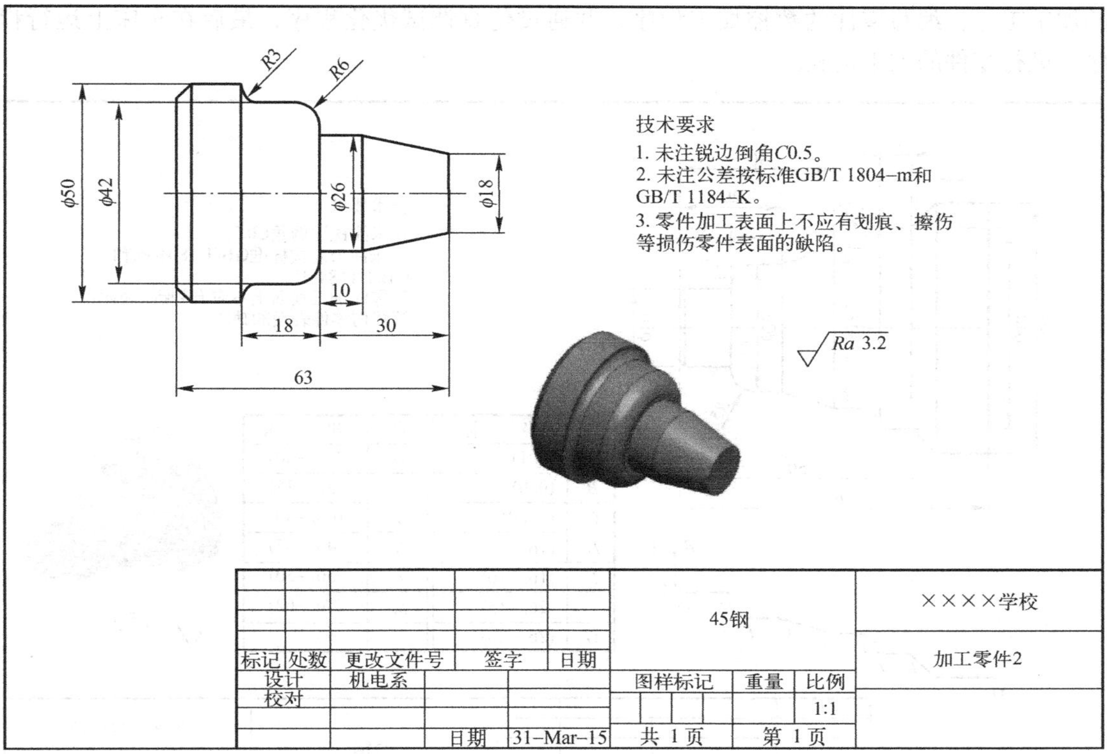

图 2–48　零件加工图（二）

任务 2.3　锥度轴的加工

【知识目标】

1. 了解制定综合锥度轴零件的加工方案。
2. 熟悉加工刀具的选择并学会确定合理的切削用量。
3. 掌握 G71、G72、G70 等粗、精复合循环指令的编程与运用。

【能力目标】

1. 能对零件图样进行工艺与技术要求分析。
2. 具备编制综合锥度轴零件加工程序的能力。
3. 能操作数控车床完成带锥度的轴类综合零件的加工。
4. 学会半径样板等量具的使用。
5. 熟悉安全文明生产规范要求。

2.3.1　学习任务

锥度轴如图 2–49 所示，已知材料为 45 钢，毛坯尺寸为 $\phi 52\,mm \times 80\,mm$，要求分析零件的加工工艺，编写零件的数控加工程序，并通过仿真调试优化程序，最后在车床上运行程序，进行零件的加工检验。

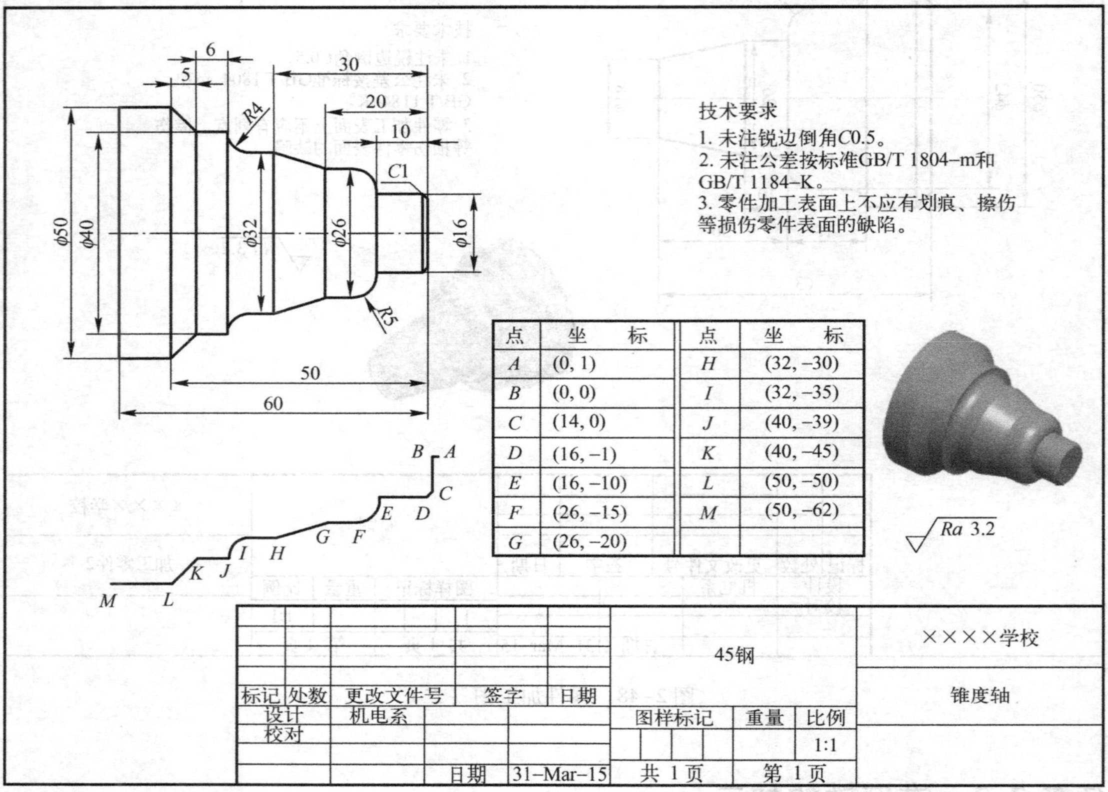

点	坐　标	点	坐　标
A	(0, 1)	H	(32, –30)
B	(0, 0)	I	(32, –35)
C	(14, 0)	J	(40, –39)
D	(16, –1)	K	(40, –45)
E	(16, –10)	L	(50, –50)
F	(26, –15)	M	(50, –62)
G	(26, –20)		

图 2–49　锥度轴

2.3.2　任务相关知识

锥度面配合的同轴度高、拆卸方便，配合的间隙或过盈可以调整，密封性和自锁性好，所以很多零部件上都设计有锥面特征。

1. 锥度的参数与计算

圆锥的参数及参数间的关系如图 2–50 所示。

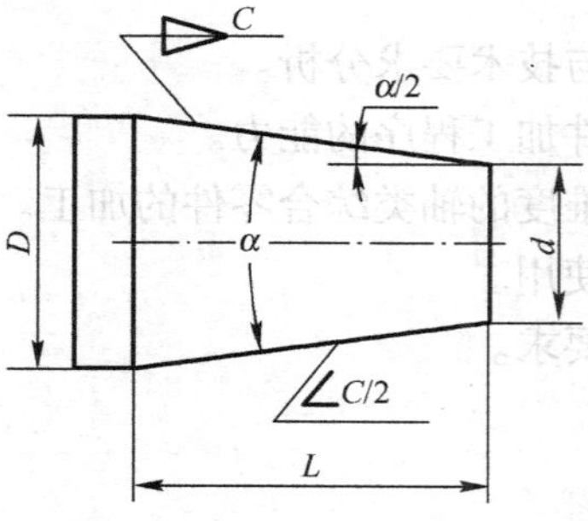

图 2–50　圆锥的参数及参数间的关系

① 圆锥直径：垂直圆锥轴线的截面直径，大端直径用 D 表示，小端直径用 d 表示。

② 圆锥角 α：圆锥轴向截面内两条素线间的夹角。

③ 圆锥半角 $\alpha/2$：圆锥素线与轴线间的夹角。

④ 圆锥长度 L：圆锥大、小端之间的轴向距离。

⑤ 锥度 C：圆锥大、小端直径差与圆锥长度之比，即：$C=(D-d)/L=2\tan\alpha/2$。

⑥ 斜度 $C/2$：圆锥大、小端半径差与圆锥长度之比。

2. 毛坯内（外）径粗车复合循环指令 G71

使用 G90 循环加工可以使程序简化，但若待加工零件既有圆柱面又有圆锥面、曲线回转体面等特征时编程反而会变得复杂。复合固定循环功能指令 G71 可以解决这一问题。使用这些复合固定循环时，只需对零件的轮廓定义，就可对复合表面完成从粗加工到精加工的全过程。

（1）格式　G71 U(Δd)R(e)；

G71 P(ns) Q(nf) U(Δu) W(Δw) F(f) S(s) T(t)；

N(ns)……

……

N(nf)……

说明：Δd——每次 X 向循环的背吃刀量（半径值，无正负号）；

e——每次 X 向退刀量（半径值，无正负号）；

ns——精加工轮廓程序段中的开始程序段号；

nf——精加工轮廓程序段中的结束程序段号；

Δu——X 方向精加工余量（直径值）；

Δw——Z 方向精加工余量；

F、S、T——F、S、T 指令。

G71 指令为纵向切削复合循环加工指令，适用于沿着一个坐标轴方向（一般都是沿 Z 轴负方向）看去，零件在另一个坐标轴（如 X 轴）上的外形坐标值都是逐渐增大或减小的情况，内、外径加工皆可使用。G71 指令的循环加工路线如图 2-51 所示。

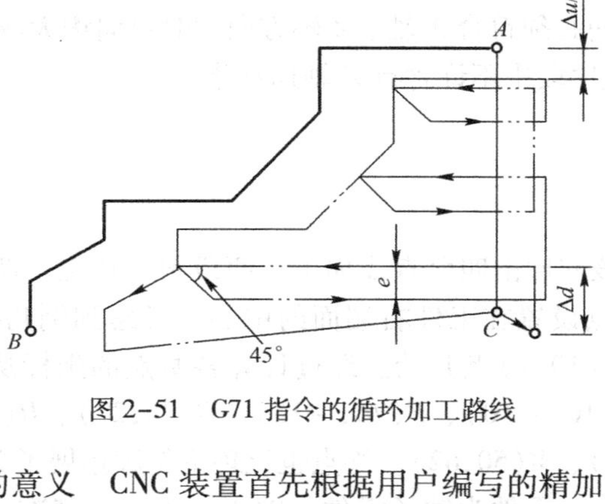

图 2-51　G71 指令的循环加工路线

（2）G71 内部参数的意义　CNC 装置首先根据用户编写的精加工轮廓，在预留出 X 向、Z 向的精加工余量 Δu、Δw 后，计算出粗加工实际轮廓的各个坐标值，然后用刀具按层切法将加工余量去除。首先刀具沿 X 向进刀 Δd，Z 向切削后按 e 值 45°方向退刀，如此循环直至粗加工余量切除。此时工件斜面和圆弧部分形成台阶状表面，然后再按精加工轮廓光整表面，最终使工件在 X 向、Z 向留有 Δu、Δw 的精加工余量。

（3）关于 G71 指令使用的其他说明

① 在使用 G71 进行粗加工时，只有 G71 程序段中的 F、S、T 指令是有效指令，而包含在 *ns*～*nf* 程序段中的 F、S、T 指令对粗车循环无效。

② G71 指令必须带有 P、Q 地址 *ns*、*nf*，且与精加工路线起、止程序段号对应，否则不能进行加工。

③ *ns*、*nf* 的程序段必须为 G00/G01 指令，且不能为 Z 向移动指令。

④ 在程序段号为 *ns* 到程序段号为 *nf* 的程序段中不能调用子程序。

⑤ 在进行外形加工时 Δu 取正值，内孔加工时 Δu 取负值，从右向左加工时 Δu 取正值，从左向右加工时 Δu 取负值。

⑥ 当用恒表面切削速度控制时，*ns*～*nf* 的程序段中指定的 G96、G97 无效，应在 G71 程序段以前指定。

⑦ 循环起点的选择应在接近工件处以缩短刀具行程和避免空进给。

3. 精加工循环指令 G70

在 G71 程序的 *nf* 程序段后再加上“G70 Pns Qnf”程序段，并在 *ns*～*nf* 程序段中加上精加工适用的 F、S、T，就可以完成从粗加工到精加工的全过程。

格式　G70　P(ns)　Q(nf)；

说明：*ns*——精加工轮廓程序段中开始程序段的段号；

nf——精加工轮廓程序段中结束程序段的段号。

4. 复合循环指令使用注意事项

1）G71（或 G72）程序段中的 F、S、T 功能只对 G71（或 G72）循环有效，对 G70 循环无效。

2）*ns*～*nf* 之间的 F、S、T 功能只对 G70 循环有效，对 G71（或 G72）循环无效。

3）*ns*～*nf* 程序段中恒线速功能、刀具半径补偿功能对 G71（或 G72）循环无效。

4）*ns*～*nf* 程序段中不能调用子程序。

5）零件轮廓 A～B 间必须符合 X 轴、Z 轴方向同时单向增大或单向减少的规律。

6）G71 循环时 *ns* 程序段中不许含有 Z 轴运动指令。

2.3.3　任务实施

1. 任务工艺分析

（1）零件图分析　该零件由四段直线加工、两段斜线加工、两段倒圆（$R4$、$R5$）、一段倒角（$C1$）组成。编程原点设置在工件右端面的中心。考虑到倒角不能从右端面直接开始，因此选择理论起刀点从 $A(10,1)$ 点开始。经过计算各基点的坐标从右到左依次为 $B(0,0)$、$C(14,0)$、$D(16,0)$、$E(16,-10)$、$F(26,-15)$、$G(26,20)$、$H(32,-30)$、$I(32,-35)$、$J(40,-39)$、$L(50,-50)$、$M(50,62)$。终点也比理论轮廓拓展了 2 mm。

（2）确定装夹方案　该零件为轴类零件，轴心线为工艺基准，加工外表面用自定心卡盘夹持 $\phi 50$ mm 外圆一次装夹完成。

(3) 确定加工顺序及加工路线

1) 加工顺序：按先主后次、先粗后精、先外后内的加工原则确定加工路线。

① 装夹 ϕ52 mm 外圆毛坯、对刀找正，自动车削端面。

② 粗加工零件轮廓，X 方向留精加工余量为 0.5 mm，Z 方向不留。

③ 精加工去除余量完成成形面的加工。

2) 加工路线　按图 2-51 所示路线，使用 G71 逐层切削加工，每层背吃刀量为 2 mm，后继续深入 2 mm 进给切削加工。

(4) 刀具的选择　采用 90°外圆车刀车端面和粗车外圆，采用 95°外圆车刀精车外圆，具体见表 2-13 刀具卡。

表 2-13　刀具卡

产品名称或代号				零件名称	锥度轴	零件图号	图 2-49
序号	刀具号	刀具名称及规格	刀具材料	数量	加工表面	刀尖半径/mm	备注
1	T0101	90°外圆粗车刀	硬质合金	1	车端面、粗车外圆轮廓	0.4	
2	T0202	95°外圆精车刀	硬质合金	1	精车外圆轮廓	0.2	
3	T0303	切槽刀	硬质合金	1	切断		左刀尖

(5) 切削用量的选择　粗加工循环主轴转速为 600 r/min，进给速度为 0.2mm/r；精加工循环主轴转速为 1000 r/min，进给速度为 0.1 mm/r，具体见表 2-14 工序卡。

表 2-14　工序卡

<table>
<tr><td colspan="5" rowspan="2">数控加工工序卡片</td><td>产品型号</td><td colspan="2"></td><td>零件图号</td><td colspan="2">图 2-49</td></tr>
<tr><td>产品名称</td><td colspan="2"></td><td>零件名称</td><td colspan="2">锥度轴</td></tr>
<tr><td>材料牌号</td><td colspan="2">45</td><td>毛坯种类</td><td>棒料</td><td>毛坯尺寸/mm</td><td colspan="2">$\phi52\times80$</td><td>备注</td><td colspan="2"></td></tr>
<tr><td>工序号</td><td>工序名称</td><td>设备名称</td><td colspan="2">设备型号</td><td>程序编号</td><td colspan="2">夹具代号</td><td>夹具名称</td><td>切削液</td><td>车间</td></tr>
<tr><td>2</td><td>车</td><td>数控车床</td><td colspan="2">CK6140</td><td>O0001</td><td colspan="2">1</td><td>自定心卡盘</td><td>油基切削液</td><td>数控车间</td></tr>
<tr><td>工步</td><td colspan="2">工步内容</td><td>刀具号</td><td>刀具</td><td colspan="2">量具及检具</td><td>主轴转速/(r/min)</td><td>进给速度/(mm/r)</td><td>背吃刀量/mm</td><td>备注</td></tr>
<tr><td>1</td><td colspan="2">安装零件，夹持 25mm</td><td></td><td></td><td colspan="2"></td><td></td><td></td><td></td><td></td></tr>
<tr><td>2</td><td colspan="2">车右端面</td><td>T0101</td><td>90°车刀</td><td colspan="2">游标卡尺、外径千分尺</td><td>800</td><td>0.2</td><td>0.5</td><td>手动</td></tr>
<tr><td>3</td><td colspan="2">粗车外圆轮廓，直径方向留 0.5mm 余量</td><td>T0101</td><td>90°车刀</td><td colspan="2">游标卡尺、外径千分尺</td><td>800</td><td>0.2</td><td>2</td><td>自动</td></tr>
<tr><td>4</td><td colspan="2">精车外圆轮廓至尺寸要求</td><td>T0202</td><td>95°车刀</td><td colspan="2">游标卡尺、外径千分尺、半径样板</td><td>1000</td><td>0.1</td><td>0.5</td><td>自动</td></tr>
<tr><td>5</td><td colspan="2">掉头装夹</td><td></td><td></td><td colspan="2"></td><td></td><td></td><td></td><td></td></tr>
<tr><td>6</td><td colspan="2">切断</td><td>T0303</td><td>切槽刀</td><td colspan="2"></td><td>400</td><td>0.05</td><td></td><td>手动</td></tr>
<tr><td>编制</td><td></td><td>审核</td><td></td><td></td><td></td><td colspan="2"></td><td>共 1 页</td><td colspan="2">第 1 页</td></tr>
</table>

2. 编制加工程序

锥度轴加工参考程序见表 2-15。

表 2-15　锥度轴加工参考程序

零件图号	图2-49	零件名称	锥度轴	编程原点	工件右端面中心
程序号	O0001	数控系统	FANUC 0i	编制	
程序内容			简要说明		
O0001;			程序号		
N10 G21 G40 G97 G99;			程序初始化		
N20 M03 S600 T0101;			主轴正转，调用一号刀		
N30 G00 X52. Z1.;			刀具定位		
N40 G71 U1.5 R0.5;					
N50 G71 P60 Q150 U1.0 W0. F0.25;			粗加工循环		
N60 G42 G00 X12.;			半径补偿		
N70 G01 X16. Z-1. F0.1 S1000;			精加工 *C*1 mm 倒角		
N80 Z-10.;			精加工 ϕ16 mm 外圆		
N90 G03 X26. Z-15. R5.;			精加工 *R*5 mm 圆角		
N100 G01 Z-20.;			精加工 ϕ26 mm 外圆		
N110 X32. Z-30.;			精加工锥度轴		
N120 Z-35.;			精加工 ϕ32 mm 外圆		
N130 G02 X40. Z-39. R4.;			精加工 *R*4 mm 圆角		
N140 G01 Z-45.;			精加工 ϕ40 mm 外圆		
N150 X54. Z-52.;			精加工锥度轴		
N160 G70 P60 Q150;			精加工循环		
N170 G40 G00 X100.;			退刀，同时取消刀具半径补偿		
N180 Z150.;					
N190 M30;			程序结束		

3. 仿真加工

使用数控加工仿真软件对加工程序进行检验，正确进行数控加工仿真的操作，完成零件的仿真加工。

4. 车间实际加工

车间操作时注意以下几个操作要点：

（1）工件与刀具的装夹　注意刀具的高度、伸出长度、主偏角和副偏角控制。

（2）对刀操作　对刀前确保车床经过正确回零。

（3）程序的输入与调试　开启“空运行”和“机床锁住”功能，检查走刀轨迹。

（4）自动运行加工程序，完成加工　检查车床的快速倍率和进给倍率是否处在较低档位，检查主轴倍率等开关是否处在正常位置。当刀具靠近工件时，注意检查显示器上所显示的绝对坐标值和相对坐标值是否正确。

5. 零件的检测及评价

1）利用游标卡尺、外径千分尺、内径千分尺、表面粗糙度工艺样板等量具测量工件，学生对自己加工的零件进行检测，包括尺寸精度的检测和零件加工质量的检测。

2）教师对学生加工的零件进行检测，并做出点评，见表 2-16。

表 2-16　评分表

加工开始时间：			加工结束时间：		加工时间：	
检测项目		技术要求	配分	评分标准	检测结果	得分
外圆（25）	1	外圆尺寸 ϕ16 mm	5	超差 0.02 mm 无分		
	2	外圆尺寸 ϕ26 mm	5	超差 0.02 mm 无分		
	3	外圆尺寸 ϕ32 mm	5	超差 0.02 mm 无分		
	4	外圆尺寸 ϕ40 mm	5	超差 0.02 mm 无分		
	5	外圆尺寸 ϕ50 mm	5	超差 0.02 mm 无分		
圆弧（10）	6	圆弧 R4 mm	5	超差无分		
	7	圆弧 R5 mm	5	超差无分		
长度（15）	8	10 mm	5	超差 0.02 mm 无分		
	9	6 mm	5	超差 0.02 mm 无分		
	10	60 mm	5	超差 0.02 mm 无分		
程序（10）	11	程序正确、合理	10	出错一次扣 1 分		
工艺（10）	12	切削用量选择合理	5	出错一次扣 1 分		
	13	加工工艺制定合理	5	出错一次扣 1 分		
仿真操作（10）	14	车床操作规范	5	出错一次扣 1 分		
	15	刀具、工件装夹正确	5	出错一次扣 1 分		
安全生产（20）	16	安全操作车床	10	出错一次扣 5 分		
	17	工具、量具摆放整齐	5	出错一次扣 1 分		
	18	车床整理	5	出错一次扣 1 分		
总配分			100	总得分		
停工原因					加工日期 年　月　日	

2.3.4　拓展知识

端面粗车复合循环指令 G72

（1）概述　端面粗车复合循环指令 G72 与 G71 类似，不同的是 G72 首先 Z 向进刀 Δd，X 向切削后按 e 值 45°方向退刀，如此循环直至粗加工余量切除。

（2）格式　G72 W(Δd) R(e)；

G72 P(ns) Q(nf) U(Δu) W(Δw) F(f) S(s) T(t)；

N(ns)……

……

N(nf)……

说明：Δd——每次 Z 方向循环的背吃刀量（无正负号）；

e——每次 Z 向切削退刀量；

ns——精加工轮廓程序段中的开始程序段号；

nf——精加工轮廓程序段中的结束程序段号；

Δ*u*——*X* 方向精加工余量（直径值）；

Δ*w*——*Z* 方向精加工余量；

F、S、T——F、S、T 指令。

G72 为横向切削复合循环，适用于横向粗车量较多的情况，G72 指令的循环加工路线如图 2-52 所示。

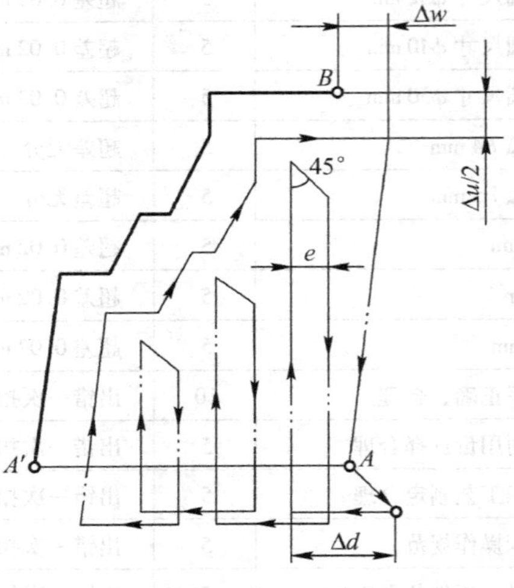

图 2-52　G72 指令的循环加工路线

（3）其他说明

① 在使用 G72 进行粗加工时，只有在 G72 程序段中的 F、S、T 功能才有效，而包含在 *ns* ~ *nf* 程序段中的 F、S、T 指令对粗车循环无效。

② 在 G72 切削循环指令下，切削进给方向平行于 *X* 轴，*U*(Δ*u*) 和 *W*(Δ*w*) 的符号为正表示沿轴的正方向移动，为负表示沿轴的负方向移动。

③ G72 指令必须带有 P、Q 地址 *ns*、*nf*，且与精加工路线起、止程序段号对应，否则不能进行加工。

④ *ns* 的程序段必须为 G00/G01 指令，即从 *A* 到 *A*′的动作必须是直线或点定位运动且程序段中不应编有 *X* 向移动指令。

⑤ 在程序段号为 *ns* 到程序段号为 *nf* 的程序段中，不能调用子程序。

⑥ 当用恒表面切削速度控制时，*ns* ~ *nf* 的程序段中指定的 G96、G97 无效，应在 G71 程序段以前指定。

⑦ 循环起点的选择应在接近工件处以缩短刀具行程和避免空进给。

G71、G72 指令适合于型材棒料的粗车加工，将工件切削至精加工之前的尺寸，粗加工后可使用 G70 指令完成精加工。

（4）使用 G72 指令的注意事项　精加工 *ns* ~ *nf* 的程序段中刀具是从工件左边向右边走刀的，即走刀路线是从 *A*′点到 *B* 点的动作，所以要特别注意判断圆弧指令（圆弧指令判断应综合考虑沿刀具移动方向）、刀具半径补偿指令和刀具刀尖方位号的使用。

2.3.5　技能应用练习题

1. 理论题

（1）单选题

1）当切削金属材料时，在切削速度较低、切削厚度较大、刀具前角较小的条件下，容易形成（　　）。

A. 挤裂切屑　　B. 带状切屑　　C. 崩碎切屑

2）加工余量较小，为提高生产率，应选择（　　）大些。

A. 进给量　　B. 切削速度

3）表层有硬皮的铸件或锻件粗车时，背吃刀量的选择应采用（　　）。

A. 小背吃刀量　　B. 背吃刀量超过硬皮或冷硬层

4）切削过程中所发生的各种物理现象（如切削力、切削热、刀具的磨损、已加工表面的变形与残余应力等），其根本原因是（　　）。

A. 切削过程中金属的变形　　B. 工件与刀具摩擦形成的

5）在精加工中，为防止刀具上积屑瘤的形成，从切削使用量的选择上应（　　）。

A. 加大背吃刀量　　B. 加大进给量　　C. 尽量使用很低或很高的切削速度

6）车削中刀杆中心线不与进给方向垂直，会使刀具的（　　）与（　　）发生变化。

A. 前角　　B. 主偏角　　C. 后角　　D. 副偏角

7）在夹具中，（　　）装置用于确定工件在夹具中的位置。

A. 定位　　B. 夹紧　　C. 辅助

8）当刀尖圆弧半径增大时，会使径向力（　　）。

A. 减小　　B. 增大

9）刃倾角是（　　）与基面之间的夹角。

A. 前面　　B. 主后面　　C. 主切削刃

10）G71 指令中 *ns* 程序段中不允许含有（　　）运动，G72 指令中 *ns* 程序段中不允许含有（　　）运动。

A. *X* 轴　　B. *U* 轴　　C. *Z* 轴　　D. *W* 轴

11）在 G71 和 G72 指令中，*ns*～*nf* 程序段的 F 和 S 指令，是控制（　　）的工艺参数。

A. 精加工　　B. 粗加工　　C. 精加工或者粗加工

（2）简答题

1）G71 指令的 U、R、P、Q、U、W 代码的含义各是什么？

2）G71 和 G72 指令在使用场合和格式上的区别主要有哪些方面？

2. 操作题

1）毛坯为 ϕ50 mm×95 mm 的棒料，材料为 45 钢，要求完成零件的数控加工，车削尺寸至图 2-53 所示要求。

2）毛坯为 ϕ50 mm×67 mm 的棒料，材料为 45 钢，要求完成零件的数控加工，车削尺寸至图 2-54 所示要求。

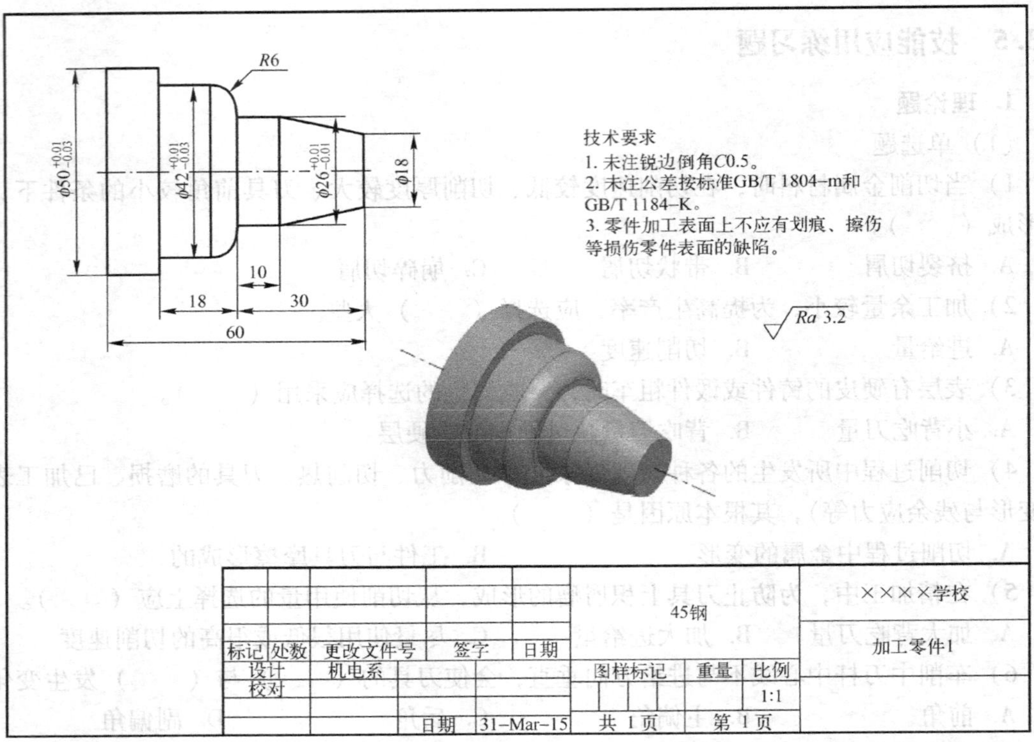

图 2–53　零件加工图（一）

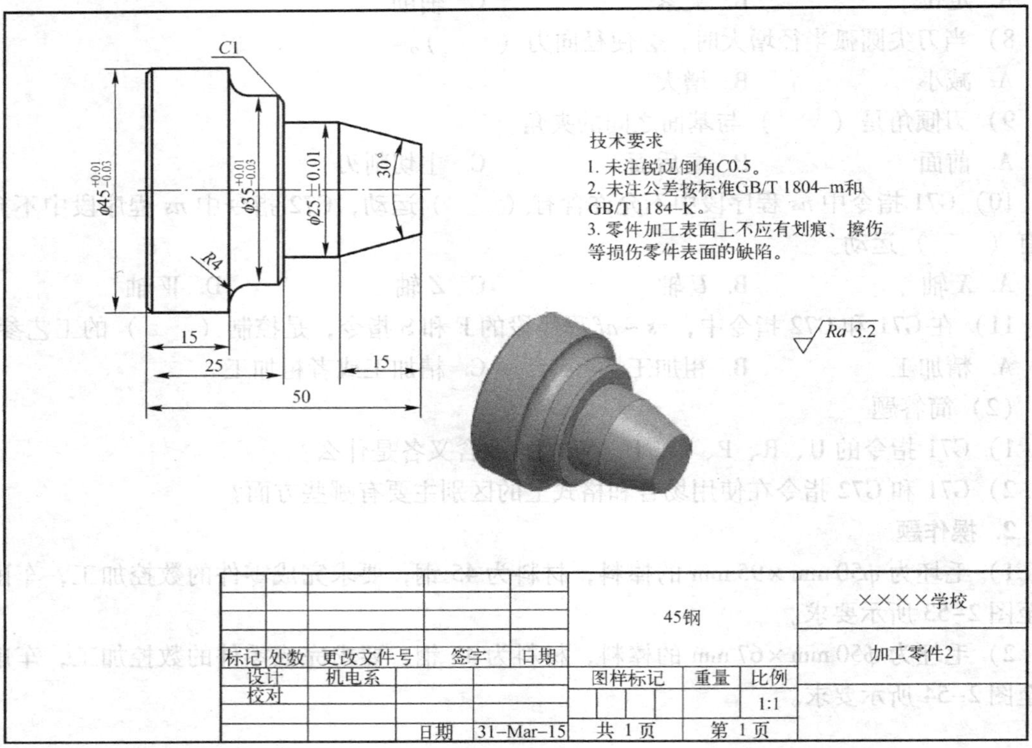

图 2–54　零件加工图（二）

任务 2.4　手柄零件的加工

【知识目标】

1. 能对复杂成形面零件图样进行工艺分析。
2. 掌握复杂成形面零件的加工工艺制定的方法。
3. 学会成形面加工刀具的选择并确定合理的切削用量。
4. 掌握 G73、G70 粗、精复合循环指令的编程。
5. 学会对复杂成形面零件轮廓的基点进行计算。

【能力目标】

1. 能编制复杂成形面零件的加工程序。
2. 能操作数控车床完成复杂成形面零件的加工。
3. 掌握用 G97/G96 恒线速度/恒转速功能控制车床加工精度的方法。
4. 牢记安全文明生产规范要求。

2.4.1　学习任务

手柄零件的成形图如图 2-55 所示，已知材料为 45 钢，毛坯尺寸为 $\phi40$ mm × 102 mm。

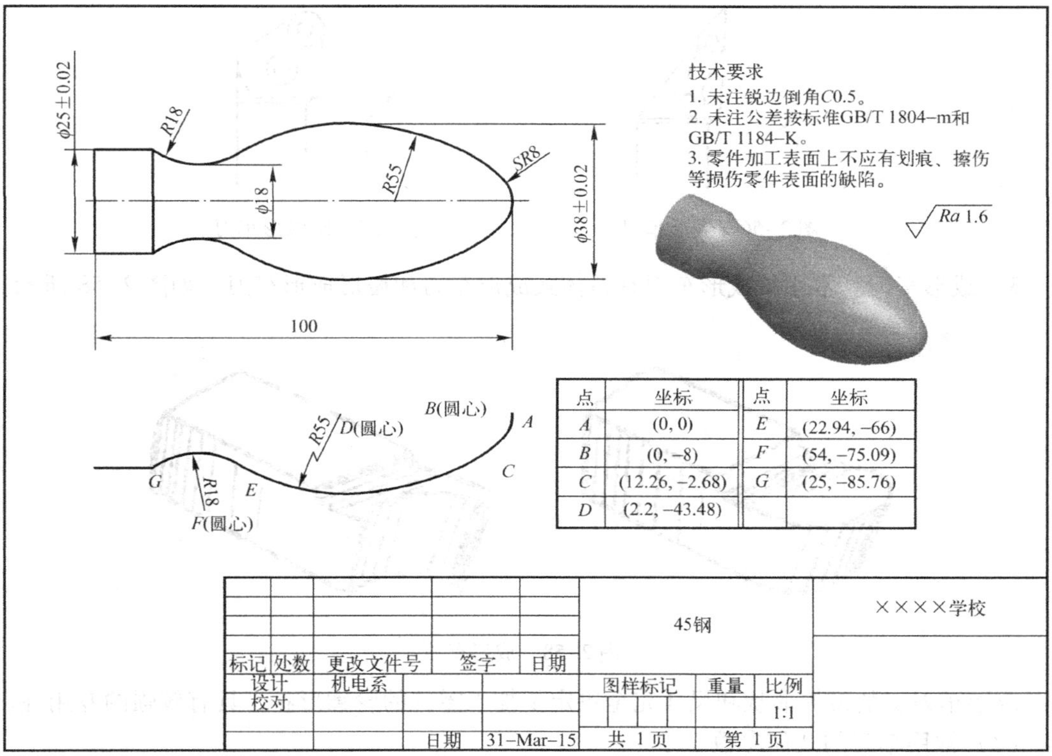

点	坐标	点	坐标
A	(0, 0)	E	(22.94, −66)
B	(0, −8)	F	(54, −75.09)
C	(12.26, −2.68)	G	(25, −85.76)
D	(2.2, −43.48)		

图 2-55　手柄零件的成形图

要求分析零件的加工工艺，编写零件的数控加工程序，并通过仿真调试优化程序，最后进行零件的实体加工检验。

2.4.2 任务相关知识

本任务将进行一个具有复杂成形面的零件加工。所谓复杂的成形面零件，就是沿着一个坐标轴方向（一般都是沿 Z 轴负方向）看去，零件在另一个坐标轴（如 X 轴）上的外形坐标值呈现出不规则状态，即沿着 Z 轴负方向零件轮廓的 X 值是不断增大与减小交替的。如图 2-55 所示的手柄轮廓中出现凹凸不平部分的零件。

显然，对于具有复杂成形面的零件，如果使用 G71 或 G72 指令进行逐层加工时，必然会出现刀具加工路线与零件轮廓的干涉行为，因此必须采用全新的工艺和编程指令才能满足复杂成形面零件的加工。

1. 车削成形面的刀具选择

(1) 数控车削刀具

1) 尖形车刀 。车削精度要求不高的锥度成形面可以采用以直线形切削刃为特征的尖形车刀，刀尖半径为 0.8 mm，如图 2-56 所示。选择尖形车刀的原则是在保证不干涉的情况下，尽量采用刀尖角较大的车刀，以提高刀具的强度。

2) 圆弧形车刀。加工精度要求较高的成形面可以采用圆弧形车刀，如图 2-57 所示。圆弧形车刀刀位点不在圆弧上，而在该圆弧的圆心上，编程时要进行刀尖半径补偿。圆弧形车刀可以用于车削内、外圆表面，特别适于车削精度要求较高的凹曲面或大外圆弧面。

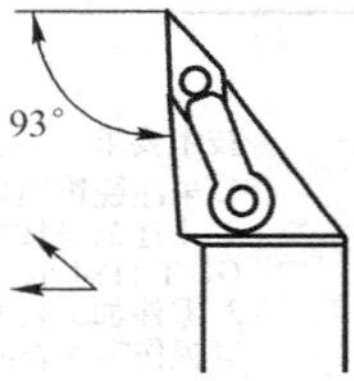

图 2-56 尖形车刀

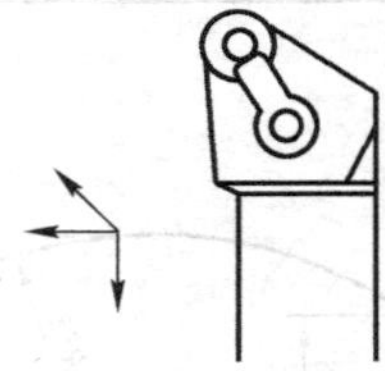

图 2-57 圆弧形车刀

3) 成形车刀。常用的成形车刀有整体式成形车刀和棱形成形车刀，如图 2-58 所示。

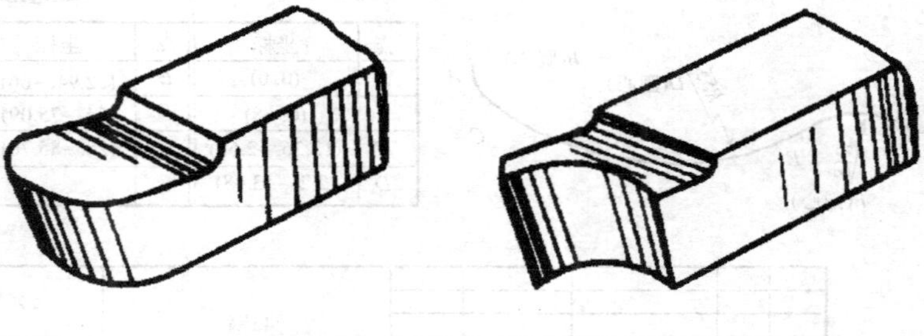

图 2-58 成形车刀

成形车刀切削刃的形状和尺寸完全决定了加工零件的轮廓形状，具有较强的专用性。

(2) 常用车刀的几何参数

1) 车成形面的尖形车刀的几何参数。尖形车刀的几何参数主要指车刀的几何角度，如

图 2-59 所示。加工时应结合加工的特点（如走刀路线及加工干涉等）进行全面考虑，以免影响加工，如图 2-60 所示。

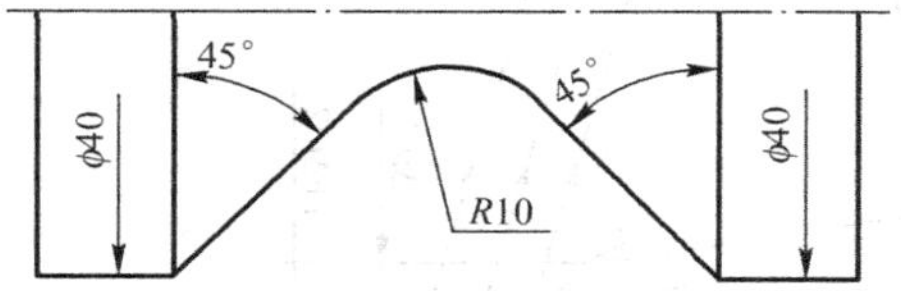

图 2-59　车刀的几何角度

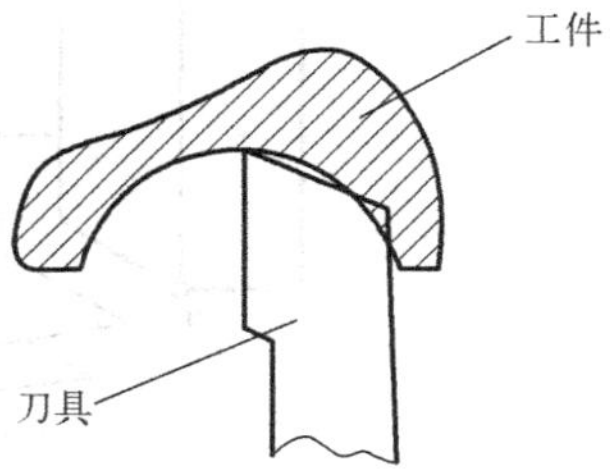

图 2-60　刀具与工件产生干涉

尖形车刀加工圆弧时背吃刀量的变化如图 2-61 所示。由于背吃刀量的不断变化，因此必须使用程序控制其加工轨迹。刀具切削刃长度 $a_{p1} > a_p$。

2）圆弧形车刀的几何参数。圆弧形车刀具有宽刃切削（修光）性质，能使精车余量相当均匀，从而改善切削性能，还能一刀车出跨多个象限的圆弧面，如图 2-62 所示。

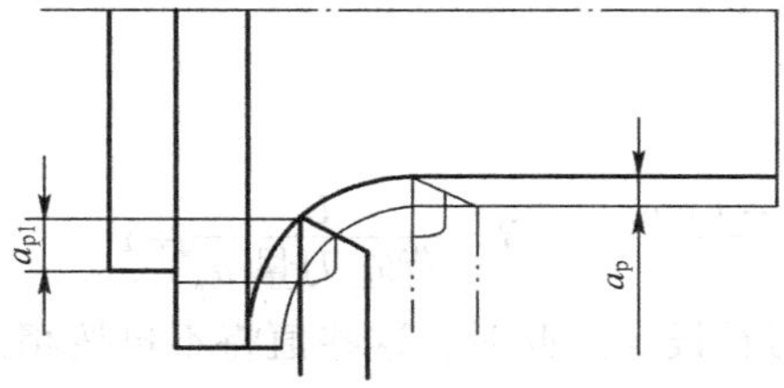

图 2-61　尖形车刀加工圆弧时背吃刀量的变化

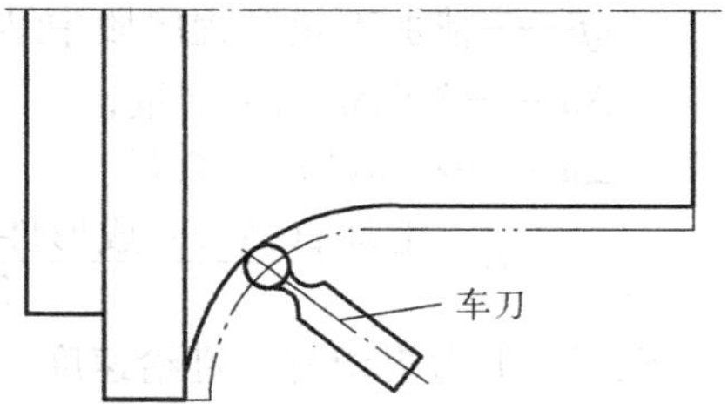

图 2-62　圆弧形车刀加工圆弧面

选择车刀圆弧半径大小的原则：

第一，车刀切削刃的圆弧半径应当小于或等于零件凹形轮廓上的最小曲率半径，以免发生加工干涉。

第二，该半径不宜选择太小，否则既难以制造，还会因其刀头强度太弱或刀体散热能力差，使车刀容易受到损坏。

2. 仿形粗车循环 G73 编程指令

（1）编程格式　封闭切削循环是一种复合固定循环，如图 2-63 所示。封闭切削循环适于对铸、锻毛坯切削，对零件轮廓的单调性（即是否为复杂成形面）则没有要求。

G73 具体编程格式含义如下：

```
G73 U(i) W(k) R(d);
G73 P(ns) Q(nf) U(Δu) W(Δw) F(f) S(s) T(t);
N(ns)……
      ……
N(nf)……
```

说明：i——X 向总退刀量；

k——Z 向总退刀量（半径值）；

d——重复加工次数；

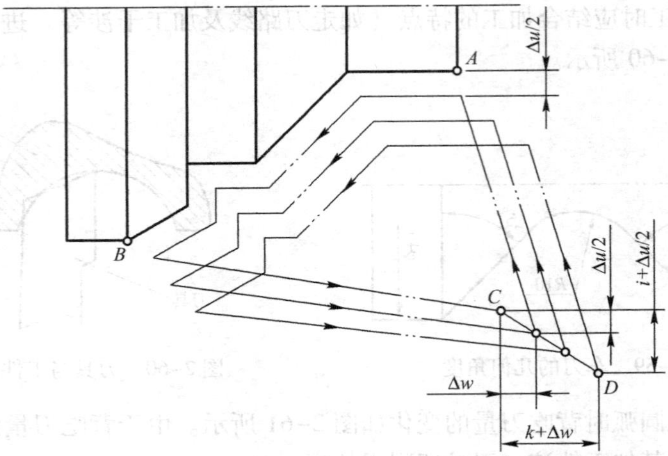

图 2-63　G73 封闭切削循环刀路图

ns——精加工轮廓程序段中开始程序段的段号；

nf——精加工轮廓程序段中结束程序段的段号；

Δ*u*——*X* 向精加工余量；

Δ*w*——*Z* 向精加工余量。

$$U=\frac{\text{毛坯直径 }D-\text{成形件最小处直径 }d-1\text{ mm}}{2}\qquad R=\frac{U}{\text{背吃刀量 }a_{\mathrm{p}}}+1$$

F、S、T 为粗切时的进给速度、主轴转速和刀补设定。此时，这些值将不再按精加工的设定。

（2）G73 指令的应用情况分析　G73 是数控车床加工最主要的应用指令，主要在下述三种情况下使用。

① 在加工凹圆弧或者中间低两头高的零件时，很难使用 G71 的复合粗加工循环指令进行加工，因此采用 G73 仿形加工指令。之所以称为仿形加工，是因为按照样板或靠模控制刀具或工件的运动轨迹进行切削加工。

② 当毛坯材料很脆，用 G71 的时候会产生台阶；在使用 G70 精加工的时候，由于零件很脆容易崩裂，造成零件的不完整，因此采用 G73 加工。

③ 铸造出来的零件由于其表面的余量非常少，使用 G71 加工空行程太多，这样加工肯定不经济，这时就要用到 G73 仿形加工。

（3）G71 与 G73 循环切削路线的异同　G71 与 G73 都是循环切削指令，但是两者在循环路线上有着明显的差异，图 2-64 所示为 G71 加工循环路线，图 2-65 所示为 G73 加工循环路线。当用 G73 指令加工一些轮廓为单调递增或递减的形状时，走刀路线明显比 G71 要长，在斜线的轨迹处，背吃刀量也明显增大，所以只能用 G71，不能用 G73。

指令格式的差异如下：

```
G71 U(Δd) R(e);
G71 P(ns) Q(nf) U(Δu) W(Δw)  F(f) S(s) T(t);
```

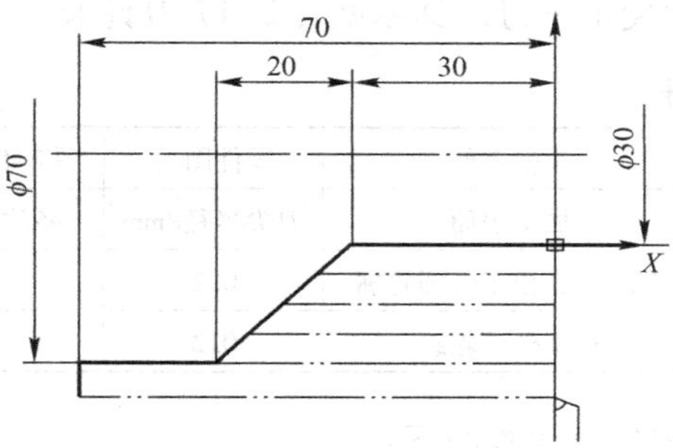

图 2-64　G71 加工循环路线

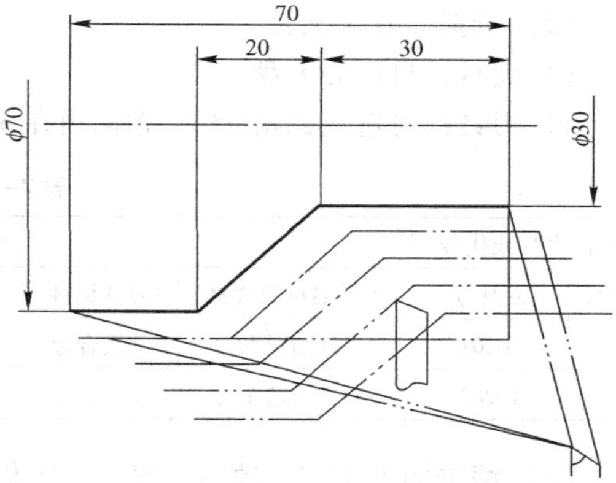

图 2-65　G73 加工循环路线

说明：Δ*d*——背吃刀量（半径值）；

e——退刀量（半径值）。

```
G73 U(i) W(k) R(d);
G73 P(ns) Q(nf) U(Δu) W(Δw) F(f) S(s) T(t);
```

说明：*i*——*X* 轴方向的总退刀量；

k——*Z* 轴方向的总退刀量（半径值）；

d——重复加工次数。

2.4.3　任务实施

1. 任务工艺分析

（1）零件图分析　该零件编程原点设置在工件右端面的中心，由三处圆弧（*R*8 mm、*R*55 mm、*R*15 mm）加工、一段直线加工组成。经计算各基点的坐标从右到左依次为 *A*(8.572，-2.425)、*B*(10.148，-42.259)、*C*(15，-56.885)、*D*(25，-100)，如图 2-66 所示。如果利用 CAD 或 CAM 软件计算上述坐标值将非常快捷准确。

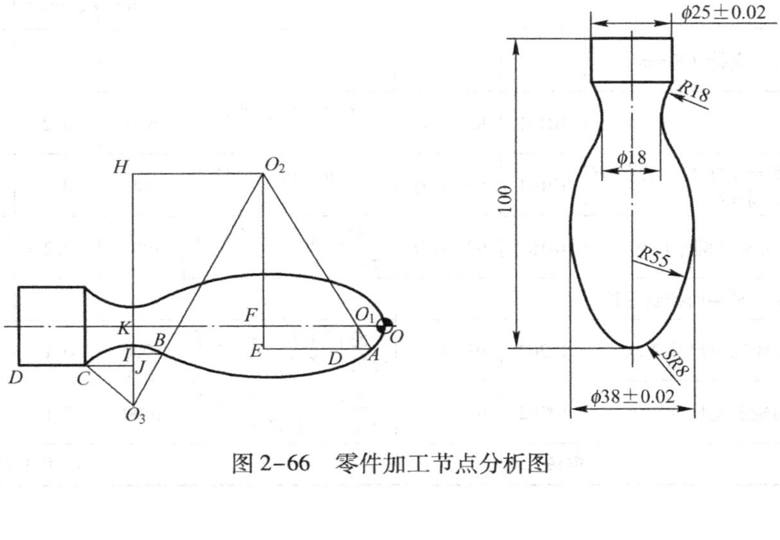

图 2-66　零件加工节点分析图

(2) 选择刀具、夹具

1) 夹具：自定心卡盘。

2) 刀具：可选主偏角93°、副偏角在33°以上的尖角车刀，具体见表2-17 刀具卡。

表2-17 刀具卡

产品名称或代号				零件名称	手柄零件	零件图号	图2-55
序号	刀具号	刀具名称及规格	刀具材料	数量	加工表面	刀尖半径/mm	备注
1	T0101	93°外圆粗车刀	硬质合金	1	车端面、粗车外圆轮廓	0.2	
2	T0202	93°外圆精车刀	硬质合金	1	精车外圆轮廓	0.2	

(3) 编排加工工艺、填写工序卡　零件加工工艺参数设置如下：

1) 粗加工采用仿形加工路线，用G73 指令完成。

2) 精加工余量 X 向留0.5 mm（直径），Z 向为0。查相关切削手册，确定主轴转速为600 r/min，进给量为0.2 mm/r。

3) 精加工用G70 指令完成，确定主轴转速为800 r/min，进给量为0.1 mm/r 。

粗加工循环主轴转速为600r/min，进给量为0.2 mm/r；精加工循环主轴转速为1000 r/min，进给0.1 mm/r，具体见表2-18 工序卡。

表2-18 工序卡

数控加工工序卡片				产品型号		零件图号	图2-55	
				产品名称		零件名称	手柄零件	
材料牌号	45	毛坯种类	棒料	毛坯尺寸/mm	φ40×102	备注		
工序号	工序名称	设备名称	设备型号	程序编号	夹具代号	夹具名称	切削液	车间
2	车	数控车床	CK6140	O0001	1	自定心卡盘	油基切削液	数控车间
工步	工步内容	刀具号	刀具	量具及检具	主轴转速/(r/min)	进给速度/(mm/r)	背吃刀量/mm	备注
1	安装零件，夹持 φ40mm							
2	车端面	T0101	93°车刀	游标卡尺、外径千分尺	600	0.2	0.5	手动
3	粗车 φ25 mm 外圆，直径方向留0.5 mm余量	T0101	93°车刀	游标卡尺、外径千分尺	600	0.2	2	自动
4	精车 φ25 mm 外圆至尺寸	T0101	93°车刀	游标卡尺、外径千分尺	600	0.2	2	自动
5	掉头装夹，平端面控制总长							
6	粗车外圆轮廓至尺寸要求	T0202	93°车刀	游标卡尺、外径千分尺、半径样板	1000	0.1	0.5	自动
7	精车外圆轮廓至尺寸要求	T0202	93°车刀	游标卡尺、外径千分尺、半径样板	1000	0.1	0.5	自动
编制		审核				共1页		第1页

2. 编制加工程序

（1）程序的编制　零件加工的参考程序见表2-19。

表2-19　零件加工的参考程序

零件图号	图2-55	零件名称	手柄零件	编程原点	
程序号	O0001	数控系统	FANUC 0i	编　制	

程序内容	简要说明
O0001;	程序号
N10 G21 G40 G97 G99;	程序初始化设置
N20 M03 S600 T0101;	启动主轴转速为600 r/min，选择1号刀，1号刀补
N30 G00 X40. Z2.;	刀具快速定位到工件附近
N40 G73 U12. W0. R4.;	粗车循环，X向退刀量为12 mm，Z向为0，分4刀粗车
N50 G73 P60 Q130 U0.5 W0. F0.2;	进给量为0.2 mm/r，X向精加工余量为0.5 mm，Z向为0
N60 G00 X-1. Z2.;	刀具快速进刀
N70 G42 G01 Z0. F0.1 S800;	刀具Z向进刀并建立右补偿
N80 X0.;	进刀至切削起点
N90 G03 X12.26 Z-2.68 R8.;	车$R8$ mm的圆弧
N100 X22.94 Z-66. R55.;	车$R55$ mm的圆弧
N110 G02 X25 Z-85.76 R18.;	车$R18$ mm的圆弧
N120 G01 Z-101.;	车$\phi15$ mm至长101 mm处
N130 X30.;	工件退刀
N140 G70 P60 Q130;	精加工循环
N150 G40 G00 X100.;	退刀
N160 Z100.;	
N170 M30;	程序结束

3. 仿真加工

使用数控加工仿真软件对加工程序进行检验，正确进行数控加工仿真的操作，完成零件的仿真加工。

4. 车间加工

通过仿真加工，确定零件程序的正确性后，在实训车间对该零件进行实际操作加工，加工操作要点如下：

1）刀具的装夹型号位置准确、牢固。

2）工件装夹长度预留合理、牢固。

3）对刀准确。

4）输入（用单步模式）并调试加工程序。

5）输入加工程序，通过图形模拟功能进行调试，仔细检查加工程序。

6）自动运行加工程序，完成加工。

7）分别在G73和G70指令完成操作后检测零件的尺寸。

8）根据所测的尺寸修正刀补磨耗值或程序。

9）再次运行精加工程序。

5. 零件检测及评价

1）用游标卡尺、外径千分尺、内径千分尺、表面粗糙度工艺样板等量具测量工件，学生对自己加工的零件进行检测，包括尺寸精度的检测和零件加工质量的检测。

2）对学生加工的零件进行检测，并做出点评，见表2-20。

表 2-20　评分表

加工开始时间：			加工结束时间：		加工时间：	
检测项目		技术要求	配分	评分标准	检测结果	得分
外圆（20）	1	外圆尺寸 ϕ18 mm	10	超差无分		
	2	外圆尺寸 ϕ25 mm	10	超差 0.02 mm 以上无分		
圆弧（15）	3	圆弧 SR8 mm	5	超差无分		
	4	圆弧 R55 mm	5	超差无分		
	5	圆弧 R18 mm	5	超差无分		
长度（10）	6	100 mm	10	超差 0.02 mm 无分		
程序（15）	7	程序正确、合理	15	出错一次扣 1 分		
工艺（10）	8	切削用量选择合理	5	出错一次扣 1 分		
	9	加工工艺制定合理	5	出错一次扣 1 分		
仿真操作（10）	10	车床操作规范	5	出错一次扣 1 分		
	11	刀具、工件装夹正确	5	出错一次扣 1 分		
安全生产（20）	12	安全操作车床	10	出错一次扣 1 分		
	13	工具、量具摆放整齐	5	出错一次扣 1 分		
	14	车床整理	5	出错一次扣 1 分		
总配分			100	总得分		
停工原因					加工日期 年　月　日	

2.4.4　拓展知识

当零件沿 Z 轴左右两端都需要进行精加工时，需要左右进行两次装夹。

在仿真软件中单击移动零件—旋转可使零件掉头装夹。如果不更换刀具就不需要二次对刀；如果掉头加工更换了新刀具，那么新刀具需要进行 X 轴、Z 轴的所有对刀。

在真实车床操作中，加工零件需要较高的工艺和实践经验水平。掉头加工时需要对刀具进行 Z 轴的二次对刀，如果掉头加工更换了新刀具，那么新刀具需要进行 X、Z 轴的所有对刀。

2.4.5　技能应用练习题

1. 理论题

（1）单选题

1）G73 指令 *ns* 程序段中（　　）同时含有 X 轴和 Z 轴的运动。

A. 可以　　　　B. 不可以

2）刀具后角的正负规定：后刀面与基面夹角小于 90o 时，后角为（　　）。

A. 正　　　　B. 负　　　　C. 非正非负

3）（　　）的主要作用是减少后刀面与切削表面之间的摩擦。

A. 前角　　　　B. 后角　　　　C. 螺旋角　　　　D. 刃倾角

4）切断时防止产生振动的措施是（　　）。

A. 适当增大前角　　B. 减小前角　　　　C. 增加刀头宽度

D. 减小进给量　　E. 提高切削速度

5）前角增大能使车刀（　　）、（　　）和（　　）。

A. 刀口锋利　　B. 切削省力　　C. 排屑顺利　　D. 加快磨损

6）车削（　　）材料和（　　）材料时，车刀可选择较大的前角。

A. 软　　B. 硬　　C. 塑性　　D. 脆性

7）为了减小切削时的振动，提高工件的加工精度，应取（　　）的主偏角。

A. 较大　　B. 较小

8）减小（　　）可以减小工件的表面粗糙度值。

A. 主偏角　　B. 副偏角　　C. 刀尖角

9）当车刀的主偏角为（　　）时，其刀尖强度和散热性能最好。

A. 45°　　B. 75°　　C. 90°

（2）简答题

1）简述 G73 指令的格式及各个参数的含义。

2）G73 相对 G71 指令的主要加工优势有什么？

2. 操作题

1）毛坯尺寸为 $\phi 40\ \text{mm} \times 80\ \text{mm}$，材料为 45 钢，如图 2-67 所示，制定加工工艺并编写数控加工程序。

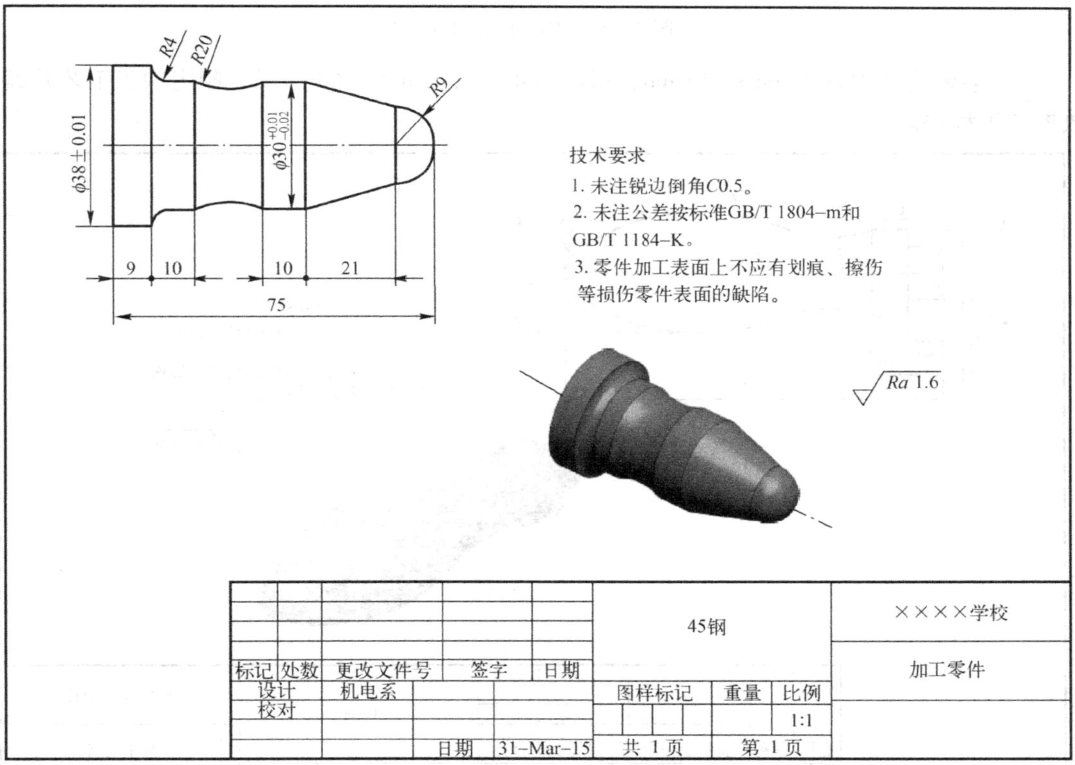

图 2-67　零件加工图（一）

2）毛坯尺寸为 $\phi 50\ \text{mm} \times 80\ \text{mm}$，材料为 45 钢，如图 2-68 所示，制定加工工艺并编写数控加工程序。

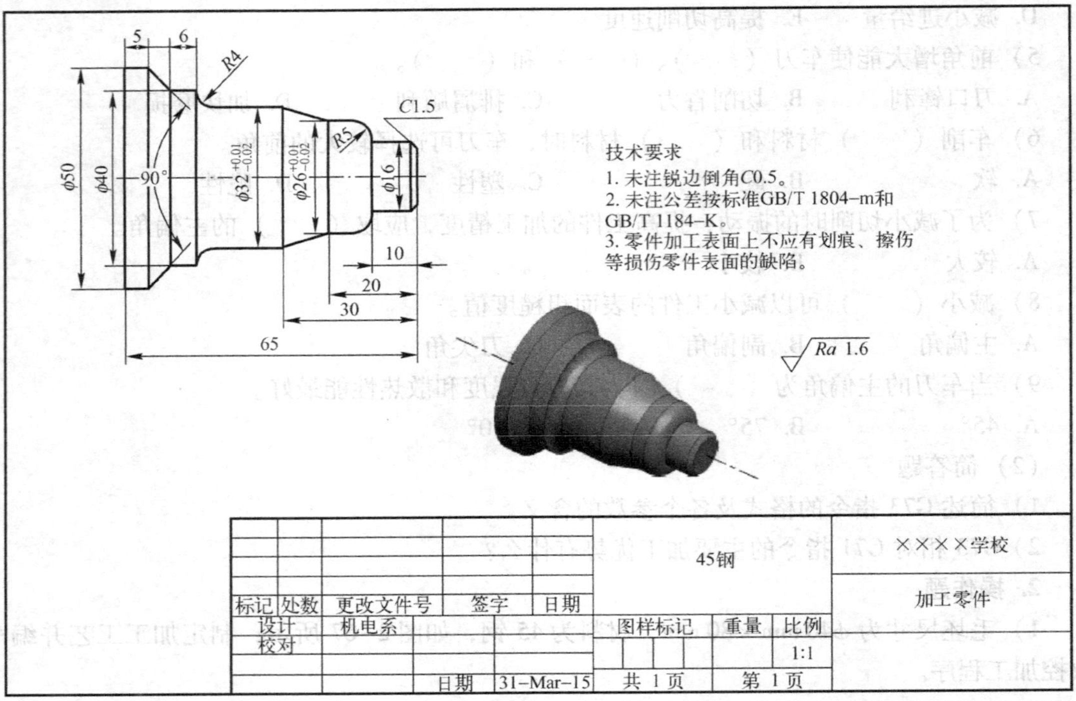

图 2–68　零件加工图（二）

3）毛坯尺寸为 ϕ40 mm × 120 mm，材料为 45 钢，如图 2–69 所示，制定加工工艺并编写数控加工程序。

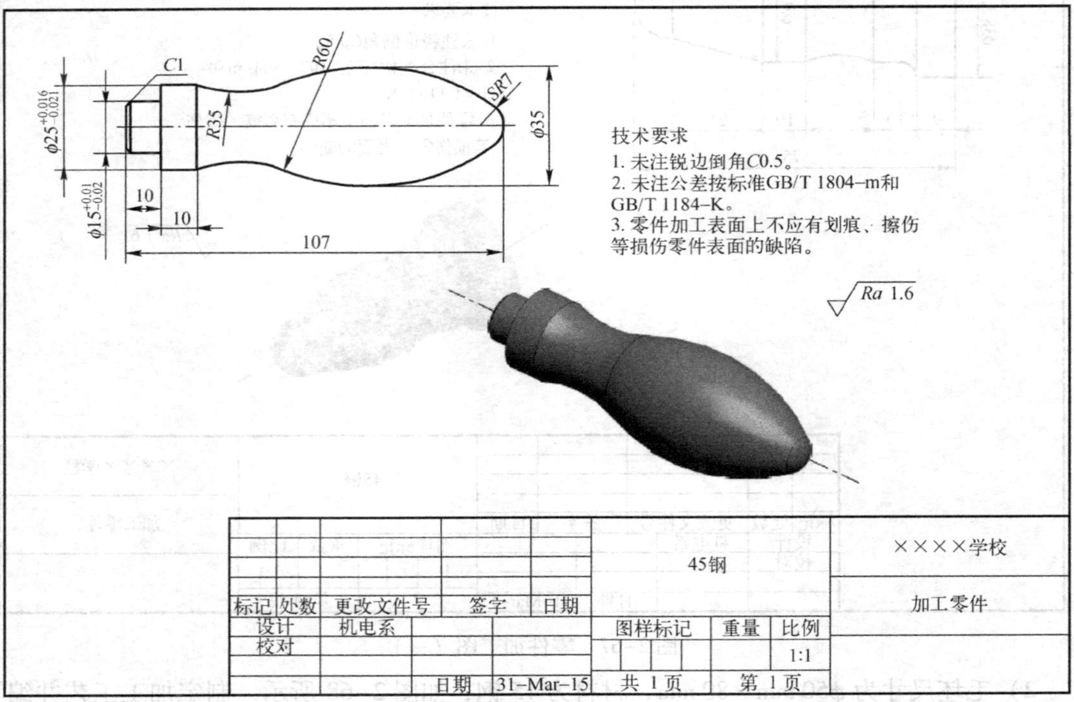

图 2–69　零件加工图（三）

任务 2.5　沟槽轴的加工

【知识目标】

1. 掌握沟槽零件加工的加工工艺。
2. 掌握沟槽零件的编程与加工。
3. 熟悉子程序的编制与调用。
4. 掌握数控系统的 M98、M99 指令的编程格式及应用。

【能力目标】

1. 能够加工外沟槽。
2. 能正确编写子程序。
3. 对于存在多处形状相同的特征的零件熟练地运用子程序编程进行加工。

2.5.1　学习任务

多槽轴如图 2-70 所示，已知材料为 45 钢，毛坯尺寸为 ϕ42 mm × 72 mm，分析零件的加工工艺，编写加工槽的数控加工程序，最后进行零件的加工检验。

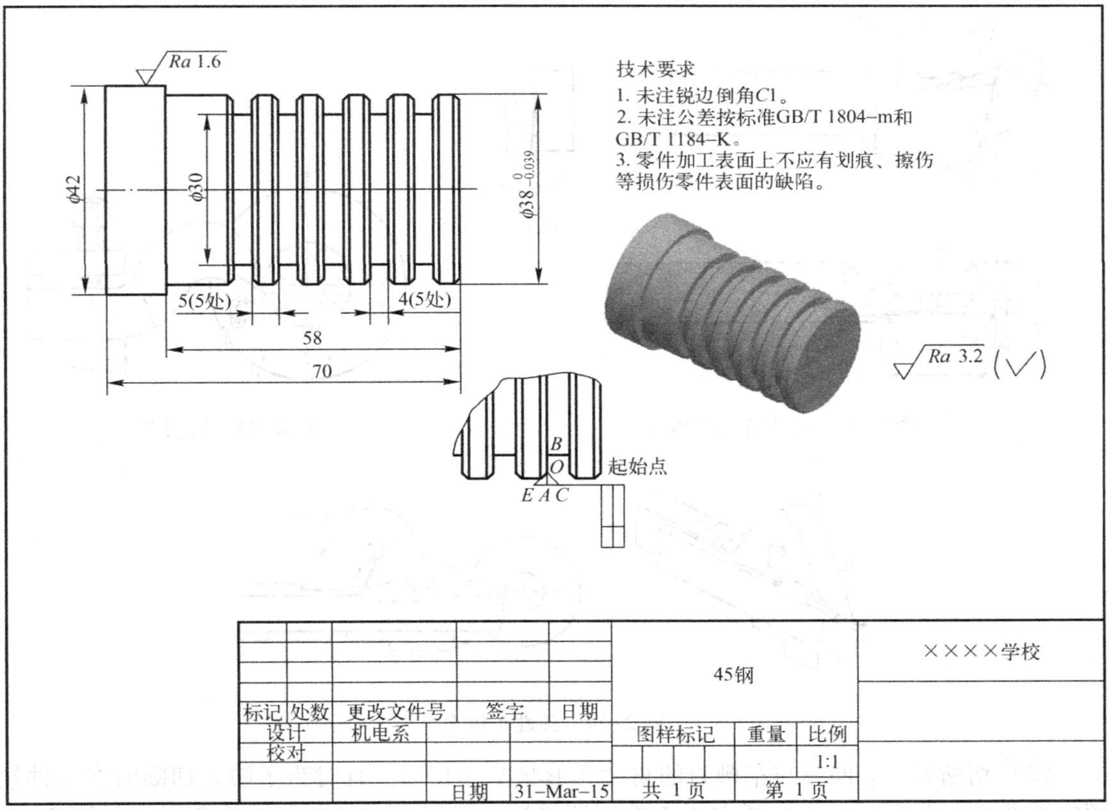

图 2-70　多槽轴

2.5.2 任务相关知识

1. 车槽刀与切断刀

车槽刀以横向进给为主，前端的切削刃为主切削刃，两侧的切削刃为副切削刃。一般车槽刀主切削刃较窄，刀体较长，因此刀体强度较差，在选择刀体的几何参数和切削用量时，要特别注意车槽刀的强度问题。

（1）常用车槽刀　常用车槽刀有高速钢车槽刀，如图 2−71 所示，硬质合金车槽刀，如图 2−72 所示，反切刀，如图 2−73 所示，弹性车槽刀，如图 2−74 所示。

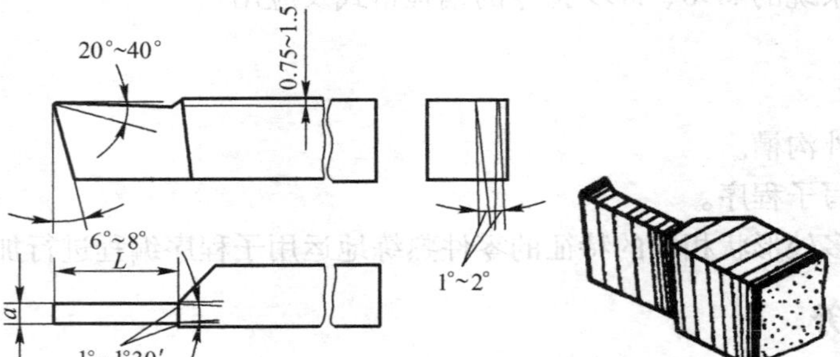

图 2−71　高速钢车槽刀

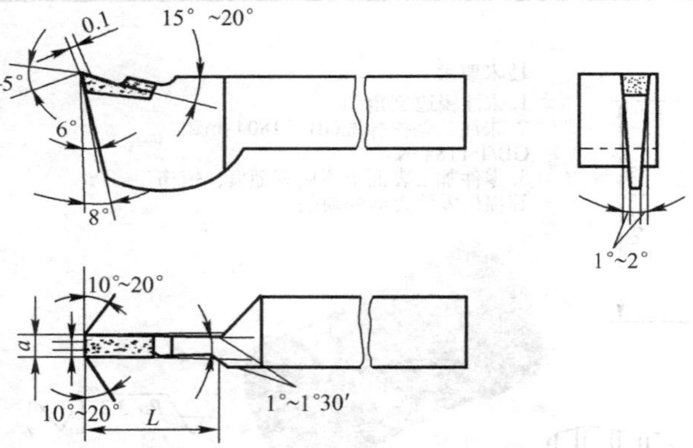

图 2−72　硬质合金车槽刀

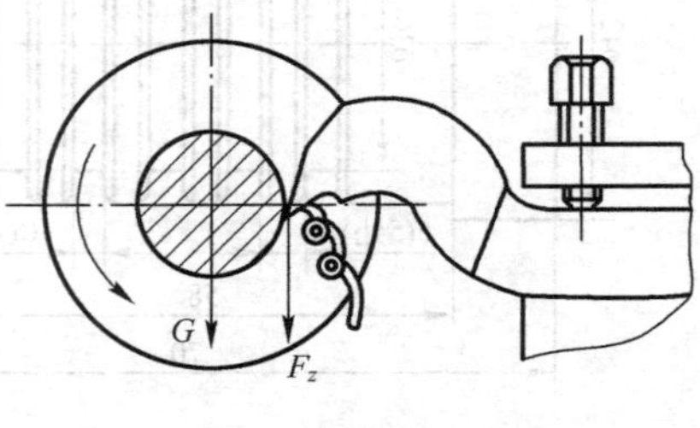

图 2−73　反切刀

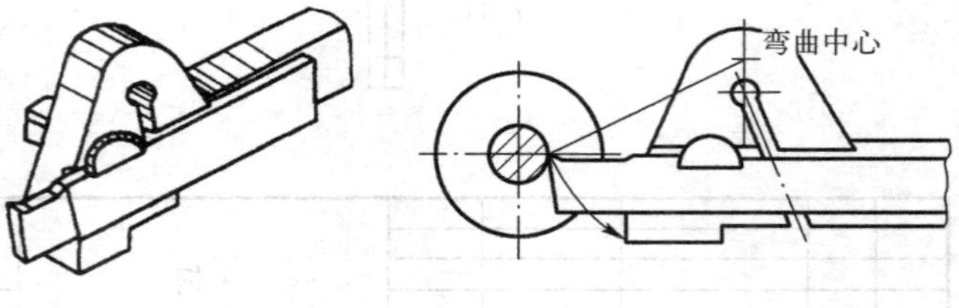

图 2−74　弹性车槽刀

（2）切断刀　切断刀与车槽刀的角度和形状基本相同。有时为了防止切断时在工件端面中心处留有小凸台或使切断空心工件不留飞边，可以把主切削刃略磨斜些，如图 2−75 所示。

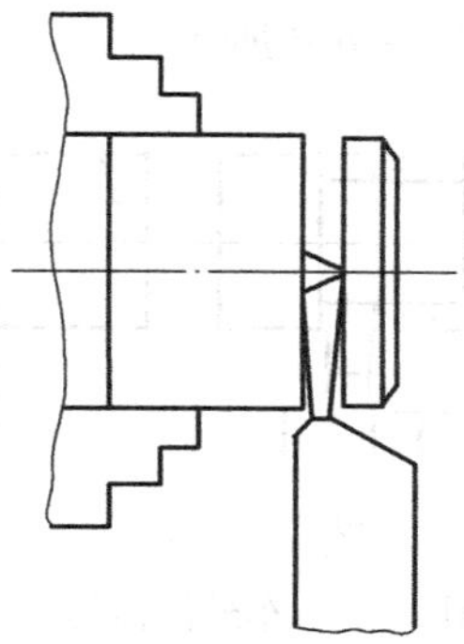

图 2-75　切断刀

2. 车槽刀和切断刀的使用注意事项

1）在安装时，刀具不宜伸出过长，同时刀具的中心线必须装得与工件中心线垂直，以保证两个副偏角对称。

2）切断实心工件时，刀具的主切削刃必须装得与工件中心等高，否则不能车到中心，而且容易崩刃，甚至折断车刀。

3）刀具的底平面应平整，以保证两个副后角对称。

4）如果有顶尖顶住加工时，应在切断前及时移去顶尖，否则容易打坏刀具。

3. 车槽的切削用量

由于车槽刀的刀体强度较差，在选择切削用量时，应适当减小其数值。一般来说，硬质合金车槽刀比高速钢车槽刀选用的切削用量要大，切钢件材料时的切削速度比切铸铁材料时的切削速度要大，而进给量要略小一些。

（1）背吃刀量 a_p　车槽、切断均为横向进给切削，背吃刀量 a_p 是垂直于已加工表面方向所量的切削层宽度的数值，所以车槽和切断时的背吃刀量等于车槽刀刀体的宽度。

（2）进给量 F　一般用高速钢车槽刀车钢料时 $f=0.05\sim0.1$ mm/r，车铸铁材料时 $f=0.1\sim0.2$ mm/r。用硬质合金车槽刀车钢料时 $f=0.1\sim0.2$ mm/r，车铸铁材料时 $f=0.15\sim0.25$ mm/r。

（3）切削速度 v_c　用高速钢车槽刀车钢料时 $v_c=30\sim40$ m/min，车铸铁材料时 $v_c=15\sim25$ m/min。用硬质合金车槽刀车钢料时 $v_c=80\sim120$ m/min，车铸铁材料时 $v_c=60\sim100$ m/min。

实际加工时，应根据机床、刀具及其材料、夹具等具体情况进行分析，如果机床、刀具及夹具刚性较差，可以适当减小切削用量。

4. 车外沟槽的方法

1）车削精度不高的和宽度较窄的沟槽时，可用刀宽等于槽宽的车槽刀，采用一次直进法车出，如图 2-76a 所示。

2）车削有精度要求、宽度较宽的沟槽时，先采用两次或多次直进法粗车，两侧壁和槽底留一定精车余量，然后根据槽深和槽宽进行精车，如图 2-76b 所示。

3）车削圆弧槽时，一般以成形刀车出，如图 2-76c 所示。

4）车削较小的梯形槽时，一般用成形刀一次完成；车削较大的梯形槽时，通常先切割直槽，然后用左右切削法完成，如图 2-76d 所示。

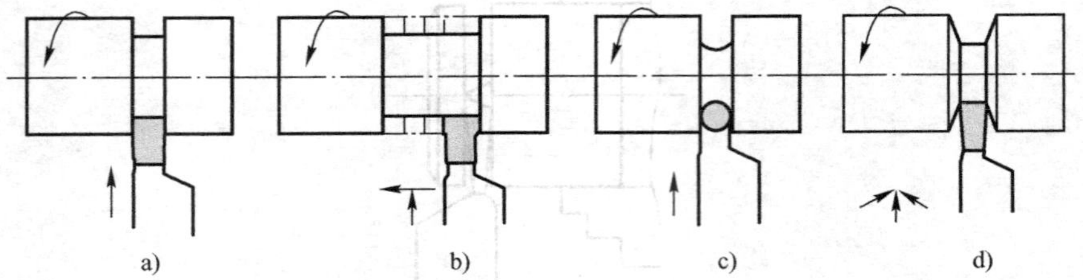

图 2-76　车外沟槽的方法

5）车削 45°斜沟槽或圆弧沟槽时，用专门的成形刀，斜向进刀时直接车削成形，如图 2-77 所示。

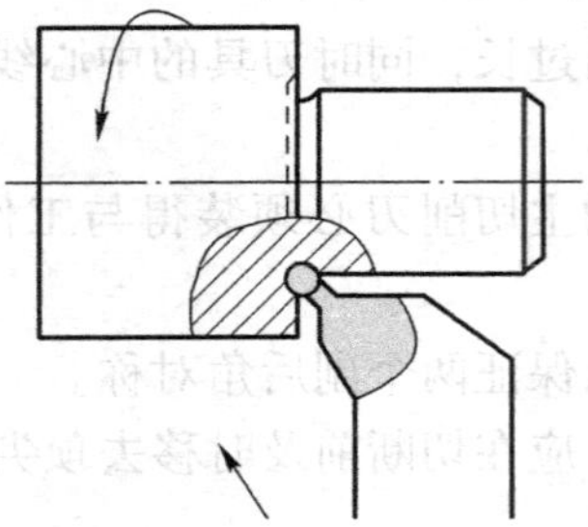

图 2-77　车斜沟槽

5. 编程知识

（1）暂停指令 G04　格式　G04 X(U 或 P)____；

G04 用来控制进给动作的暂停，非模态指令。G98 方式指暂停的时间，G99 方式指定暂停时主轴的回转数。*X*、*U* 后数值允许带小数点，单位为 s（或 r）；*P* 后数值不允许带小数点，单位为 0.001 s（或 r）。G04 暂停功能可以用于车槽时的暂停，也可以用于钻孔时的暂停和车螺纹前主轴转速的延时暂停。

（2）G01 车槽　一般的槽（包括内沟槽和外沟槽）不管宽窄和深浅，均可以用 G01 指令完成，如图 2-78 所示。

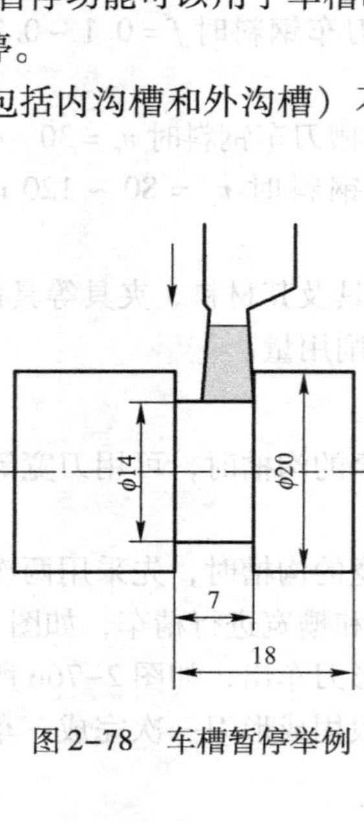

图 2-78　车槽暂停举例

(3) 子程序的调用与返回指令

1) 子程序的调用 M98。

① 调用子程序的指令格式 M98 P oooo L ××××;

说明：oooo——子程序号；

××××——重复调用子程序的次数，若为1次，可省略。

此指令用于主程序中调用子程序。如 M98 P0020 L3 表示调用 O0020 子程序 3 次，M98 P0020 表示调用 O0020 子程序 1 次。

② 在 FUNUC 0i Mate 系统中，调用子程序的指令格式 M98 P ×××× oooo;

说明：××××——重复调用次数；

oooo——被调用的子程序号。

如果省略了重复次数，则认为重复次数为1次。例如 M98 P5 1002，表示程序号为 1002 的子程序连续调用了5次。

2) 子程序的返回。格式 M99;

M99 作为子程序的最后一条程序段，表示子程序结束，并返回主程序中对应的 M98 指令的下一条程序。

2.5.3 任务实施

1. 任务工艺分析

(1) 零件图分析 由加工任务图 2-70 可知，该零件为外带沟槽的轴类零件，其中外圆尺寸为 ϕ38 mm，精度为 IT8，表面粗糙度值为 *Ra*3.2 mm；零件上共有5处槽，尺寸为 ϕ30 mm×4 mm，间隔为 5 mm，槽口要求有 *C*1 倒角，精度要求不高。零件的毛坯材料为 45 钢，尺寸为 ϕ42 mm×72 mm。

(2) 确定装夹方案 该零件为外带沟槽的轴类零件，可以选用数控车床通用夹具自定心卡盘进行装夹。

(3) 加工工艺路线设计

1) 外圆粗车。

2) 外圆精车。

3) 加工5处尺寸为 ϕ30 mm×4 mm 的槽。

(4) 刀具选择 该零件的外圆及端面用 95°外圆车刀进行加工，槽选用 4mm 宽的切槽刀进行加工，具体见表 2-21 刀具卡。

表 2-21 刀具卡

产品名称或代号				零件名称	多槽轴	零件图号	图 2-70
序号	刀具号	刀具名称及规格	刀具材料	数量	加工表面	刀尖半径/mm	备注
1	T0101	93°外圆车刀	硬质合金	1	车端面、粗精车外圆轮廓	0.2	
2	T0202	切槽刀	硬质合金	1	切槽	*B*=4 mm	左刀尖

(5) 填写工序卡（见表 2-22）

表 2-22　工序卡

数控加工工序卡					产品型号		零件图号	图 2-70	
					产品名称		零件名称	多槽轴	
材料牌号	45	毛坯种类	棒料	毛坯尺寸/mm	$\phi42\times72$		备注		
工序号	工序名称	设备名称	设备型号	程序编号	夹具代号		夹具名称	切削液	车间
2	车	数控车床	CK6140	O0001	1		自定心卡盘	油基切削液	数控车间
工步	工步内容	刀具号	刀具	量具及检具		主轴转速/(r/min)	进给速度/(mm/r)	背吃刀量/mm	备注
1	安装零件，夹持 15 mm								
2	车端面，控制总长	T0101	93°车刀	游标卡尺、外径千分尺		800	0.2	0.5	手动
3	粗车 $\phi38$ mm 外圆，直径方向留 1 mm 余量	T0101	93°车刀	游标卡尺、外径千分尺		800	0.2	2	自动
4	精车 $\phi38$ mm 外圆至尺寸	T0101	93°车刀	游标卡尺、外径千分尺		1000	0.2	0.5	自动
5	切槽	T0202	切槽刀	游标卡尺、外径千分尺		400	0.08		自动
6	去毛刺								
编制		审核					共 1 页		第 1 页

2. 编制加工程序

零件加工参考程序见表 2-23 和表 2-24。

表 2-23　零件加工主程序

零件图号	图 2-70	零件名称	多槽轴	编程原点	
程序号	O0001	数控系统	FANUC 0i	编　制	

程序内容	简要说明
O0001;	主程序号
N10 G21 G97 G99 G40;	程序初始化设置
N20 M03 S800 T0101;	主轴正转，转速为 800 r/min，选择外圆车刀
N30 M08;	切削液开
N40 G00 X42.0 Z2.0;	快速进刀至循环起点
N50 G90 X39. Z-58. F0.2;	粗车 $\phi38$ mm 外圆，直径方向留 1 mm 余量
N55 M03 S1000;	提高转速
N60 G01 X36.;	
N65 Z0.;	
N68 X38. Z-1.;	倒角
N70 Z-58.0;	精车 $\phi38$ mm 至 58 mm 长
N80 X42.0;	X 向退刀
N90 G00 X150.0 Z2.0;	刀具回换刀点
N100 S400 T0202;	快速换回 400 r/min，选择切槽刀
N110 G00 X40.0 Z0.0;	进刀到子程序循环的起点
N120 M98 P50002;	调用 5 次子程序 O0002，完成 5 处槽的加工
N30 G00 X150.0 Z100.0;	快速退刀
N140 M05;	主轴停止
N150 M30;	程序结束

表 2-24　零件加工子程序

零件号	图 2-70	零件名称	多槽轴	编程原点	
程序号	O0002	数控系统	FANUC 0i	编　　制	
程序内容			简要说明		
O0002;			子程序号		
N10 G00 W -9.0;			Z 向快速进刀至车槽起点 A		
N20 G01 X30.0 F0.5;			车槽至 B 点		
N30 G00 X40.0;			退刀回 A 点		
N40 W2.0;			进刀至 C 点		
N50 G01 U -2.0 W -1.0;			右侧倒角至 D 点		
N60 U4.0;			退刀回 A 点		
N70 W -2.0;			进刀至 E 点		
N80 U -4.0 W2.0;			左侧倒角至 D 点		
N90 U4.0;			退刀回 A 点		
N100 M99;			子程序结束并返回主程序		

3. 仿真加工

使用数控加工仿真软件对加工程序进行检验，正确进行数控加工仿真的操作，完成零件的仿真加工。

1）仿真切槽加工的对刀类似于其他仿真车刀的对刀方法，在外圆面上试切，测量 X 向尺寸进行刀补设置，如图 2-79 所示；然后试切端面，在对刀补偿界面输入“Z0.”测量即可，如图 2-80 所示。

图 2-79　试切外圆

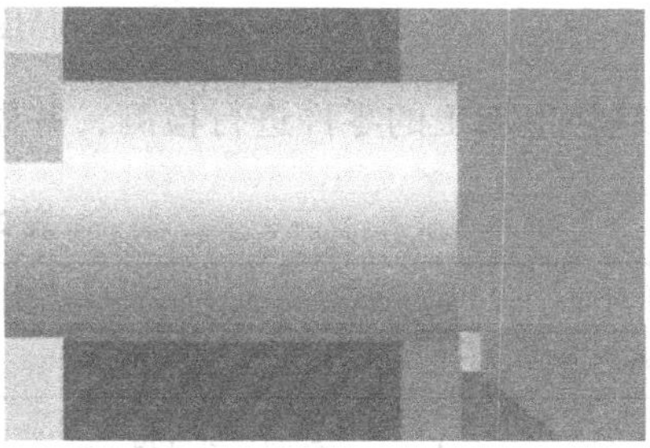

图 2-80　试切端面

2）仿真切槽加工一般不会存在误差。

4. 车间实际加工

通过仿真加工，确定零件程序的正确性后，在实训车间对该零件进行实际操作加工。

（1）工件与刀具的装夹　注意刀具高度、伸出长度和主偏角与副偏角，控制伸出长度。

（2）对刀　对刀前确保车床正确回零，实际车床操作对刀时仍采用 X 轴试切，Z 轴碰刀的方法。

（3）程序的输入与调试　开启“空运行”和“机床锁住”功能，检查走刀轨迹。

（4）自动运行加工程序，完成加工　检查车床的快速倍率和进给倍率是否处在较低档位，检查主轴倍率等开关是否处在正常位置。当刀具靠近工件时，注意检查显示器上所显示的绝对坐标和相对坐标是否正确。

（5）拆卸工件　注意两头加工时，每次装拆装夹位置的选择。

5. 零件检测及评价

1）精度要求较低的沟槽，可用钢直尺测量，如图 2-81 所示。

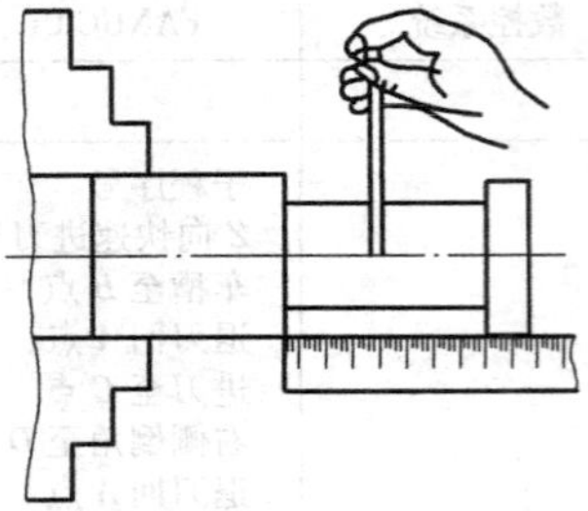

图 2-81　精度要求较低的沟槽的测量

2）精度要求较高的沟槽，可用游标卡尺、千分尺、样板、塞尺等进行测量，如图 2-82 所示。

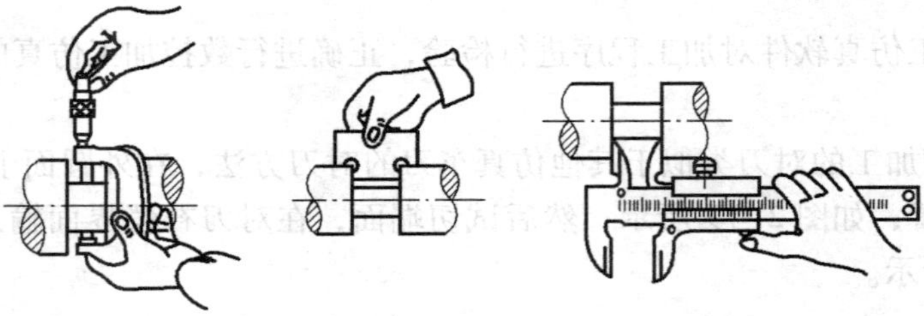

图 2-82　精度要求较高的沟槽的测量

3）对学生加工的零件进行检测，并做出点评，见表 2-25。

表 2-25　评分表

加工开始时间：		加工结束时间：			加工时间：	
检测项目		技术要求	配分	评分标准	检测结果	得分
外圆（10）	1	外圆尺寸 $\phi38$ mm	5	超差无分 超差 0.039 mm 以上无分		
	2	外圆尺寸 $\phi42$ mm	5	超差 0.02 mm 无分		
槽（25）	3	槽底尺寸 $\phi30$ mm	5	超差 0.02 mm 无分		
	4	槽宽尺寸 4 mm	5	超差 0.02 mm 无分		
	5	宽度为 4 mm 槽共 5 处	5	超差 0.02 mm 无分		
	6	槽宽尺寸 5 mm	5	超差 0.02 mm 无分		
	7	宽度为 5 mm 肩共 5 处	5	超差 0.02 mm 无分		
长度（10）	8	58 mm	5	超差 0.02 mm 无分		
	9	70 mm	5	超差 0.02 mm 无分		
程序（15）	10	程序正确、合理	15	出错一次扣 1 分		
工艺（10）	11	切削用量选择合理	5	出错一次扣 1 分		
	12	加工工艺制定合理	5	出错一次扣 1 分		

（续）

检测项目		技术要求	配分	评分标准	检测结果	得分
仿真操作（10）	13	车床操作规范	5	出错一次扣 1 分		
	14	刀具、工件装夹正确	5	出错一次扣 1 分		
安全生产（20）	15	安全操作车床	10	出错一次扣 1 分		
	16	工具、量具摆放整齐	5	出错一次扣 1 分		
	17	车床整理	5	出错一次扣 1 分		
总配分			100	总得分		
停工原因					加工日期 年 月 日	

2.5.4 拓展知识

1. 内（外）径车槽循环指令 G75

对于较宽、较深的槽或多处均匀、形状尺寸相同的槽，由于车槽的刀数较多，用 G01 的方法编程效率很低，这时可以采用内（外）径车槽循环指令 G75 进行车槽，如图 2-83 所示。

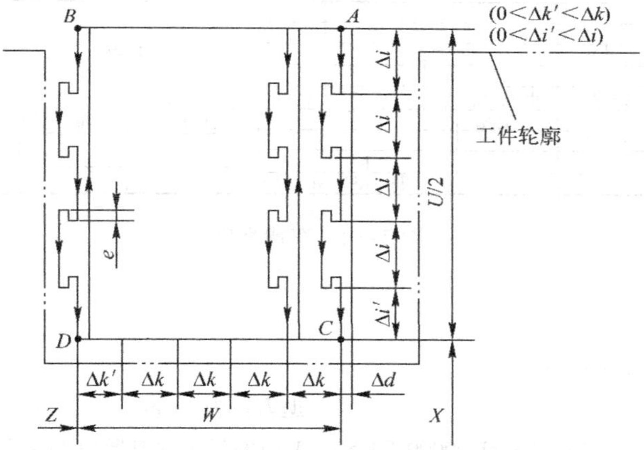

图 2-83　G75 复合循环轨迹

（1）G75 格式　G75 R(e)；

G75 X(U) Z(W) P(Δi) Q(Δk) R(Δd) F(f)；

说明：　*e*——退刀量，模态值；

X(*U*) *Z*(*W*)——车槽终点处坐标；

Δ*i*——*X* 向的每次吃刀量（半径值，无正负号，单位为 μm）；

Δ*k*——刀具完成一次径向切削后，在 *Z* 方向的偏移量（无正负号，单位为 μm）；

Δ*d*——刀具在切削底部的退刀量，Δ*d* 的符号一定是正，单位为 μm。但是，如果 *X*(*U*)及 Δ*i* 省略，可用相应的正负符号指定刀具退刀量；

f——进给量，单位为 mm/r 或 mm/min。

当省略 *Z* 坐标时，该指令可以用于啄式车槽和切断。

（2）举例　加工如图 2-84 所示三处为 4 mm 宽的沟槽（材料尺寸为 ϕ40 mm×60 mm）。

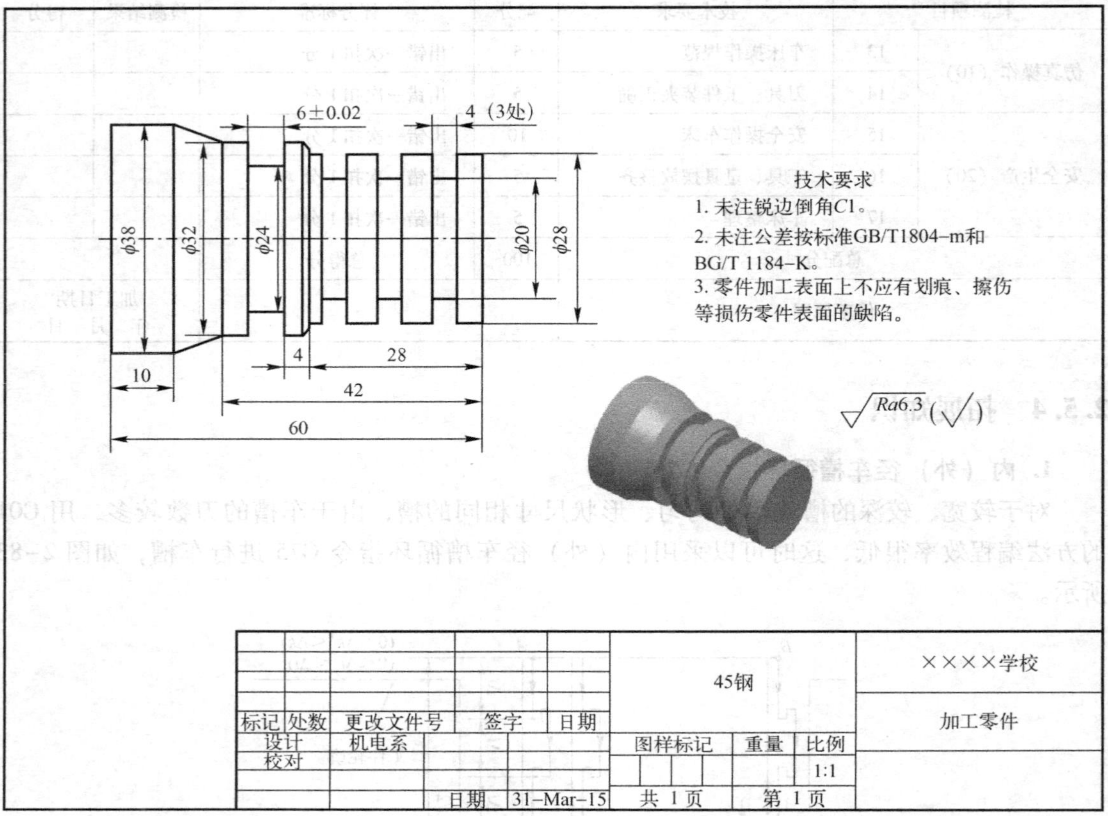

图 2-84　车槽举例

程序如下：

```
N30 G00 X32. Z-13.;
N40 G75 R1.;                              退刀量为 1 mm；
N50 G75 X20. Z-40. P3000 Q9000 F0.5;      X 向的每次吃刀量为 3 mm（半径值）；
                                          Z 向的每次增量移动为 9 mm。
```

先用 G75 指令完成粗车，再用 G01 指令进行精车。

2.5.5　技能应用练习题

1. 理论题

（1）单选题

1）G75 指令结束后，切刀停在（　　）。

A. 终点　　B. 机床原点　　C. 工件原点　　D. 起点

2）为了防止换刀时刀具与工件发生干涉，所以，换刀点的位置应设在（　　）。

A. 机床原点　　B. 工件外部　　C. 工件原点　　D. 对刀点

3）当程序需暂停 5 s 时，下列正确的指令段是（　　）。

A. G04 P5000　　B. G04 P500　　C. G04 P50　　D. G04 P5

4）在 FANUC 0i 系统中程序段 M98 P0260 表示（　　）。

A. 停止调用子程序　　B. 调用 1 次子程序“O0260”

C. 调用 2 次子程序“O0260”　　D. 返回主程序

5）在 FANUC 系统中，M98 是（　　）指令。

A. 主轴低速范围　　B. 调用子程序

C. 主轴高速范围　　D. 子程序结束

6）子程序嵌套是指（　　）(SIEMENS 系统)。

A. 同一子程序被连续调用

B. 在主程序中调用子程序，在子程序中可以继续调用子程序

C. 在主程序中调用不同的子程序

D. 同一子程序可以被不同的主程序多重调用

(2) 判断题

1）车削较深的槽，切槽刀主切削刃应该高于刀头的其他部位。（　　）

2）程序段 N10 L51 P2 的含义是连续调用子程序“L51”2 次（SIEMENS 系统）。（　　）

3）车沟槽时的进给速度要选择得小些，防止产生过大的切削抗力损坏刀具。（　　）

2. 操作题

1）多外沟槽加工，零件如图 2-85 所示，材料为 45 钢。

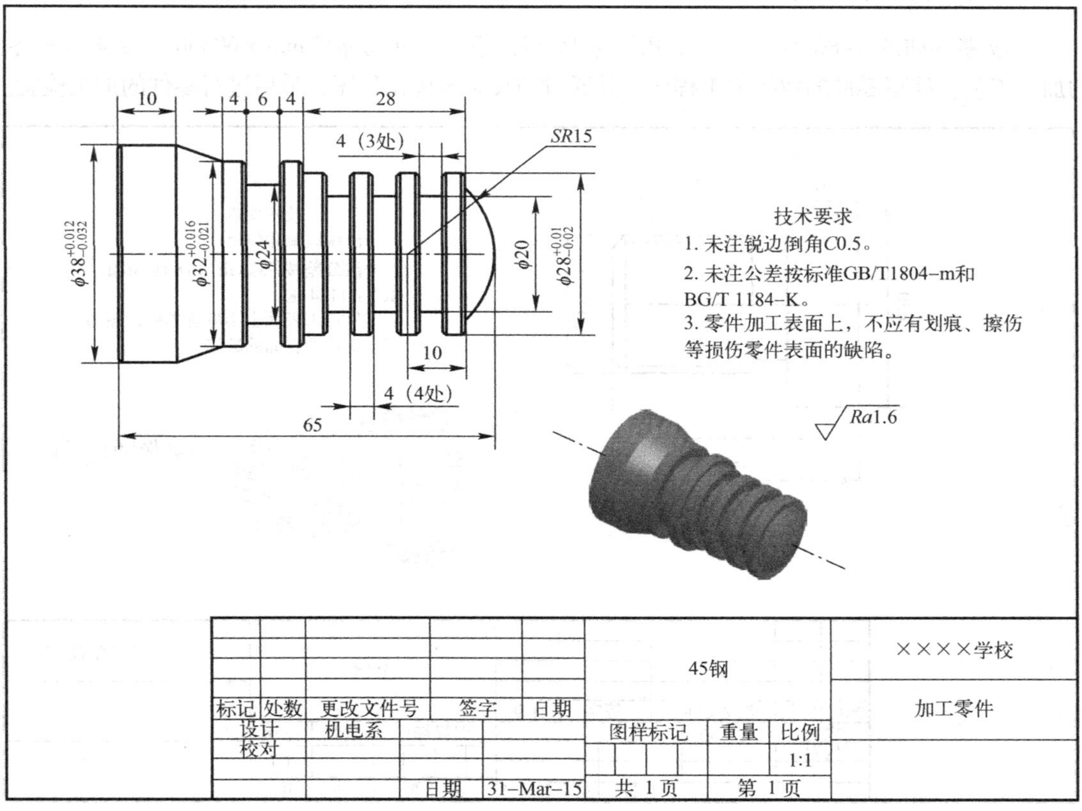

图 2-85　车槽加工图

任务 2.6　螺纹阶梯轴加工

【知识目标】

1. 了解螺纹相关的基本知识。
2. 熟悉 G32 螺纹加工指令的编程格式及应用。
3. 掌握 G92 指令的编程格式及应用。
4. 掌握带螺纹的阶梯轴零件的工艺编制方法。
5. 掌握带螺纹的阶梯轴零件的手工编程方法。

【能力目标】

1. 能分析带螺纹的阶梯轴零件的结构特点、特殊加工要求，理解加工技术要求。
2. 会分析带螺纹的阶梯轴零件的工艺性能，能正确选择设备、刀具、夹具与切削用量，能编制数控加工工艺卡。
3. 能正确运用数控仿真系统软件，调试校验编写的零件程序，并虚拟加工。
4. 能在车间实践加工带螺纹的阶梯轴零件并实施检测。

2.6.1　学习任务

螺纹零件如图 2-86 所示，已知材料为 45 钢，毛坯尺寸为 $\phi32$ mm × 60 mm。要求分析零件的加工工艺，编写零件的数控加工程序，并通过仿真调试优化程序，最后进行零件的加工检验。

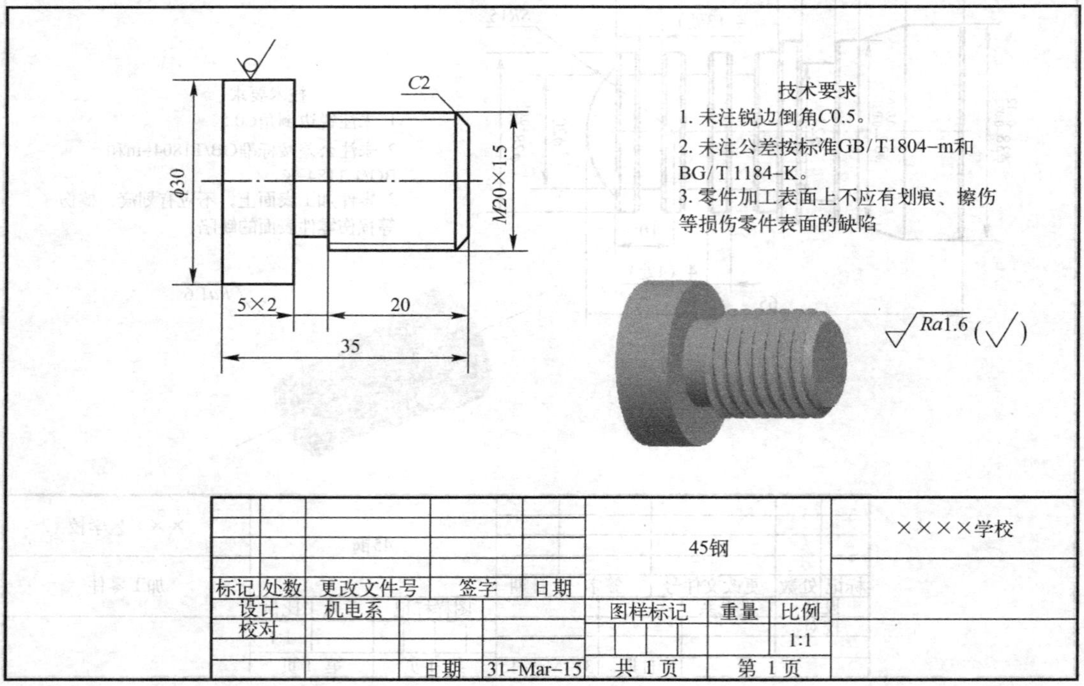

图 2-86　螺纹零件

2.6.2 任务相关知识

螺纹联接在工程实际中得到广泛的应用，螺纹零件加工是数控车削中必须掌握的基本技能之一。本任务主要讲解螺纹的类型及基本参数、螺纹的加工方法、螺纹车刀的安装、螺纹加工指令的运用、螺纹加工程序的编制、螺纹零件的检测和实际操作等方面的知识。

1. 工艺知识

（1）螺纹的种类

1）外螺纹。螺纹是在圆柱或圆锥表面上，沿着螺旋线所形成的具有规定牙型的连续凸起。螺旋线如图 2–87a 所示。

在圆柱表面上所形成的螺纹称为圆柱螺纹，如图 2–87b 所示。

在圆锥表面上所形成的螺纹称为圆锥螺纹，如图 2–87c 所示。

在圆柱或圆锥外表面上所形成的螺纹称为外螺纹，如图 2–87b、c 所示。

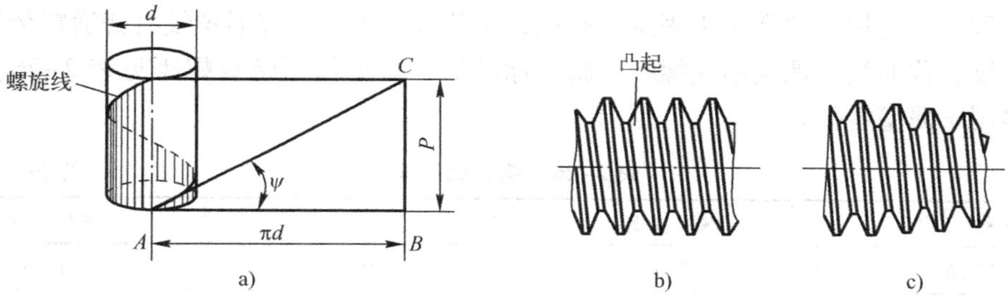

图 2–87 螺纹的种类

a）螺旋线 b）圆柱螺纹 c）圆锥螺纹

2）内螺纹。在内圆柱或内圆锥表面上所形成的螺纹称为内螺纹，如图 2–88 所示。

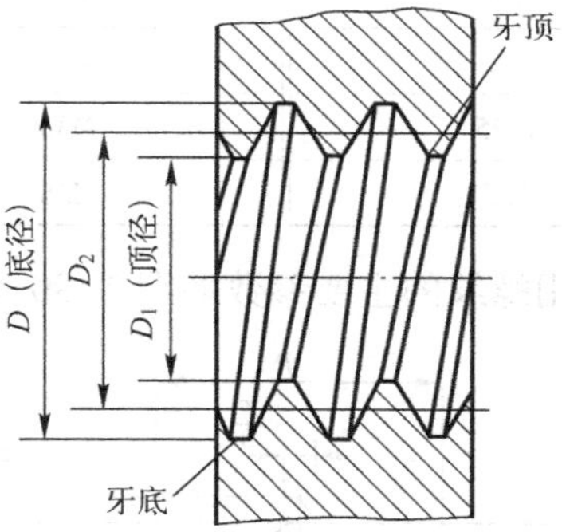

图 2–88 内螺纹

3）单线、多线与左旋、右旋螺纹。沿一条螺旋线所形成的螺纹称为单线螺纹，如图 2–89a 所示。沿两条或两条以上在轴向等距分布的螺旋线所形成的螺纹，称为多线螺纹，如图 2–89b 和 c 所示。

顺时针旋转时旋入的螺纹称为右旋螺纹，如图 2–89a 所示。逆时针旋转时旋入的螺纹称为左旋螺纹，如图 2–89b 所示。

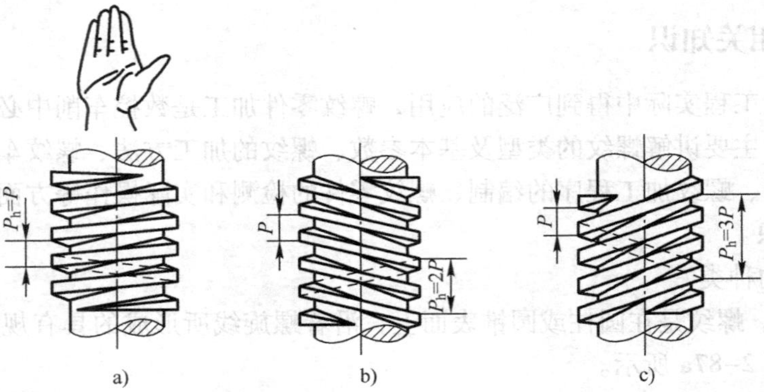

图 2-89　单、多线与左旋、右旋螺纹
a）右旋单线　b）左旋双线　c）右旋三线

（2）螺纹的用途　三角形螺纹按其规格及用途的不同，可分为普通螺纹、寸制螺纹和管螺纹三种。三角形螺纹常用于固定、联接、调节或测量等。普通螺纹有普通粗牙螺纹和普通细牙螺纹。普通粗牙螺纹不注螺距，属于标准值，常见粗牙螺纹螺距见表 2-26。普通细牙螺纹多用于薄壁零件。

表 2-26　粗牙螺纹螺距　（单位：mm）

公称直径	螺　距	公称直径	螺　距
M1.6	0.35	M12	1.75
M2	0.4	M14	2
M2.5	0.45	M16	2
M3	0.5	M18 ~ M22	2.5
M4	0.7	M24	3
M5	0.8	M27	3
M6	1	M30	3.5
M8	1.25	M33	3.5
M10	1.5	M36	4

（3）螺纹的主要参数　常用螺纹的主要参数如图 2-90 所示。

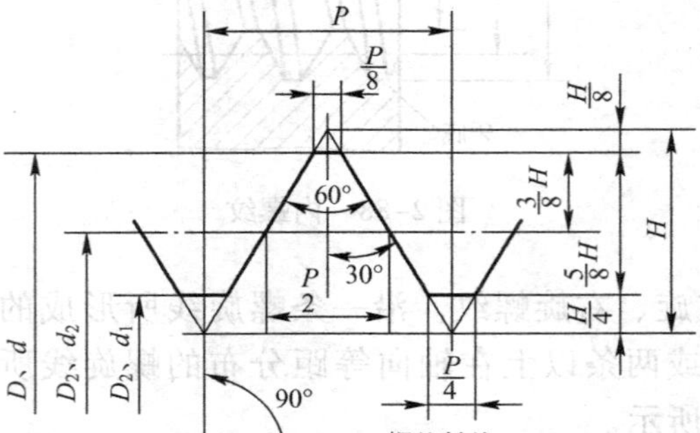

图 2-90　常用螺纹的主要参数

1）大径 d、D。大径 d、D 与外螺纹的牙顶（或内螺纹的牙底）相重合的假想圆柱面的直径。这个直径是螺纹的公称直径（管螺纹除外）。

2）小径 d_1、D_1。小径 d_1、D_1与外螺纹的牙底（或内螺纹的牙顶）相重合的假想圆柱面的直径。常用作危险剖面的计算直径。

3）中径 d_2、D_2。中径 d_2、D_2是一假想的与螺栓同心的圆柱直径，此圆柱周向切割螺纹，使螺纹在此圆柱面上的牙厚和牙间距相等。

4）螺距 P。螺距是相邻两牙在中径线上对应两点间的轴向距离，是螺纹的基本参数。

5）线数。螺纹的螺旋线根数。

6）导程 P_h。导程是同一条螺旋线上的相邻两牙在中径线上对应两点间的轴向距离。在单线螺纹中，螺距和导程是一致的；在多线螺纹中，导程等于螺距和线数的乘积。

7）螺纹升角 ϕ。螺纹升角 ϕ 是螺纹中径上螺旋线的切线与垂直于螺纹轴心线的平面之间的夹角。

8）牙型角 α。牙型角 α 是螺纹牙在轴向截面上量出的两直线侧边间的夹角。

9）牙廓的工作高度。牙廓的工作高度是螺栓和螺母的螺纹圈发生接触的牙廓高度。牙廓的高度是沿径向测量的。工作高度等于外螺纹外径和内螺纹内径之差的一半。

（4）螺纹的加工方法

1）车削螺纹。

① 低速车削普通螺纹。低速车削普通螺纹主要有如图 2–91 所示的三种加工方法。

a. 直进法：车削时只朝 X 方向进给，在几次行程后，把螺纹加工到所需的尺寸和表面粗糙度。

b. 左右切削法：车螺纹时，除了朝 X 方向进行切削外，同时还进行 Z 方向左右的微量进给，经过几次切削后，把螺纹加工到所需的尺寸。

c. 斜进法：当螺距较大、螺纹槽较深、切削余量较大时，为了粗车加工方便，除了朝 X 方向进行切削外，同时还进行 Z 方向的微量进给，经过几次切削后，把螺纹加工到所需的尺寸。

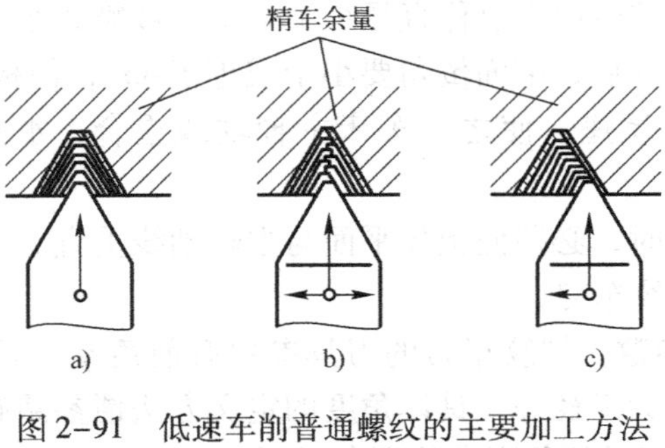

图 2–91　低速车削普通螺纹的主要加工方法
a）直进法　b）左右切削法　c）斜进法

② 高速车削普通外螺纹。高速车削螺纹时，只能采用直进法对螺纹进行加工，否则会影响螺纹精度。

2）车床上套螺纹。

① 板牙的结构。套螺纹是指用板牙切削外螺纹的一种加工方法。

板牙是一种标准的多刃螺纹加工工具，其结构形状如图 2-92 所示。

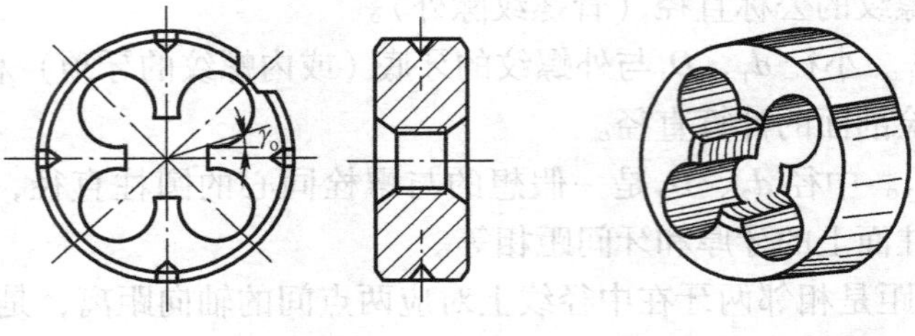

图 2-92　板牙的结构形状

板牙像一个圆螺母，其两侧的锥角是切削部分，因此反正都可使用，中间有完整的齿深为校正部分，如图 2-93 所示。

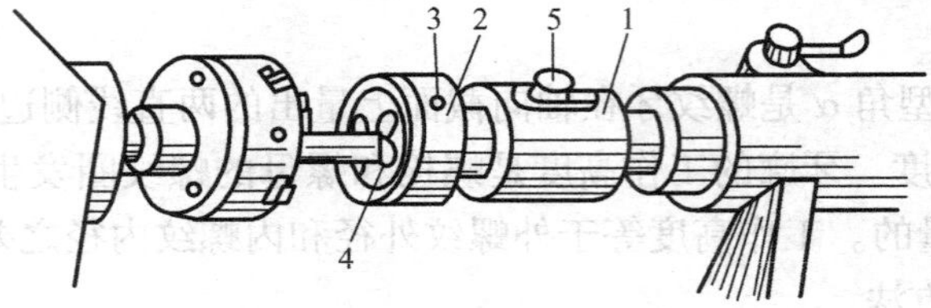

图 2-93　板牙的使用

1—工具体　2—滑动套筒　3—螺钉　4—板牙　5—销钉

② 套螺纹时外圆直径的确定。套螺纹时，工件外圆比螺纹的公称尺寸（按工件螺距大小决定）略小。套螺纹圆柱直径可按下列的近似公式计算：

$$d_0 = d - (0.13 \sim 0.15)P$$

式中　d_0——圆柱直径；

d——螺纹大径；

P——螺距。

③ 用板牙套螺纹的工艺要求如下：

a. 用板牙套螺纹，通常适用于公称直径小于 16 mm 或螺距小于 2 mm 的外螺纹。

b. 外圆车至所需的尺寸后，端面倒角要小于或等于 45°，使板牙容易切入。

c. 套螺纹前必须找正尾座，使之与车床主轴轴线重合，水平方向的偏移量不得大于 0.05 mm。

d. 板牙装入套丝工具时，必须使板牙平面与主轴轴线垂直。

（5）普通三角形外螺纹车刀

1）螺纹车刀的刀具参数。螺纹车刀的刀具参数有前角 γ_o、后角 α_o、主偏角、副偏角、刀尖角 ε_r、刃倾角 λ_s、刀尖半径等，具体角度的定义方法请参阅有关切削手册。

硬质合金在切削碳素钢时的角度参数可参考图 2-94。

2）硬质合金螺纹车刀在切削碳素钢时应注意以下几点：

① 在确定角度参数值的过程中，应考虑工件的材料、硬度、切削性能、具体轮廓形状和刀具材料等诸多因素。

② 对于夹固式螺纹车刀，刀杆及刀片的参数已制成标准值，可直接按参数选用。夹固式螺纹车刀如图 2-95 所示。

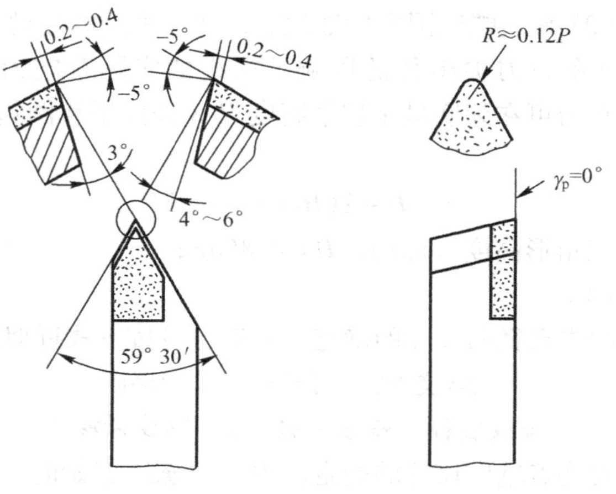

图 2-94　硬质合金在切削碳素钢时的角度参数

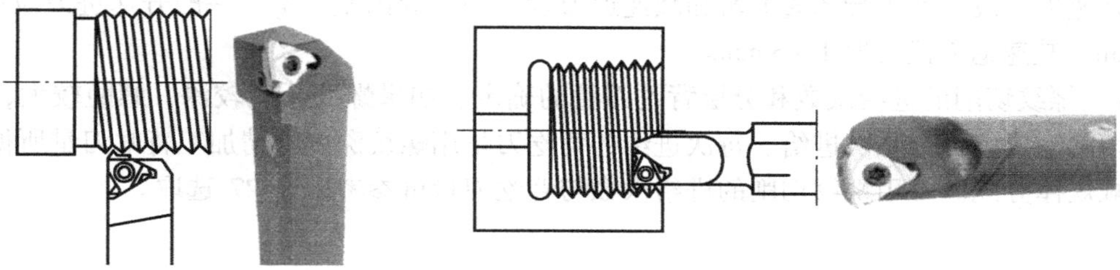

a)　　b)

图 2-95　夹固式螺纹车刀

a）外螺纹车刀　b）内螺纹车刀

2. 螺纹加工前准备

螺纹加工是数控车床的一个重要加工内容，加工时螺纹车刀的进给运动是严格根据输入的螺纹导程进行的。螺纹切削分为单行程螺纹切削和复合循环螺纹切削。

1）螺纹总背吃刀量（螺纹牙型高度）。要计算螺纹总背吃刀量，即应计算螺纹牙型高度。

螺纹牙型高度是指在螺纹牙型上，牙型到牙底之间垂直于螺纹轴线的距离，如图 2-96 所示，它是车削时车刀总背吃刀量。

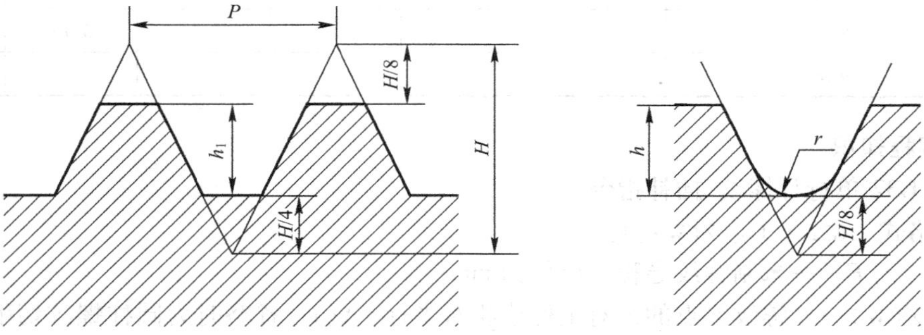

图 2-96　螺纹牙型高度

根据 GB/T 192—2003 普通螺纹国家标准规定，普通螺纹的牙型理论高度为 $H=0.886P$，实际加工时，由于螺纹车刀刀尖半径的影响，螺纹的实际背吃刀量有变化。根据 GB/T 197—2003 规定：螺纹车刀可在牙底最小切平高度 $H/8$ 处削平和倒圆。则螺纹实际牙型高度可按下式计算：

$$h=H-2(H/8)=0.65P$$

式中 H——螺纹原始三角形高度（mm），$H=0.866P$；

P——螺距（mm）。

2）螺纹起点与螺纹终点径向尺寸的确定。一般也可按下式近似计算：

螺纹外径 = 公称直径 − $H/4$

螺纹底径 = 螺纹外径 − 2 × 螺纹牙深 h

3）螺纹起点与螺纹终点轴向尺寸的确定。由于车螺纹起始时有一个加速过程，结束前有一个减速过程，在这段距离中，螺纹不可能保持均匀。因此车螺纹时，在两端必须设置足够的升速进刀段（空刀导入量）δ_1 和减速退刀段（空刀导出量）δ_2。一般升速进刀段可取 4 ~6 mm，减速退刀段可取 1 ~3 mm。

4）螺纹切削的进给次数和分层背吃刀量的确定。如果螺纹牙型较深、螺距较大，不能一次切削完成，可分几次进给。每次进给的背吃刀量用螺纹深度减精加工背吃刀量所得的差按递减规律分配。常用螺纹切削的进给次数与背吃刀量可参考表 2-27 选取。

表 2-27 常用螺纹切削的进给次数与背吃力量

米制螺纹								（单位：mm）
螺距		1.0	1.5	2	2.5	3	3.5	4
牙深（半精量）		0.649	0.974	1.299	1.624	1.949	2.274	2.599
切削的进给次数及背吃刀量（直径量）	1 次	0.7	0.8	0.9	1.0	1.2	1.5	1.5
	2 次	0.4	0.6	0.6	0.7	0.7	0.7	0.8
	3 次	0.2	0.4	0.6	0.6	0.6	0.6	0.6
	4 次		0.16	0.4	0.4	0.4	0.6	0.6
	5 次			0.1	0.4	0.4	0.4	0.4
	6 次				0.15	0.4	0.4	0.4
	7 次					0.2	0.2	0.4
	8 次						0.15	0.3
	9 次							0.2

3. 编程知识

（1）G32 单行程螺纹/插补指令

1）格式 G32 X(U)_ Z(W)_ F_ ;

说明：F——米制螺纹导程，单位为 mm；

$X(U)$、$Z(W)$——螺纹终点的绝对坐标或相对坐标，$X(U)$ 省略时为圆柱螺纹切削，$Z(W)$ 省略时为端面螺纹切削，$X(U)$、$Z(W)$ 都编入时可加工圆锥螺纹。

该指令的加工运动轨迹如图 2-97 所示。

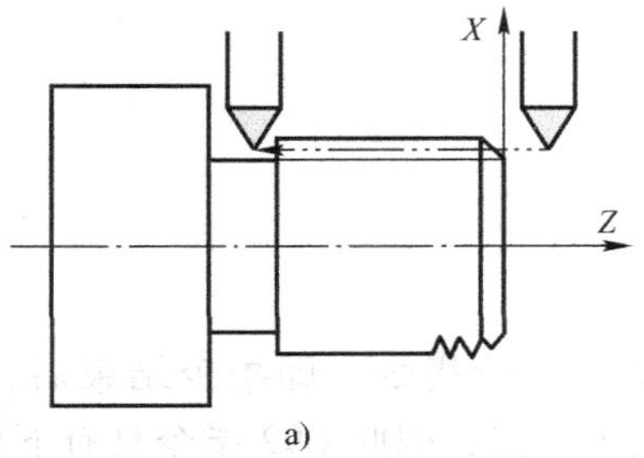

图 2-97　G32 螺纹指令的加工运动轨迹

a）G32 车直螺纹　b）G32 车锥螺纹

2）螺纹加工时应注意的事项：

① 主轴转速不应过高，尤其是大导程螺纹，过高的转速使进给速度太快而引起不正常，最高转速一般可取：$n \leqslant 1200/P - 80$ r/min。

② 为了能在伺服电动机正常运转的情况下切削螺纹，螺纹切削应注意在两端设置足够的升速进刀段 δ_1 和减速退刀段 δ_2，即在 Z 轴方向有足够的切入、切出的空刀量，如图 2-98 所示。切入与切出的空刀量通常可取：$\delta_1 \geqslant 2P$，$\delta_2 \geqslant 0.5P$。

例 1：用 G32 指令加工 M20×1.5 圆柱螺纹，如图 2-99 所示，假设分两刀完成。

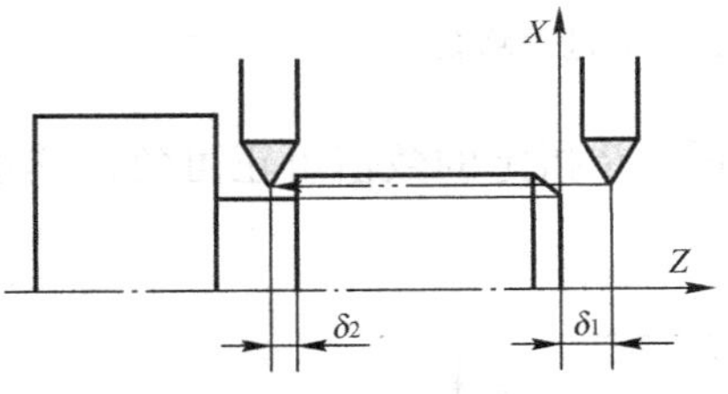

图 2-98　切螺纹的切入、切出的空刀量

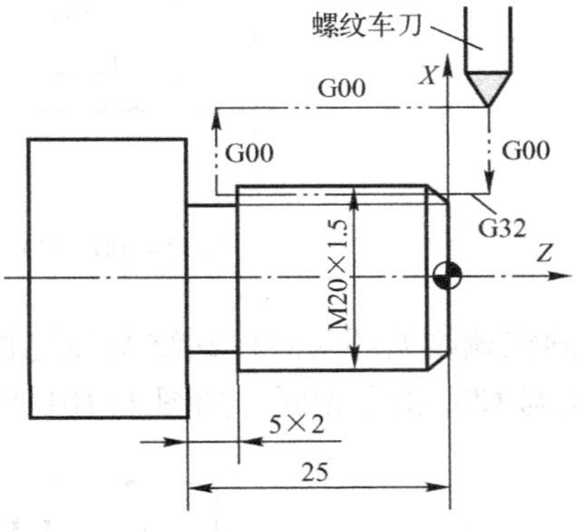

图 2-99　用 G32 指令加工 M20×1.5 圆柱螺纹

参考程序如下：

```
……
G00 X28.0 Z3.0;
X18.5.;
G32 Z-22. F1.5;
G00 X28.;
Z3.;
G00 X18.2;
G32 Z-22. F1.5;
G00 X28.;
……
```

（2）G92 螺纹切削单一固定循环指令

1）格式　G92 X(U) _ Z(W) _ F_R_;

说明：$X(U)$、$Z(W)$——螺纹终点坐标值；

F——螺纹导程；

R——螺纹切削路线的半径差。

2）G92 指令的性能分析。G32 指令是一个单一进给指令，即指令结束后，刀尖停在 G32 指定的坐标值不返回。这显然不符合常规的加工工艺，因此 G92 指令具有下列优势：

① G92 为模态指令，具有自保性。

② G92 指令实际上是把“快速进刀—螺纹切削—快速退刀—返回起点”四个动作作为一个循环。

③ 它在螺纹切削结束时有退尾倒角功能，如图 2-100 所示，倒角长度根据所指定的参数在$(0.1\sim12.7)P_h$的范围里设置。

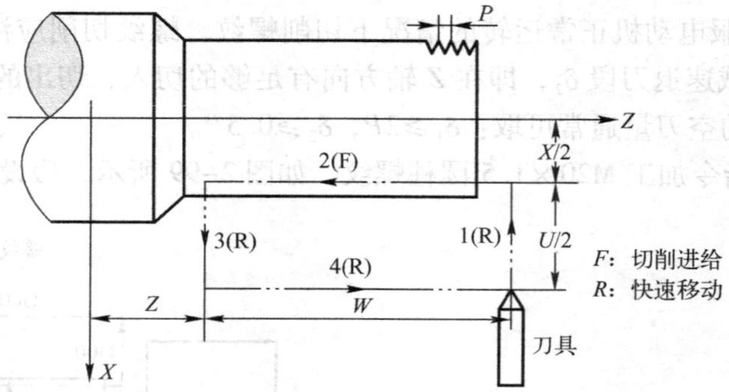

图 2-100　G92 螺纹切削指令的进刀路线

④ 圆锥螺纹循环与圆柱螺纹循环过程基本相同，R 指定的数值可正可负，其正负号的判断方法与 G90 指令相同，如图 2-101 所示。

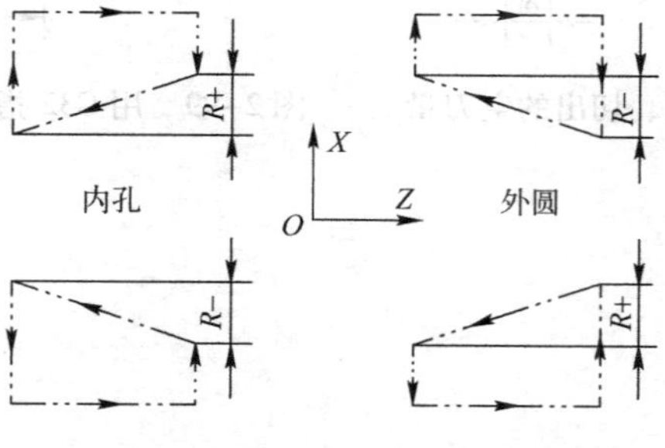

图 2-101　G92 指令切削锥度螺纹的进刀路线

3）G92 指令的应用范例。

例 2：用 G92 指令加工 M20×1.5 圆柱螺纹，如图 2-102 所示，分四刀完成。

```
N50 G00 X28. Z3.;
N60 G92 X19.2 Z-23. F1.5;
```

N70 X18. 6;

N80 X18. 2;

N90 X18. 04;

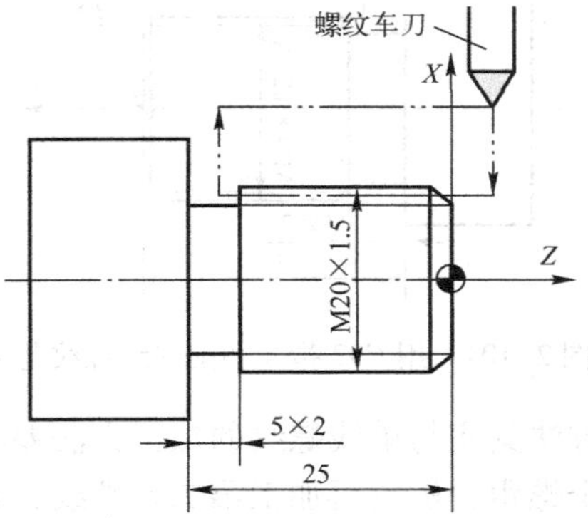

图 2-102　G92 指令切削普通螺纹范例

例 3：用 G92 指令加工 M20 ×1. 5 圆锥螺纹，如图 2-103 所示，分四刀完成。

N50 G00 X28. Z2. ;

N60 G92 X19. 2 Z -22. R -3. F1. 5;

N70 X18. 6;

N80 X18. 2;

N90 X18. 04;

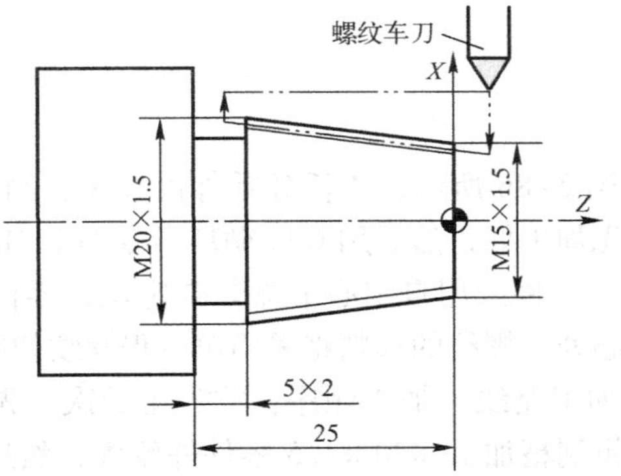

图 2-103　用 G92 指令切削锥度螺纹范例

例 4：用 G92 指令加工 M24 ×4/2 圆柱螺纹，如图 2-104 所示，假设每条螺纹分两刀完成。

N50 G00 X28. Z3. ;	快速靠近工件
N60 G92 X21. 9 Z -22. F4. ;	加工第一线螺纹
N70 X21. 4;	
N80 G00 X28. Z5. ;	重新定位,移动一个螺距
N90 G92 X21. 9 Z -22. F4. ;	加工第二线螺纹
N100 X21. 4;	

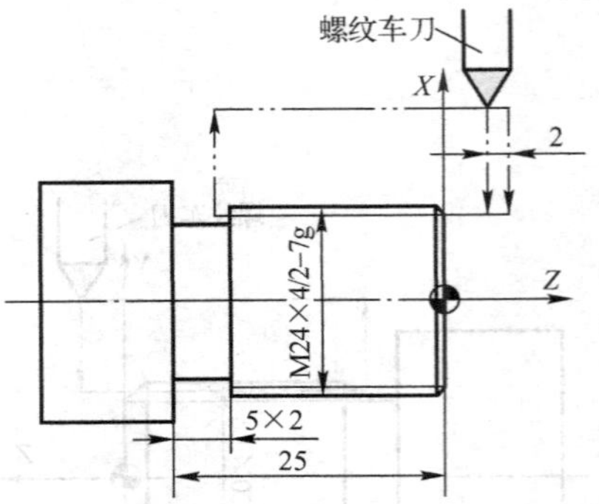

图 2-104　用 G92 指令切削双线螺纹范例

双线及多线螺纹的加工方法其实与单线螺纹的加工方法差不多，只不过双线螺纹在加工完第一条螺纹后，需移动一个螺距，然后再加工第二条螺纹，直至完成。

4）螺纹切削单一固定循环（G92 指令）使用注意事项如下：

① 在螺纹切削期间，按下进给保持时，刀具将在完成一个螺纹切削循环后再进入进给保持状态。

② 如果在单段方式下执行 G92 循环指令，则每执行一次循环必须按四次循环起动按钮。

③ G92 是模态指令，当 Z 轴移动量没有变化时，只需对 X 轴指定移动指令即可重复固定循环。

④ 当执行 G92 循环指令时，在螺纹切削的收尾处，沿接近 45°的方向斜向退刀。

⑤ 在 G92 指令执行期间，进给速度倍率、主轴速度倍率均无效。

2.6.3　任务实施

1. 任务工艺分析

（1）零件图分析　如图 2-86 所示，该任务零件由外圆、倒角、槽和螺纹等表面组成。其中外圆、倒角、槽需要先加工好，然后用 G92 循环指令加工 M20×1.5 螺纹。

（2）确定装夹方案　该工件采用自定心卡盘装夹定位，零件将一次装夹完成，编程原点设置在工件前端面的中心处，螺纹的车削将采用单行程螺纹切削指令加以完成。

（3）确定加工顺序及加工路线　加工顺序：按先主后次、先粗后精、先外后内的加工原则确定加工路线。先由粗到精加工 M20×1.5 零件外轮廓，然后加工螺纹的退刀槽，最后进行螺纹的切削加工。

（4）刀具的选择（见表 2-28）

表 2-28　刀具卡

产品名称或代号				零件名称	螺纹零件	零件图号	图 2-86
序号	刀具号	刀具名称及规格	刀具材料	数量	加工表面	刀尖半径/mm	备注
1	T0101	95°外圆车刀	硬质合金	1	车端面、粗车外圆轮廓	0.2	
2	T0202	95°外圆车刀	硬质合金	1	精车外圆轮廓	0.2	
3	T0303	切槽刀	硬质合金	1	切槽	$B=4$ mm	左刀尖
4	T0404	螺纹车刀	硬质合金	1	加工螺纹		

（5）填写加工工序卡（见表 2-29）

表 2-29　工序卡

数控加工工序卡				产品型号		零件图号	图 2-86	
				产品名称		零件名称	螺纹零件	
材料牌号	45	毛坯种类	棒料	毛坯尺寸	$\phi32\times60$	备注		
工序号	工序名称	设备名称	设备型号	程序编号	夹具代号	夹具名称	切削液	车间
2	车	数控车床	CK6140	O0001	1	自定心卡盘	油基切削液	数控车间
工步	工步内容	刀具号	刀具	量具及检具	主轴转速/(r/min)	进给速度/(mm/r)	背吃刀量/mm	备注
1	安装零件，夹持 15 mm							
2	车端面，控制总长	T0101	95°车刀	游标卡尺、外径千分尺	800	0.2	0.5	手动
3	粗车 $\phi38$ mm 外圆，直径方向留 0.5 mm 余量	T0101	95°车刀	游标卡尺、外径千分尺	800	0.2	2	自动
4	精车 $\phi38$ mm 外圆至尺寸	T0101	95°车刀	游标卡尺、外径千分尺	1000	0.2	2	自动
5	切槽	T0303	切槽刀	游标卡尺、外径千分尺	400	0.08		自动
6	螺纹加工	T0404	螺纹车刀	螺纹环规	800			自动
7	去毛刺							
编制		审核				共 1 页	第 1 页	

（6）切削用量的选择（见表 2-30）

表 2-30　切削用量的选择

工步号	工步内容	刀具	切削用量		
			背吃刀量/mm	主轴转速/(r/min)	进给速度/(mm/r)
1	粗加工零件外形尺寸至要求	T0101	1	600	0.2
2	精加工	T0202	0.5	1000	0.1
3	退刀槽加工	T0303		400	0.1
4	螺纹加工	T0404		800	1.5

2. 编制加工程序

（1）程序的编制　按照上述加工工艺步骤，编制加工程序 O0001 如下（见表 2-31）：

表 2-31 加工程序

零件图号	图 2-86	零件名称	螺纹零件	编程原点	
程序号	O0001	数控系统	FANUC 0i	编　制	

程序内容	简要说明
O0001;	程序号
N10 G40 G21 G99;	粗加工
N20 M03 S600 T0101 M08;	
N30 G00 X40. Z1.;	
N40 G71 U1.5 R0.5;	
N50 G71 P60 Q90 U0.5 F0.25;	
N60 G01 X26.;	
N70 X30. Z-1. F0.1;	
N80 Z-30.;	
N90 X32.;	
N100 G00 X100. Z100.;	
N110 M05 M09;	
N120 T0202;	精加工
G00 X40. Z1.;	
N130 M03 S800 N08;	
N140 G70 P60 Q90;	
N150 G00 X100. Z100.;	
N160 M05 M09;	
N170 T0303;	切槽
N180 G00 X30. Z1.;	
N190 M03 S600 M08;	
N200 G01 X20. F0.25;	
N210 G04 X100.;	
N220 G00 X100.;	
Z100.;	
N230 M05 M09;	
N240 T0404;	切螺纹
N250 G00 X28. Z3.;	
N260 M03 S600 M08;	
N270 G92 X19.2 Z-23. F1.5;	
X18.6;	
X18.2;	
X18.04;	
N280 G00 X100. Z100.;	
N290 M05 M09;	
N310 M30;	

3. 仿真加工

使用数控加工仿真软件对加工程序进行检验，正确进行数控加工仿真的操作，完成零件的仿真加工。

（1）仿真软件螺纹车刀安装　仿真软件螺纹车刀安装与外圆车刀类似。

（2）仿真软件螺纹车刀对刀操作　螺纹车刀 X 轴、Z 轴对刀方法与外圆车刀类似，试切外圆，如图 2-105 所示，然后测量直径 X 值和 Z 轴距离。

将图 2-106 所示 $X=86.467$ 和 $Z=-18.674$ 输入形状/补正界面中并单击测量，可以精确地完成仿真软件的对刀。

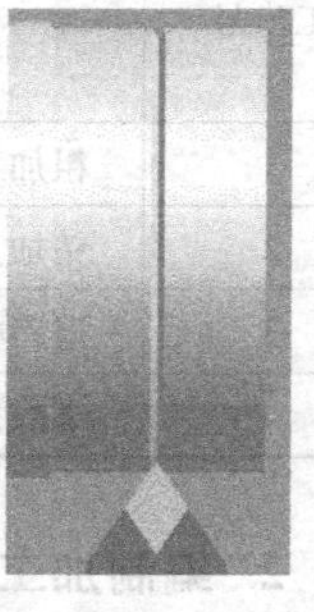

图 2-105　螺纹车刀 X 轴试切

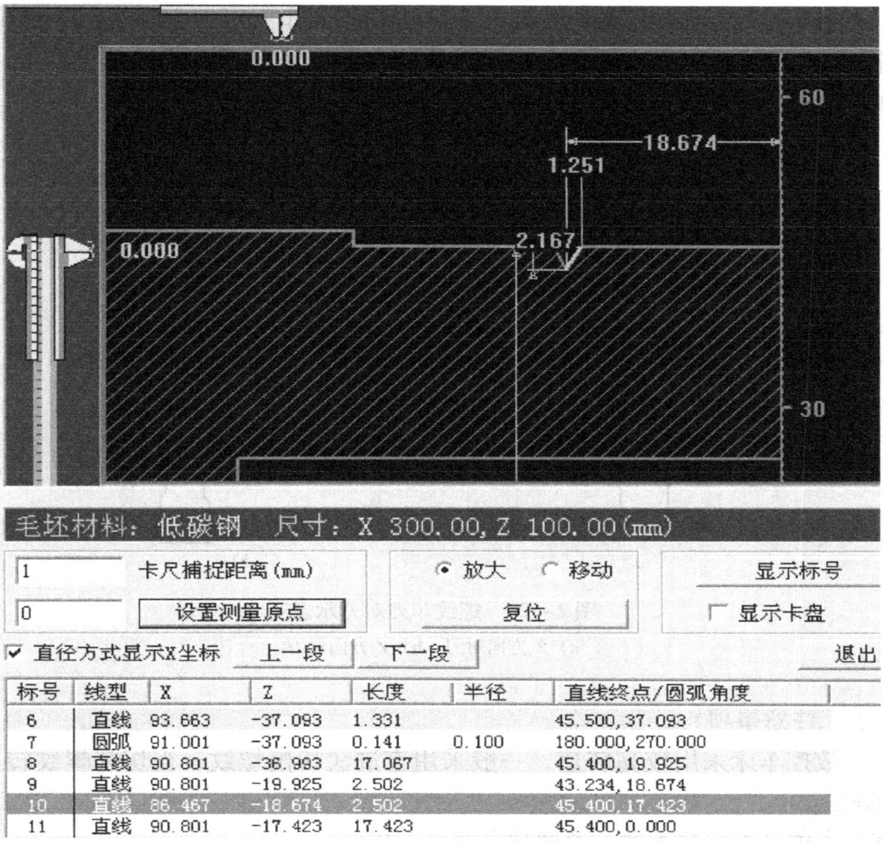

图 2-106　螺纹车刀仿真试切

4. 车间实际加工

通过仿真加工，确定零件程序的正确性后，在实训车间对该零件进行实际操作加工。

（1）螺纹车刀的安装　螺纹车刀安装时，刀尖应与工件轴线等高或略高，刀具两侧刃角平分线必须垂直于工件轴线，否则车削出的螺纹牙型会向一侧倾斜。中途换刀后，必须对刀，以防乱扣。

安装时可将样板内侧水平靠在已精车外圆柱面，然后将车刀移入样板相应角度缺口中，通过对比车刀两刃与缺口的间隙来调整刀具的安装角，如图 2-107 所示。

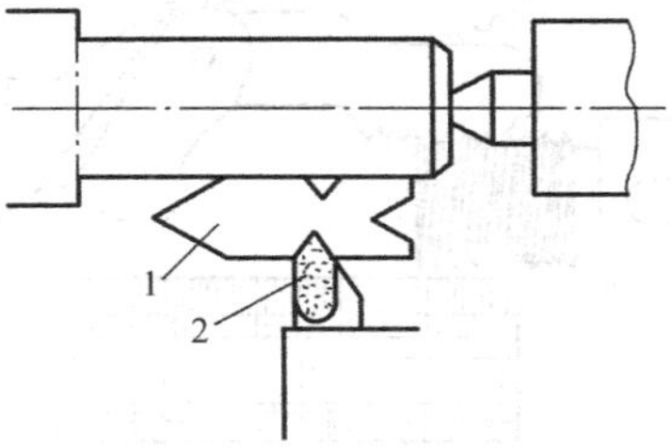

图 2-107　螺纹车刀的安装

1—螺纹车刀角度样板　2—螺纹车刀

（2）螺纹车刀对刀操作　螺纹车刀对刀方法和外圆车刀对刀方法类似，螺纹车刀对刀操作如图 2-108 所示，将所测量的 X 值和 Z 值输入形状/补正界面中并单击测量，可以精确地完成对刀。

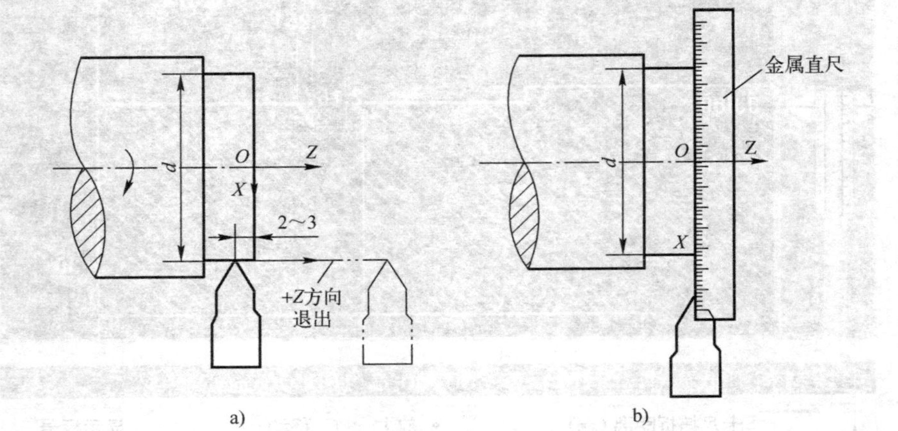

图 2-108　螺纹车刀对刀示意图

a）X 方向对刀　b）Z 方向对刀

（3）加工注意事项

① 由于数控车床采用较高转速，一般采用直进法切削螺纹；当切削螺纹转速较低时，可采用斜进法。

② 螺纹车削进给倍率无效，速度被限制在 100%。

③ 螺纹加工期间，应保持主轴转速不变。

④ 首次切削尽可能采用单段加工，熟练后可采用自动加工方式。

⑤ 使用环规检查时，不能用力过大或用扳手强拧，以免环规损坏。

5. 零件检测及评价

螺纹检测时经常检测螺纹的螺距和螺纹的中径，螺纹螺距检测如图 2-109 所示。螺纹中径常利用外径千分尺、内径千分尺等量具进行检测，如图 2-110 所示，综合检测操作简单，灵活实用，如图 2-111 所示。

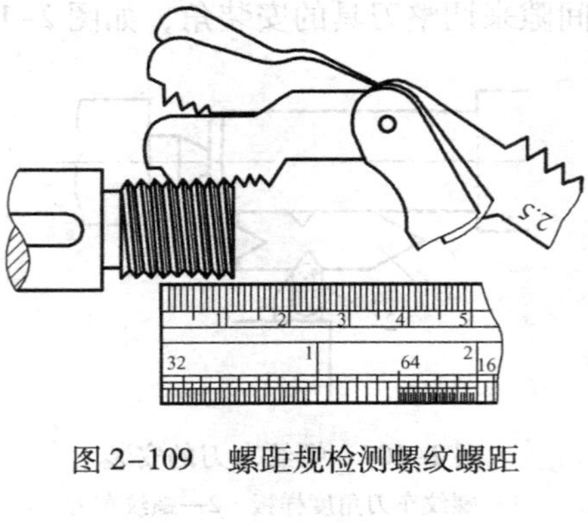

图 2-109　螺距规检测螺纹螺距

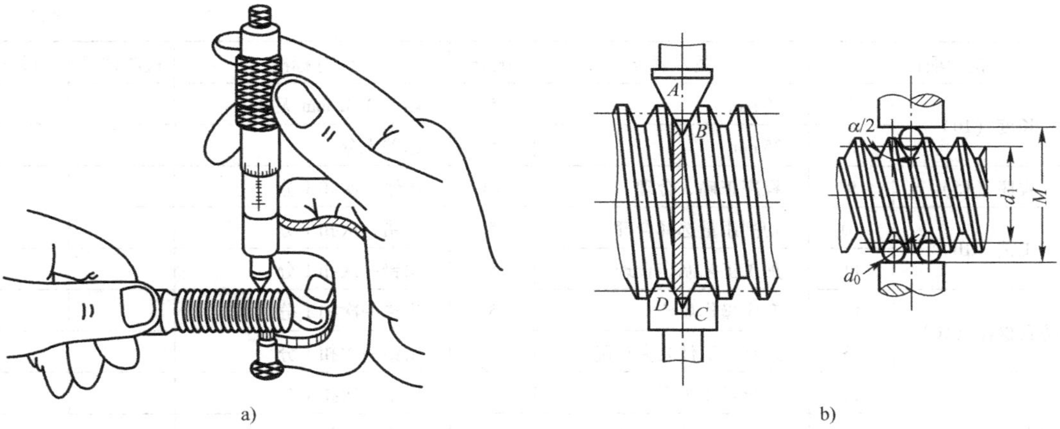

图 2-110　螺纹中径检测

a）螺纹千分尺测量螺纹中径　b）三针法测量螺纹中径

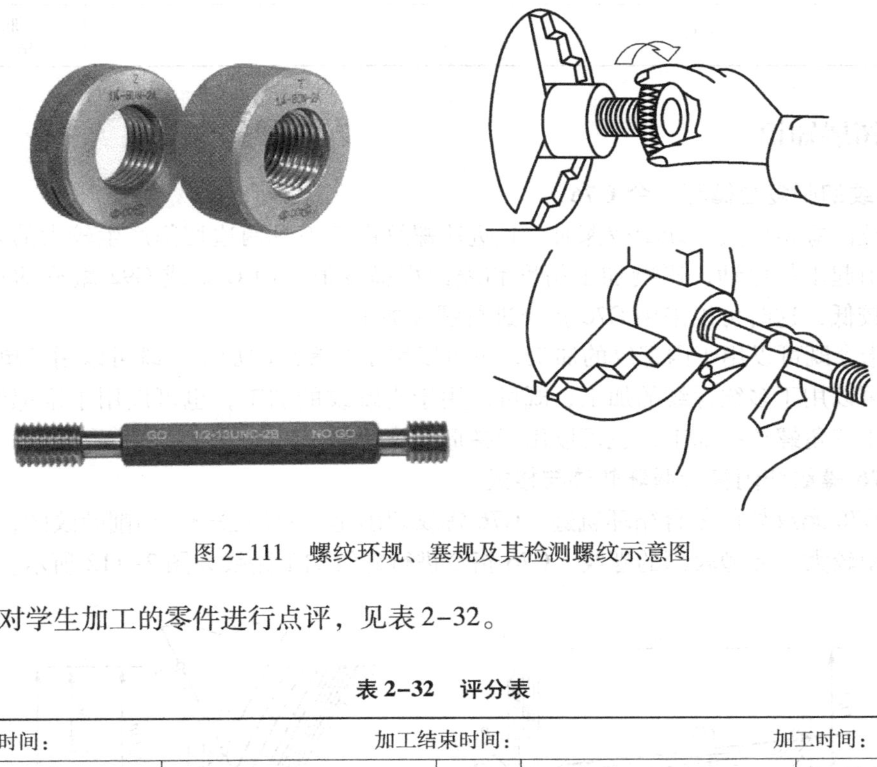

图 2-111　螺纹环规、塞规及其检测螺纹示意图

教师对学生加工的零件进行点评，见表 2-32。

表 2-32　评分表

加工开始时间：		加工结束时间：			加工时间：	
检测项目		技术要求	配分	评分标准	检测结果	得分
外圆（10）	1	外圆尺寸 $\phi30$ mm	10	超差 0.02 mm 无分		
槽（10）	2	槽底尺寸 $\phi16$ mm	5	超差 0.02 mm 无分		
	3	槽宽尺寸 5 mm	5	超差 0.02 mm 无分		
螺纹（15）	4	螺纹大径尺寸 $\phi20$ mm	5	超差 0.02 mm 无分		
	5	螺纹小径尺寸 $\phi18.05$ mm	5	超差无分		
	6	螺距 1.5 mm	5	超差无分		

（续）

检测项目		技术要求	配分	评分标准	检测结果	得分
长度（10）	7	20 mm	5	超差 0.02 mm 无分		
	8	35 mm	5	超差无分		
程序（15）	9	程序正确、合理	15	出错一次扣 1 分		
工艺（10）	10	切削用量选择合理	5	出错一次扣 1 分		
	11	加工工艺制定合理	5	出错一次扣 1 分		
仿真操作（10）	12	车床操作规范	5	出错一次扣 1 分		
	13	刀具、工件装夹正确	5	出错一次扣 1 分		
安全生产（20）	14	安全操作车床	10	出错一次扣 1 分		
	15	工具、量具摆放整齐	5	出错一次扣 1 分		
	16	车床整理	5	出错一次扣 1 分		
总配分			100	总得分		
停工原因					加工日期 年　月　日	

2.6.4　拓展知识

1. 螺纹切削复合循环指令 G76

当螺纹的螺距较大、牙型较深时，直进法螺纹由于刀具两边切削产生较大的切削抗力，也因此会引起工件振动，影响加工精度和表面粗糙度值，用 G32 或 G92 编程的程序冗长，编程效率较低，这时可以采用 G76 指令进行螺纹加工。

G76 指令既可以用于内螺纹的加工，也可以用于外螺纹的加工，既可以用于单线螺纹的加工，也可以用于多线螺纹的加工；既可以用于直螺纹的加工，也可以用于锥螺纹的加工；既可以用于三角螺纹的加工，也可以用于梯形螺纹的加工。

2. G76 螺纹切削复合循环轨迹与格式

（1）G76 螺纹切削复合循环轨迹　G76 螺纹切削是以斜进法分层切削螺纹的，因此更适合加工螺距较大、牙型较深的螺纹。G76 指令进行螺纹加工路线如图 2-112 所示。

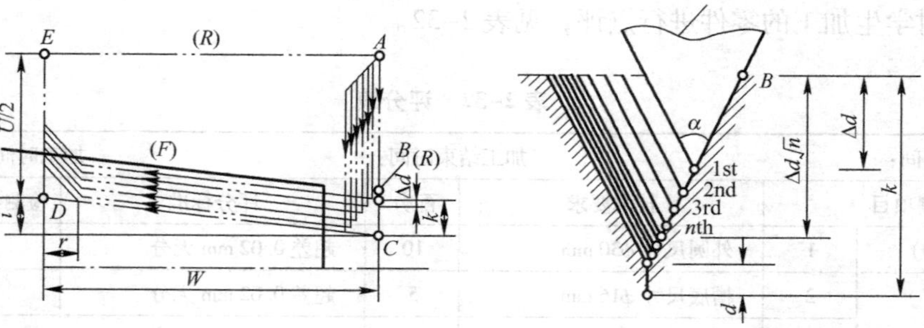

图 2-112　G76 指令进行螺纹加工路线

（2）螺纹切削复合循环指令 G76 的格式　G76　P(m)(r)(a) Q(Δdmin) R(d)；
G76　X(U) Z(W) R(i) P(k) Q(Δd) F(P_h)；

说明：m——精加工重复次数 01～99；

r——倒角量，即螺纹切削收尾处斜 45°的 Z 向退刀量，设定范围为 01～99，单位为 0.1P_h（P_h 为导程）；

α——刀尖角度（螺纹牙型角），可选择 80°、60°、55°、30°、29°、0°；

Δd_{min}——最小背吃刀量，该值用不带小数点的半径值表示，单位为 μm；

d——精加工余量，该值用带小数点的半径值表示；

$X(U)$ $Z(W)$——螺纹切削终点处的坐标；

i——螺纹半径差，方向与 G92 的 R 相同，如果 $i=0$，则进行直螺纹切削；

k——螺牙高度，该值用不带小数点的半径值表示；

Δd——第一刀背吃刀量，该值用不带小数点的半径值表示，单位为 μm；

P_h——导程，如果是单线螺纹，则该值为螺距。

（3）G76 指令应用举例　例：用 G76 指令加工图 2-113 所示的普通三角外螺纹，并写出程序段。

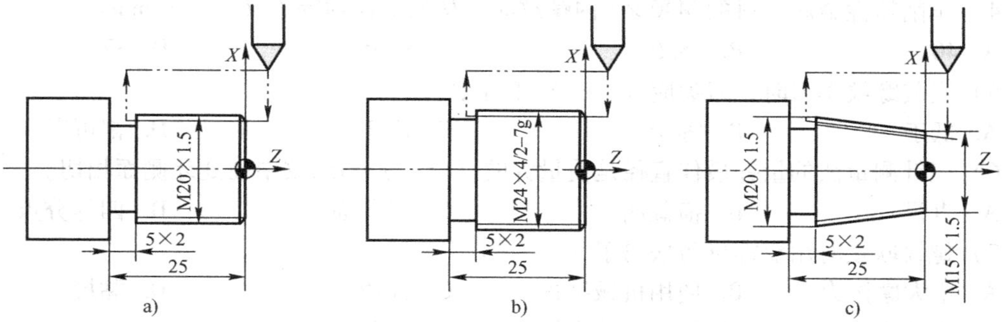

图 2-113　G76 指令应用范例

a）M20×1.5 普通螺纹　b）M24×4/2 普通螺纹　c）M(15～20/20)×1.5 锥螺纹

其中图 a 为 M20×1.5 普通螺纹，图 b 为 M24×4/2 普通螺纹，图 c 为 M(15～20/20)×1.5 锥螺纹。

1）编写加工图 a 单线直螺纹的程序段：

```
G00 X26. Z4. ;
G76 P010060 Q100 R0.05;
G76 X18.04  Z-27.0  P974 Q400 F1.5;
```

2）编写加工图 b 双线直螺纹的程序段：

```
G00 X28. Z4. ;
G76 P010060 Q100 R0.05;
G76 X21.4 Z-27.0 P1299 Q500 F4. ;
G00 X28. Z6. ;
G76 P010060 Q100 R0.05;
G76 X21.4 Z-27.0 P1299 Q500 F4. ;
```

3）编写加工图 c 单线锥螺纹的程序段：

```
G00 X26. Z4.;
G76 P010060 Q100 R0.05;
G76 X18.04 Z- 27.0 R -0.75 P974 Q400 F1.5;
```

2.6.5 技能应用练习题

1. 理论题

(1) 单选题

1) 螺纹加工时，主轴必须在（　　）指令设置下进行。

A. G96　　B. G97　　C. M05　　D. M30

2) 螺距 M40×3 的中径尺寸是（　　）mm。

A. 40　　B. 36.75　　C. 38.5　　D. 38.05

3) 在 M20-6H/6g 中，6H 表示内螺纹公差代号，6g 表示（　　）公差带代号。

A. 大径　　B. 小径　　C. 中径　　D. 外螺纹

4) 车削塑性金属材料的 M40×3 内螺纹时，*D* 孔直径约等于（　　）mm。

A. 40　　B. 38.5　　C. 8.05　　D. 37

5) 安装螺纹车刀时，刀尖应（　　）工件中心。

A. 低于　　B. 等于　　C. 高于　　D. 都可以

6) 三针测量法的量针最佳直径是使量针的（　　）与螺纹中径处牙侧面相切。

A. 直径　　B. 横截面　　C. 斜截面　　D. 四等分点

7) 螺纹联接时用双螺母防松属于（　　）。

A. 增大摩擦力　　B. 使用机械结构　　C. 冲边　　D. 黏接

8) 数控车床能进行螺纹加工，其主轴上一定安装了（　　）。

A. 测速发电机　　B. 脉冲编码器　　C. 温度控制器　　D. 光电管

9) 利用螺钉攻制 M10×1.5 的螺纹时，宜选用底孔钻头直径为________。

A. 9.5 mm　　B. 7 mm　　C. 8.5 mm　　D. 7.5 mm

(2) 判断题

1) 螺纹指令 G32 X41.0 W-43.0 F1.5 是以每分钟 1.5mm 的速度加工螺纹。（　　）

2) 车床主轴编码器的作用是防止切削螺纹时乱扣。（　　）

3) 数控车床可以车削直线、斜线、圆弧、米制和寸制螺纹、圆柱管螺纹、圆锥螺纹，但是不能车削多线螺纹。（　　）

4) 数控车削车床配备的固定循环功能主要用于钻孔、镗孔和攻螺纹等。（　　）

5) 当车削螺纹时，车刀的工作前面和后角发生变化是由于螺纹升角使切削平面和基准位置发生了变化。（　　）

6) 刃磨车削右旋丝杠的螺纹车刀时，左侧工作后角应大于右侧工作后角。（　　）

7) 编程粗、精车螺纹时，主轴转速可以改变。（　　）

8) 用螺纹加工指令 G32 加工螺纹时，一般要在螺纹两端设置进刀距离与退刀距离。（　　）

9) 外螺纹的公称直径是指螺纹大径，内螺纹的公称直径是指螺纹小径。（　　）

10) 分多层切削加工螺纹时，应尽可能平均分配每层切削的背吃刀量。（　　）

11）当进行螺纹加工时，进给量等于螺纹的导程。 （　　）

2. 操作题

1）毛坯尺寸为 ϕ36 mm × 50 mm，编制螺纹零件的加工程序，分别用 G92 和 G32 完成上述的螺纹加工操作如图 2-114 所示。

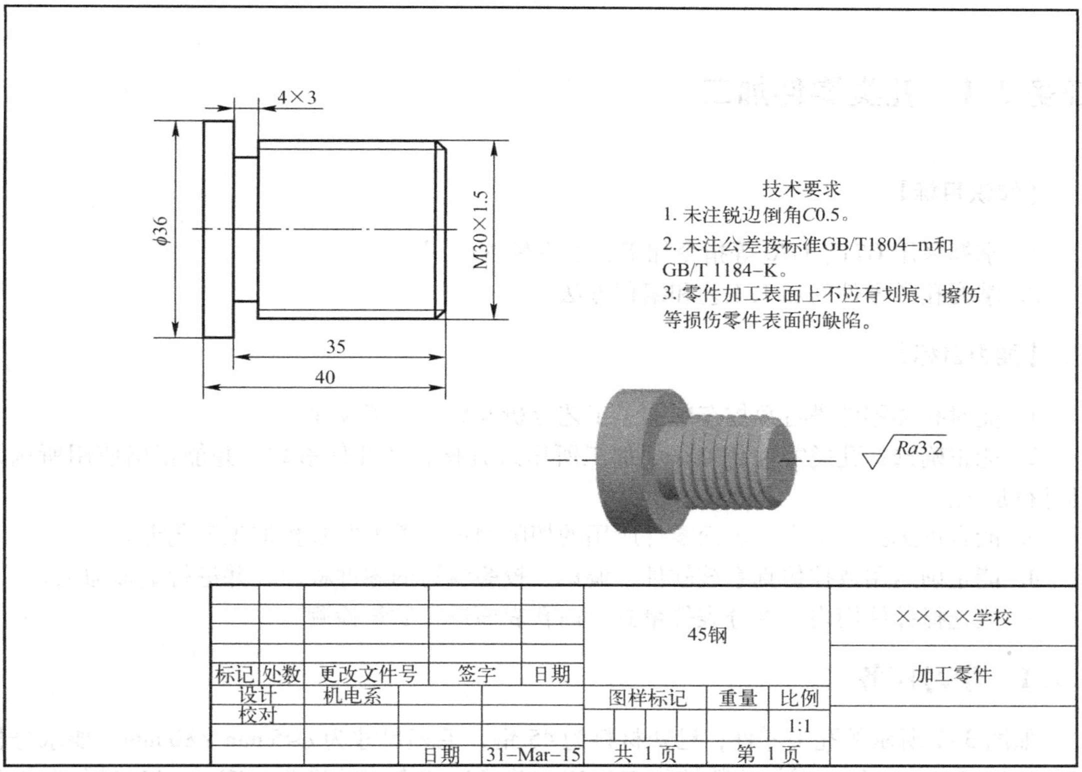

图 2-114　螺纹零件加工图

学习情境3　孔类零件编程与加工

任务3.1　孔类零件加工

【知识目标】

1. 掌握采用G71、G70等指令加工孔类零件的应用。
2. 掌握孔类零件的加工工艺和编程方法。

【能力目标】

1. 能对孔类零件进行数控车削加工工艺分析并确定加工顺序。
2. 能正确选择孔类零件数控车削加工所用刀具材料及几何参数，并能正确使用所选刀具进行加工。
3. 能合理选择加工内孔表面零件所用的切削用量，能编制数控加工工艺卡。
4. 能正确运用数控仿真系统软件，调试、校验编写的零件程序，并进行虚拟加工。
5. 能选择并使用内径百分表等量具对内孔表面进行质量检测。

3.1.1　学习任务

如图3-1所示的孔类零件，已知材料为45钢，毛坯尺寸为ϕ45 mm × 80 mm。要求分析零件的加工工艺，编写零件的数控加工程序，并通过仿真调试优化程序，最后进行零件的加工检验。

3.1.2　任务相关知识

孔加工时内表面的加工、切削情况不易观察，不但刀具的结构尺寸受到限制，而且排屑、导向和冷却润滑等问题都较为突出，是数控车削加工中难度较大的基本零件之一。

1. 孔加工刀具知识

（1）中心钻　中心钻用于加工中心孔，有三种形式：中心钻、无护锥60°复合中心钻和带护锥60°复合中心钻。为节约刀具材料，复合中心钻常制成双端的，钻沟一般制成直的。复合中心钻的工作部分由钻孔部分和锪孔部分组成，钻孔部分与麻花钻相同，有倒锥度及钻尖几何参数，锪孔部分制成60°锥度，保护锥制成120°锥度，如图3-2所示。

复合中心钻工作部分的外圆需经斜向铲磨，才能保证锪孔部分及锪孔部分与钻孔部分的过渡部分具有后角。

（2）麻花钻　麻花钻主要由工作部分和柄部组成。工作部分又分为切削部分和导向部分，如图3-3所示。

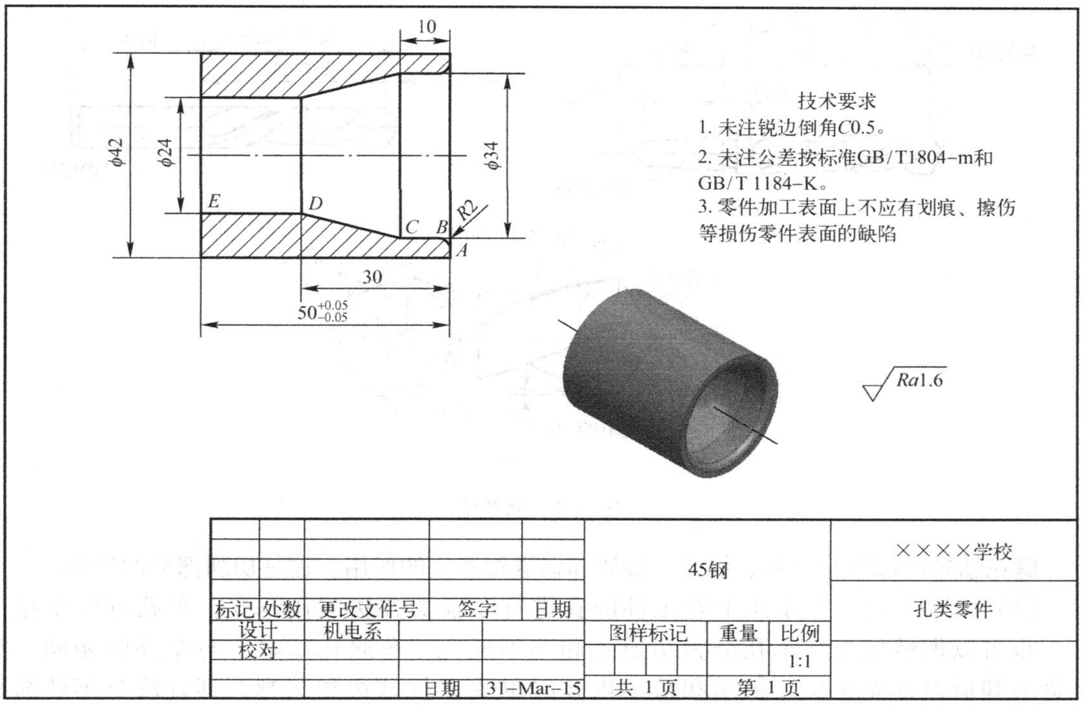

图 3–1 孔类零件

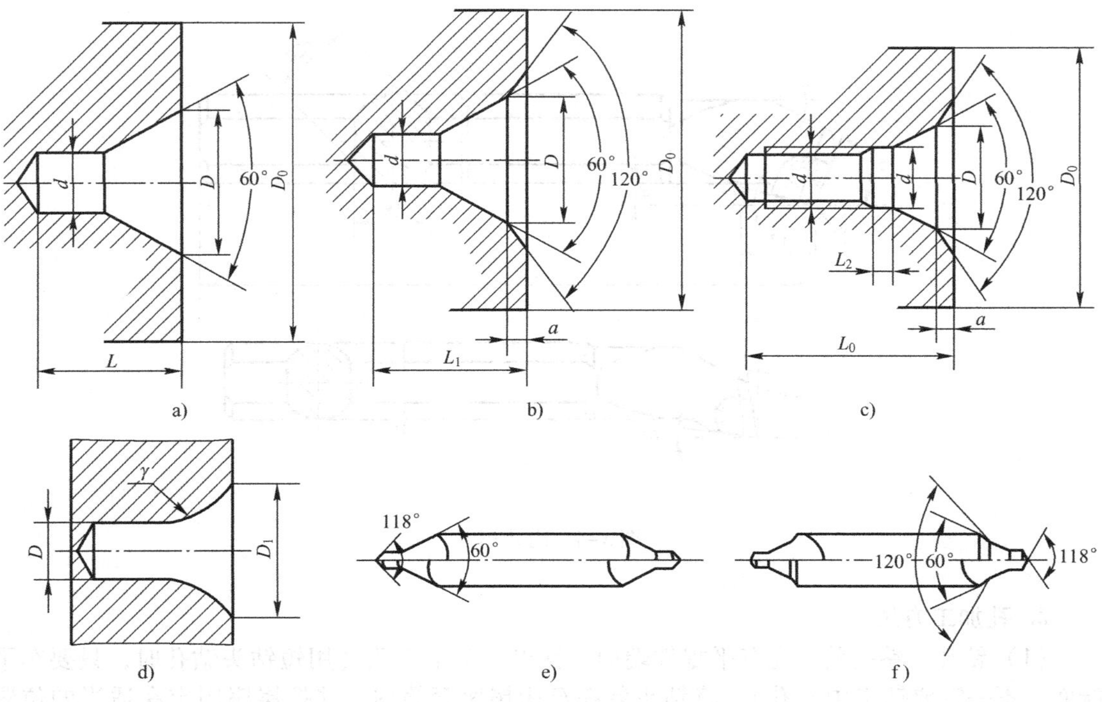

图 3–2 各类中心钻图示

a) A 型中心孔 b) B 型中心孔 c) C 型中心孔 d) R 型中心孔 e) A 型中心钻 f) B 型中心钻

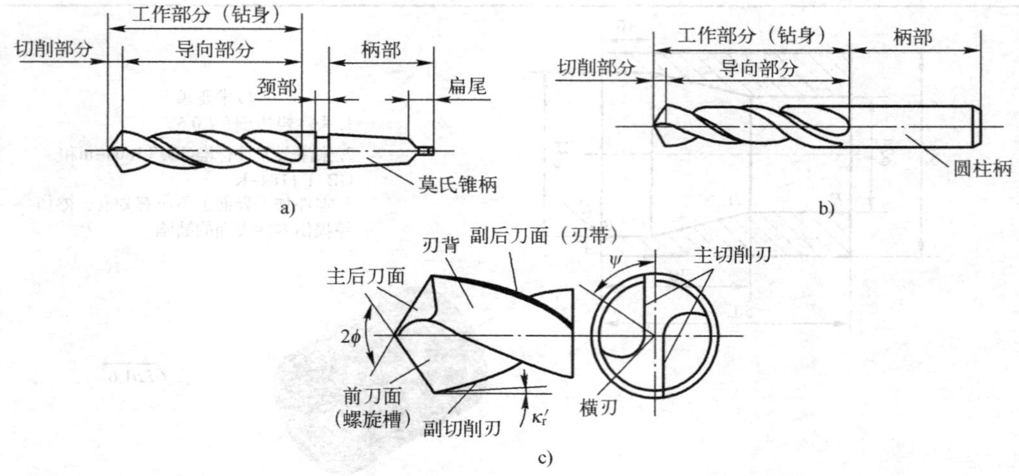

图 3-3　麻花钻

麻花钻导向部分起导向、修光、排屑和输送切削液的作用，也是切削部分的后备。

(3) 内孔车刀　在车床上对工件的孔进行车削的方法叫作车孔，车孔可以做粗加工，也可以做精加工。车孔分为车通孔和车不通孔。车通孔基本上与车外圆相同，只是进刀和退刀方向相反。粗车和精车内孔时也要进行试切和试测，其方法与车外圆相同。注意通孔车刀的主偏角为45°、－75°，不通孔车刀的主偏角为大于90°，如图 3-4 所示。

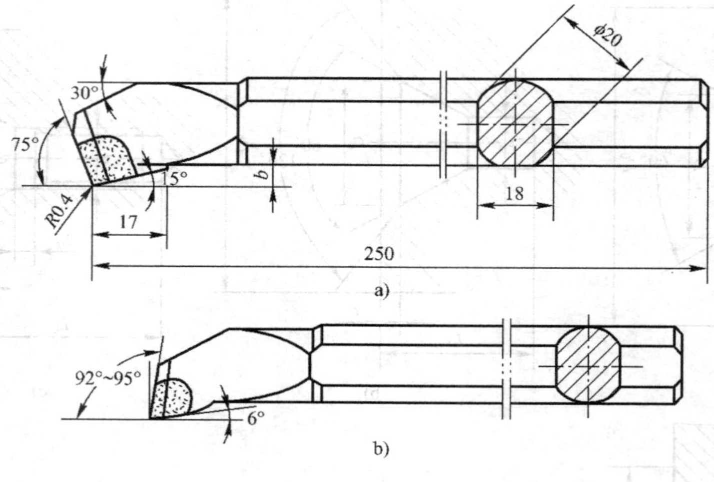

图 3-4　内孔车刀

2. 孔加工方法

(1) 钻孔　钻孔前，先车平零件端面，钻出一个中心孔（用短钻头钻孔时，只要车平端面，不一定要钻出中心孔）。将钻头装在车床尾座套筒内，并把尾座固定在适当的位置上，这时开动车床就可以用手动进刀钻孔，如图 3-5 所示。

(2) 镗孔　镗孔是把已有的孔直径扩大，达到所需的形状和尺寸。镗孔的关键在于：

图 3-5　孔的加工方法

1）尽量增加刀杆的截面面积（但不能碰到孔壁）。

2）刀杆伸出的长度尽可能缩短，即应根据孔径、孔深来选择刀杆的大小和长度。

3）控制切屑流出方向，通孔用前排屑，不通孔用后排屑。

（3）铰孔　铰孔是对较小和未淬火孔的精加工方法之一，在成批生产中已被广泛采用。铰孔之前，一般先镗孔，镗孔后留些余量，一般粗铰为 0.15 ~ 0.3 mm，精铰为 0.04 ~ 0.15 mm，余量大小直接影响铰孔的质量。

3. 编程知识

（1）指令应用　G71 指令格式（内外径粗车复合循环指令）

```
G71 U(Δd) R(e);
G71 P(ns) Q(nf) U(Δu) W(Δw) F(f) S(s) T(t);
G70 指令格式
G70 P(ns) Q(nf);
```

前面已经学过 G71 和 G70 指令，所不同的是加工外圆和内孔的区别，加工外圆时，G71 中的 Δu 为正值，远离工件的中心，而加工内孔时，Δu 为负值，靠近工件的中心，这一点需要进行区别。

3.1.3　任务实施

1. 任务工艺分析

（1）零件图分析　该零件由两处内圆（ϕ24、ϕ34）、一处圆锥、一段圆弧（$R2$）组成。经计算各基点的坐标从右到左依次为 A（38，0）、B（34，-2）、C（34，-10）、D（24，-30）、E（24，-50），如图 3-1 所示。编程原点设置在工件右端面的中心。

（2）确定装夹方案　该零件为轴套类零件，轴心线为工艺基准。将工件外圆车至 ϕ42 mm，长度留 2 mm 余量，采用两次装夹完成整个零件加工。

（3）确定加工顺序及加工路线

1）加工顺序。按先主后次、先粗后精、先内后外的加工原则确定加工路线。

① 装夹 ϕ45 mm 外圆，伸出长度为 60 mm，找正，手动车削端面。

② 粗精加工 ϕ42 mm 外圆，所加工长度为 58 mm。

③ 手工钻孔，先用中心钻定位，然后用 $\phi16\sim\phi18$ mm 的钻头钻孔，最后用 $\phi20$ mm 的钻头扩孔，长度为 60 mm。

④ 切断，长度控制在 51 ~ 52 mm。

⑤ 装夹 $\phi42$ mm 外圆，露出端为切断一端，伸出长度为 10 ~ 15 mm，车端面，内孔车刀完成 Z 向对刀，控制总长为 50 mm。

⑥ 采用 G71、G70 指令完成内孔粗精加工。

2）加工路线：加工路线如图 3-6 所示。

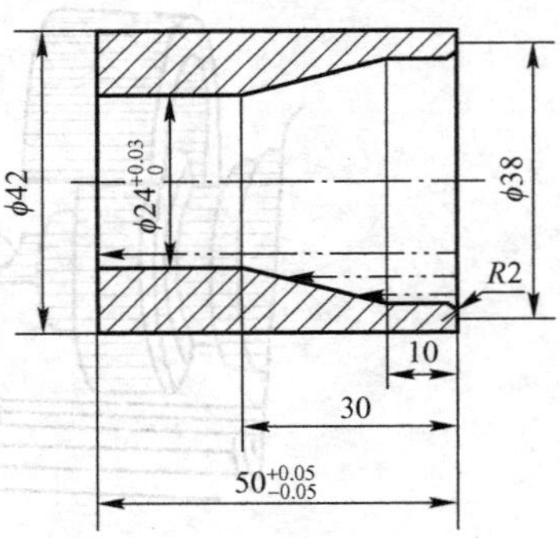

图 3-6 加工路线

（4）刀具的选择见表 3-1

表 3-1 刀具卡

产品名称或代号				零件名称	孔类零件	零件图号	图 3-1
序号	刀具号	刀具名称及规格	刀具材料	数量	加工表面	刀尖半径/mm	备注
1	T0101	93°外圆车刀	硬质合金	1	车端面、粗车外圆轮廓	0.2	
2	T0202	内孔车刀	硬质合金	1	加工内孔	0.2	
3		A 型中心钻	高速钢	1	钻中心孔		
4		$\phi16\sim18$ mm 钻头	高速钢	1	钻孔		
5		$\phi20$ mm 钻头	高速钢	1	扩孔		
6	T0303	切断刀	硬质合金	1	切断	$B=4$ mm	

（5）切削用量参数的选择（见表 3-2）

表 3-2 工序卡

数控加工工序卡	产品型号		零件图号	图 3-1
	产品名称		零件名称	孔类零件
材料牌号	45	毛坯种类	棒料	毛坯尺寸/mm	$\phi45\times80$	备注	

工序号	工序名称	设备名称	设备型号	程序编号	夹具代号	夹具名称	切削液	车间
2	车	数控车床	CK6140	O0001	1	自定心卡盘	油基切削液	数控车间

工步	工步内容	刀具号	刀具	量具及检具	主轴转速/(r/min)	进给速度/(mm/r)	背吃刀量/mm	备注
1	安装零件，夹持 15 mm							
2	车端面	T0101	93°车刀	游标卡尺、外径千分尺	800	0.2	0.5	手动
3	粗车外圆 $\phi42$ mm，留 1 mm 余量	T0101	93°车刀	游标卡尺、外径千分尺	800	0.2	0.5	自动
4	精车外圆 $\phi42$ mm × 58 mm	T0101	93°车刀	游标卡尺、外径千分尺	800	0.2	0.5	自动
5	切断 $\phi42$ mm × 52 mm	T0303	切断刀		400	0.05		手动

（续）

工步	工步内容	刀具号	刀具	量具及检具	主轴转速/(r/min)	进给速度/(mm/r)	背吃刀量/mm	备注
6	装夹 ϕ42 mm 外圆，切断面留在外面，伸出长度为 10 ~ 15 mm							自动
7	车端面，控制总长为 50 mm	T0101	93°车刀	游标卡尺、外径千分尺	800	0.2	0.5	手动
8	钻中心孔		中心钻		1000			手动
9	钻 ϕ18 mm 孔		钻头	游标卡尺、内径千分尺	400			手动
10	钻 ϕ20 mm 孔		钻头	游标卡尺、内径千分尺	400			手动
11	粗车各内孔，直径方向留 0.5 mm 余量	T0202	内孔车刀	游标卡尺、内径千分尺	500	0.2	1	自动
12	精车各内孔至尺寸	T0202	内孔车刀	游标卡尺、内径千分尺	1000	0.08	0.25	自动
13	去毛刺							手动
编制		审核				共 1 页	第 1 页	

2. 编制加工程序

毛坯尺寸为 ϕ45 mm × 80 mm，编制的程序见表 3-3 和表 3-4。

3. 仿真加工

使用数控加工仿真软件对加工程序进行检验，正确进行数控加工仿真的操作，完成零件的仿真加工。

1）孔仿真加工时仿真软件不能控制孔的总长，只能通过边测量边控制尾座移动钻头的方法来控制孔的长度，尺寸精度不高。

2）根据需要可以定义“U”形孔，也可以定义通孔。

表 3-3 外圆加工程序

零件图号	图 3-1	零件名称	孔类零件	编程原点	
程序号	O0001	数控系统	FANUC 0i	编制	

程序内容：粗精车外圆	简要说明
O0001	
N10 G21 G40 G97 G99；	程序初始化
N11 M03 S800 T0101 F0.2；	主轴正转，调用一号刀
N20 X47. Z2.；	刀具定位
N30 G90 X43. Z-58. F0.2；	粗车外圆
N40 M03 S1000；	
N50 G90 X42. Z-58. F0.08；	精车外圆
N60 G00 X100.；	
N70 Z100.；	
N80 M05；	主轴停转
N90 M30；	程序结束

表 3-4　内孔加工程序

零件图号	图 3-1	零件名称	孔类零件	编程原点	
程序号	O0002	数控系统	FANUC 0i	编　制	
程序内容：粗精车内孔			简要说明		
O0002；					
N10 G21 G40 G97 G99；			程序初始化		
N11 M03 S400 T0303；			主轴正转，调用一号刀		
N20 X19. Z2.；			刀具定位		
N30 G71 U1. R0.3；			粗车内孔		
N40 G71 P50 Q110 U-0.5 W0 F0.15；					
N50 G0 G41 X38.；					
N60 G01 Z0. F0.08 S800；					
N70 G02 X34. Z-2. R2.；					
N80 G01 Z-10.；					
N90 X24.015 Z-30.；					
N100 Z-53.；					
N110 G0 G40 X19.；					
N120 Z100.；					
N130 G0 X19. Z2.；					
N140 G70 P50 Q110；			精车内孔		
N150 G0 Z100.；					
N160 M05；			主轴停转		
N170 M30；			程序结束		

4. 车间实际加工

通过仿真加工，确定零件程序的正确性后，在实训车间对该零件进行实际操作加工。

实际加工时，内孔车刀在安装过程中需要注意以下几点：

1）当内孔车刀安装时，刀尖应对准工件中心或略高一些，这样可以避免内孔车刀受到切削压力下弯产生扎刀现象，而把孔车大。

2）车刀的刀杆应与工件轴心平行，否则车到一定深度后，会导致内孔形成一定锥度，严重时会使刀杆后半部分与工件孔壁相碰。

3）为了增加车刀刚性，防止振动，刀杆伸出长度尽可能短一些，一般比工件孔深长 5～10 mm。

4）为了确保车孔安全，尤其是通孔，通常在车孔前把内孔车刀在孔内试走一遍，以验证刀具与工件是否干涉，这样才能保证车孔顺利进行。

5）当钻孔时，一般把刀架移动到卡盘附近，钻孔结束后再把刀架移动到安全位置后方可执行模拟加工，因为模拟加工时会有换刀动作，避免孔刀具与卡盘相碰。

6）钻孔结束后尾座一定移动到车床尾部，避免回参考点时刀架与尾座相碰。

5. 零件检测及评价

1）利用游标卡尺、外径千分尺、内径百分表、表面粗糙度工艺样板等量具测量工件，学生对自己加工的零件进行检测，包括尺寸精度的检测和零件加工质量的检测。

内径百分表的使用方法如下：

① 安装与校正：在内径百分表测量杆上安装表头时，百分表的测头和测量杆的接触量一般为0.5 mm左右；安装测量杆上的固定测头时，其伸出长度可以调节，一般比测量孔径大0.2 mm左右（可以用卡尺测量）；安装完毕后用外径千分尺来校正零位。

② 使用与测量方法：内径百分表是比较精密的量具，因此测量时先用卡尺控制孔径尺寸，留余量0.3～0.5 mm时再使用内径百分表；否则余量太大易损坏内径百分表。测量时要注意百分表的读法。测量时内径百分表上下摆动取最小值，如图3-7所示。

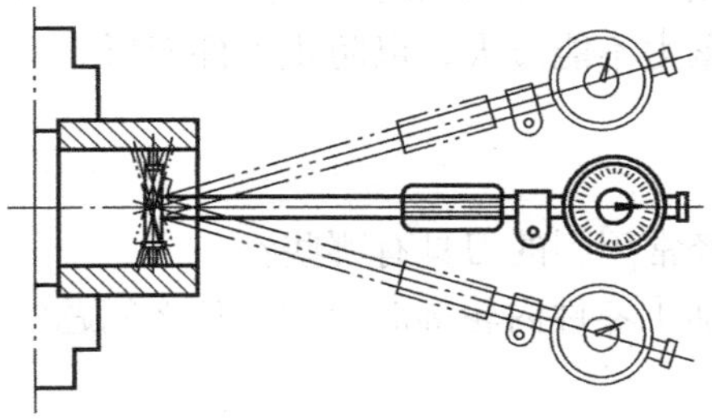

图3-7　内径百分表

2）教师对学生加工的零件进行检测，并做出点评，见表3-5。

表3-5　评分表

加工开始时间：			加工结束时间：		加工时间：	
检测项目		技术要求	配分	评分标准	检测结果	得分
外圆（5）	1	外圆尺寸 $\phi42$ mm	5	超差无分		
内孔（20）	2	内孔尺寸 $\phi24$ mm	10	超差无分		
内孔（20）	3	内孔尺寸34 mm	10	超差无分		
圆弧（5）	4	圆弧 $R2$ mm	5			
长度（15）	5	10 mm	5	超差0.1 mm无分		
长度（15）	6	30 mm	5	超差0.1 mm无分		
长度（15）	7	50 mm	5	超差0.05 mm以上无分		
程序（15）	8	程序正确、合理	15	出错一次扣1分		
工艺（10）	9	切削用量选择合理	5	出错一次扣1分		
工艺（10）	10	加工工艺制定合理	5	出错一次扣1分		
仿真操作（10）	11	车床操作规范	5	出错一次扣1分		
仿真操作（10）	12	刀具、工件装夹正确	5	出错一次扣1分		
安全生产（20）	13	安全操作车床	10	出错一次扣1分		
安全生产（20）	14	工具、量具摆放整齐	5	出错一次扣1分		
安全生产（20）	15	车床整理	5	出错一次扣1分		
总配分			100	总得分		
停工原因					加工日期 年　月　日	

3.1.4 技能应用练习题

1. 理论题

（1）判断题

1）手动钻中心孔时，进给量要均匀，以防止中心钻及麻花钻折断。（ ）

2）车内轮廓刀具进给方向、刀具磨损补偿值等均与车外轮廓相反。（ ）

3）工件调头，加工左侧外圆及左侧面时，刀具应重新对刀。（ ）

4）对于薄壁孔零件夹紧力不能过大，以防止工件变形。（ ）

（2）问答题

1）孔的类型有哪些？

2）加工孔类零件可能经常用到的刀具有哪些？

3）G71 和 G73 指令在加工零件内轮廓时应注意什么问题？

2. 操作题

1）毛坯为 ϕ45 mm 的棒料，材料为 45 钢，要求完成零件的数控加工，车削尺寸至图 3-8 所示要求。

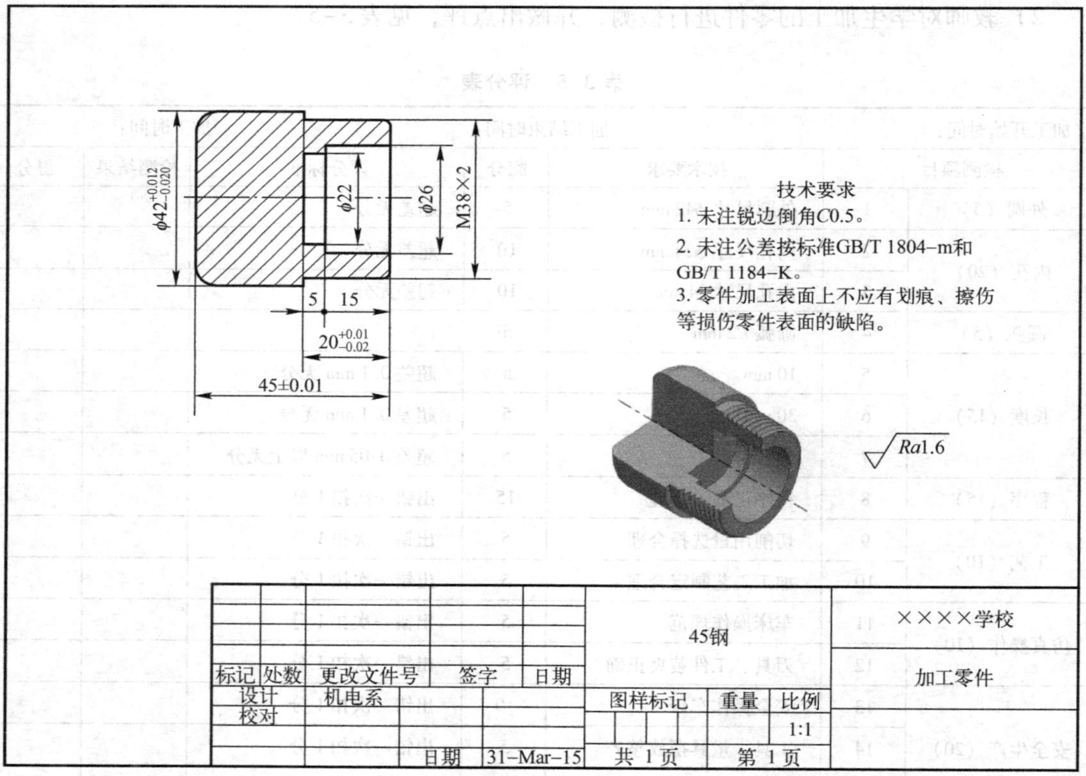

图 3-8 零件加工图（一）

2）毛坯为 ϕ30 mm × 80 mm 的棒料，材料为 45 钢，要求完成零件的数控加工，车削尺寸至图 3-9 所示要求。

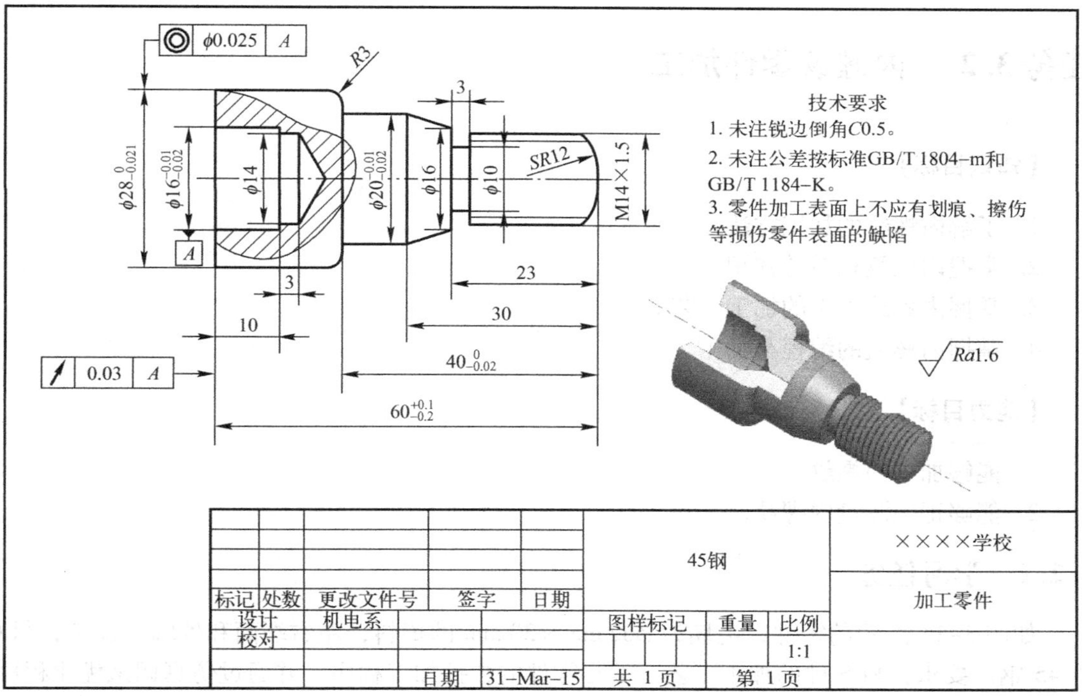

图 3–9　零件加工图（二）

3）毛坯为 $\phi30$ mm × 65 mm 的棒料，材料为 45 钢，要求完成零件的数控加工，车削尺寸至图 3–10 所示要求。

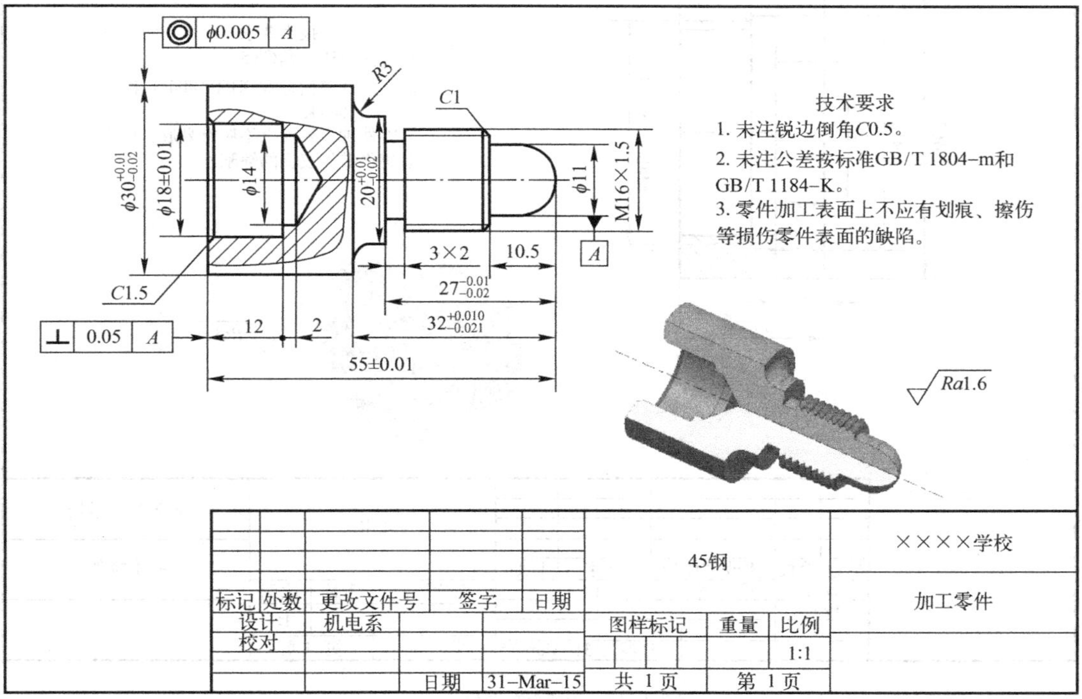

图 3–10　零件加工图（三）

任务 3.2　内螺纹零件加工

【知识目标】

1. 了解内螺纹的加工方法。
2. 掌握内螺纹相关的知识。
3. 掌握内螺纹加工的加工工艺。
4. 掌握内螺纹的编程与加工。

【能力目标】

1. 能够加工内螺纹。
2. 能够正确测量内螺纹。

3.2.1　学习任务

如图 3-11 所示的零件，毛坯为 ϕ62 mm × 30 mm 的棒料，左右端面和外圆已加工，材料为 45 钢。要求分析零件的加工工艺，编写零件的数控加工程序，并通过仿真调试优化程序，最后进行零件的加工检验。

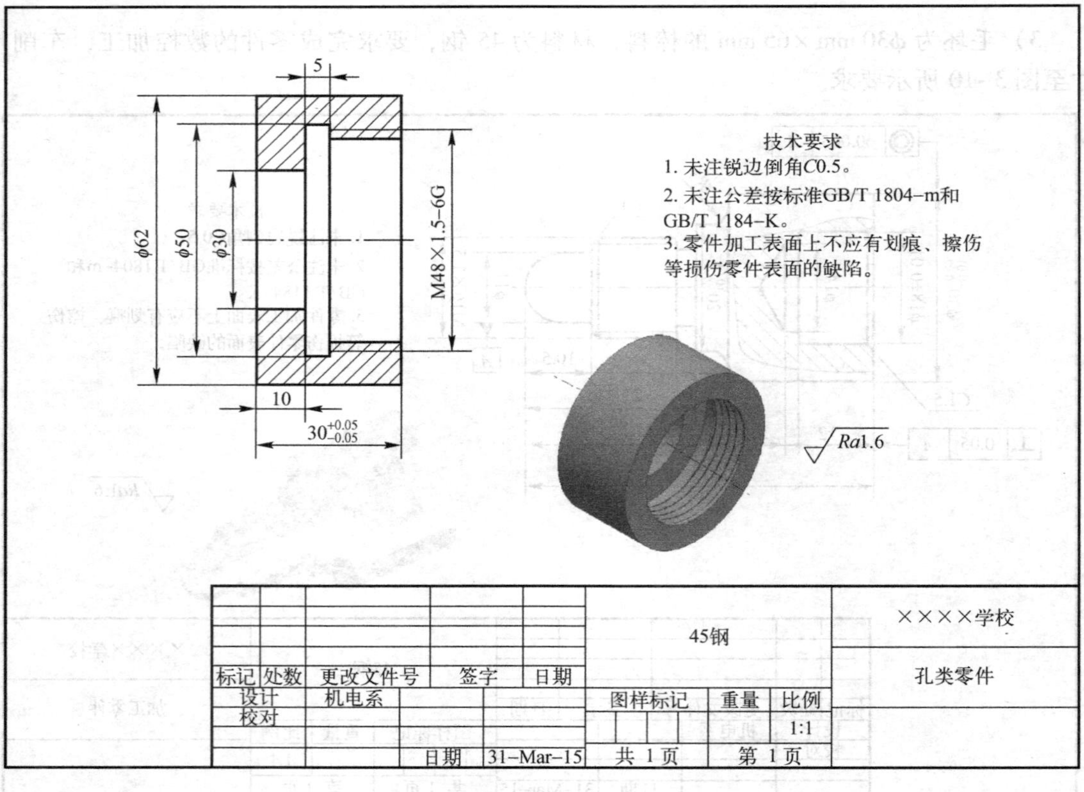

图 3-11　内螺纹零件（一）

3.2.2 任务相关知识

1. 在车床上攻螺纹

攻螺纹是用丝锥切削内螺纹的一种加工方法，又叫作攻丝。“丝锥”是用高速钢制成的一种成形多刃刀具，可以加工车刀无法车削的小直径内螺纹，而且操作方便，生产率高，工件互换性好。

单件、小批生产中，可以用手用丝锥手工攻螺纹；当批量较大时，则应在车床、钻床或攻丝机上用机用丝锥加工。攻螺纹通常适合于一些较小的螺纹孔加工，可达到的精度等级为 6～7 级，表面粗糙度值为 *Ra*1.6～6.3 μm。

1）丝锥的结构。丝锥上开 3～4 条容屑槽，这些容屑槽形成了切削刃和前角，如图 3-12 所示。

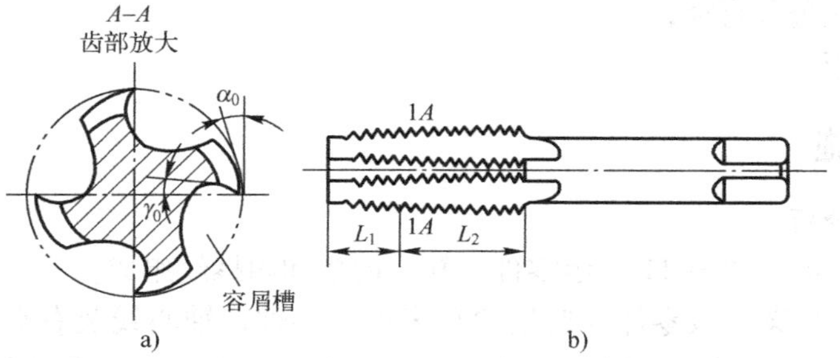

图 3-12　丝锥结构图

2）攻螺纹时，应在工件上待加工螺纹处预钻底孔后，才能进行，如图 3-13 所示。

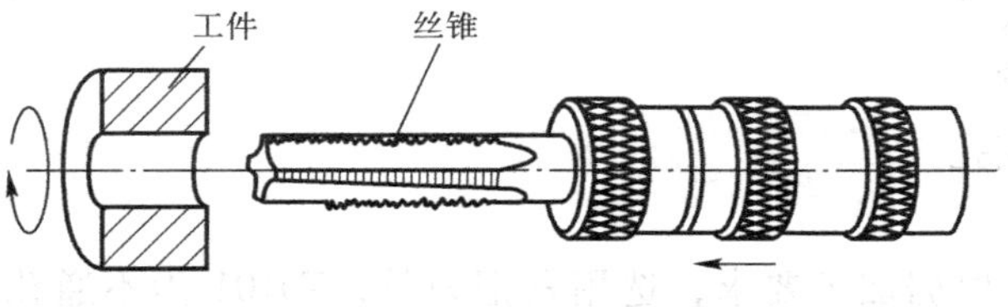

图 3-13　用丝锥攻螺纹

2. 车削内螺纹

车削内螺纹是在车床上采用成形车刀或螺纹梳刀加工出内螺纹的方法。车削内螺纹和内螺纹车刀如图 3-14 和图 3-15 所示。车削内螺纹通常适合较大螺纹孔的加工，可达到的精度等级为 4～8 级，表面粗糙度值为 *Ra*0.4～1.6 μm。

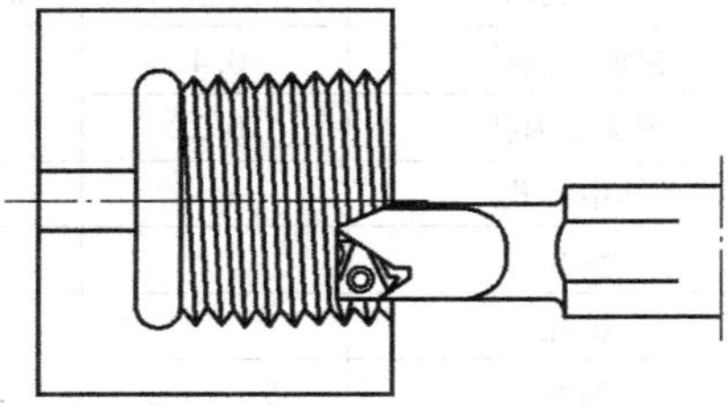

图 3-14　车削内螺纹

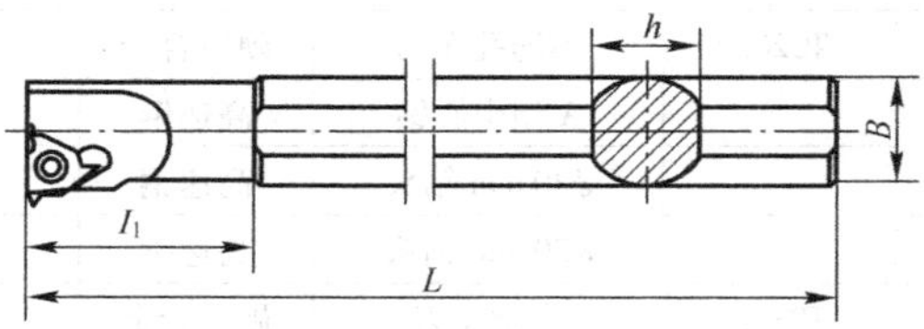

图 3-15　内螺纹车刀

内螺纹的加工与外螺纹的加工方法基本相同，但进、退刀方向相反。车内螺纹时由于刀杆细长、刚性差、切屑不易排出、切削液不易注入及不便于观察等原因，因此比车削外螺纹要困难得多。

车削内螺纹时，由于受车刀挤压会使螺纹内孔直径缩小，所以车削内螺纹前的孔径要比内螺纹小径略大些，可采用下列近似公式计算：

$$D_{孔}=D_{顶}=D_{大}=d-P \quad （塑性金属）$$

$$D_{孔}=D_{顶}=D_{小}=d-1.05P \quad （脆性金属）$$

$$D_{底}=D_{大}=d$$

式中 $D_{底}$——螺纹底径；

$D_{顶}$——螺纹顶径；

$D_{孔}$——车螺纹前的孔径；

d——螺纹公称直径；

P——螺距。

3.2.3 任务实施

1. 任务工艺分析

（1）零件图分析　图 3-11 所示零件由孔、内槽和内螺纹组成。

（2）确定装夹方案　该零件为典型的车床加工零件，轴心线及右端面为工艺基准，用三爪及工件右端面定位工件，用自定心卡盘夹持外圆，一次装夹完成所有加工。

（3）加工工艺路线设计

① 手动钻中心孔及 ϕ30 mm 孔。

② 粗加工螺纹底孔。

③ 切螺纹退刀槽。

④ 精加工螺纹底孔。

⑤ 车螺纹。

（4）刀具选择　根据加工要求，选用六把刀具，T0101 为不通孔车刀，粗加工 M48×1.5-6G 螺纹底孔；T0202 为精加工 M48×1.5-6G 螺纹底孔用不通孔车刀；T0303 为内槽车刀，刀宽为 5 mm；T0404 为 60°内螺纹车刀；另外配中心钻，钻中心孔；配 ϕ30 mm 的钻头，具体见表 3-6。

表 3-6　刀具卡

产品名称或代号				零件名称	内螺纹零件	零件图号	图 3-11
序号	刀具号	刀具名称及规格	刀具材料	数量	加工表面	刀尖半径/mm	备注
1	T0101	不通孔车刀	硬质合金	1	粗加工内孔	0.4	
2	T0202	不通孔车刀	硬质合金	1	精加工内孔	0.2	
3		A 型中心钻	高速钢	1	钻中心孔		
4		ϕ20 mm 钻头	高速钢	1	钻孔		
5		ϕ30 mm 钻头	高速钢	1	扩孔		
6	T0303	内槽车刀	硬质合金	1	切断	$B=5$ mm	
7	T0404	60°内螺纹车刀	硬质合金	1	加工内螺纹		

（5）填写工艺卡（见表 3-7）

表 3-7　工序卡

数控加工工序卡				产品型号		零件图号	图 3-11	
				产品名称		零件名称	内螺纹零件	
材料牌号	45	毛坯种类	棒料	毛坯尺寸/mm	$\phi62\times30$	备注		
工序号	工序名称	设备名称	设备型号	程序编号	夹具代号	夹具名称	切削液	车间
2	车	数控车床	CK6140	O0001	1	自定心卡盘	油基切削液	数控车间
工步	工步内容	刀具号	刀具	量具及检具	主轴转速/(r/min)	进给速度/(mm/r)	背吃刀量/mm	备注
1	安装零件，夹持 20 mm							
2	钻中心孔		中心钻		1000	0.1		手动
3	钻 $\phi20$ mm 孔		钻头	游标卡尺、内径千分尺	400	0.08		手动
4	钻 $\phi30$ mm 孔		钻头	游标卡尺、内径千分尺	400	0.08		手动
5	粗车各内孔，直径方向留 0.5 mm 余量	T0101	不通孔车刀	游标卡尺、内径千分尺	500	0.2	1	自动
6	精车各内孔至尺寸	T0202	不通孔车刀	游标卡尺、内径千分尺	1000	0.08	0.25	自动
7	车内槽	T0303	内槽车刀	游标卡尺、内径千分尺	400			自动
8	车内螺纹	T0404	内螺纹车刀	螺纹塞规	500			自动
9	去毛刺							手动
编制		审核				共 1 页	第 1 页	

2. 程序编制

1）数值计算。螺纹大径（螺纹底径）：

$$D_{大}=D_{底}=d=48\ \text{mm}$$

车内螺纹前的孔径，毛坯材料为 45 钢，为塑性金属，故 $D_{孔}=d-P=48\ \text{mm}-1.5\ \text{mm}=46.5\ \text{mm}$。

2）编制程序。工件原点设在零件的右端面，程序见表 3-8。

表 3-8　内螺纹加工参考程序

零件图号	图 3-11	零件名称	内螺纹零件	编程原点	
程序号	O0001	数控系统	FANUC 0i	编制	
程序内容：车内螺纹			简要说明		
O0001;					
N10　G40 G21 G99 G97;					
N20　M03 S600 T0101;			主轴正转，调用一号刀		

（续）

程序内容：车内螺纹	简 要 说 明
N30　M08；	切削液开
N40　G00　X28.0　Z2.0；	快速定位
N50　G90　X34.0　Z－18.0　F0.2；	粗加工 M48×1.5－6G 螺纹底孔
N60　X36.0；	
N70　X38.0；	
N80　X40.0；	
N90　X42.0；	
N100　X44.0；	
N110　X46.0；	
N120　G00　X100.0　Z100.0；	回换刀点
N130　T0303；	换内槽车刀
N140　G00　X28.0　Z2.0　S400；	
N150　Z－20.0；	
N160　G01　X50.0　F0.2；	切螺纹退刀槽
N170　G00　X28.0；	退刀
N180　Z2.0；	回起刀点
N190　X100.0　Z100.0；	回换刀点
N200　T0202；	换精加工用不通孔车刀
N210　G00　X46.5　Z2.0　S800；	
N220　G90　X46.5　Z－16.0　F0.1；	精加工 M48×1.5－6G 螺纹底孔
N230　G00　X100.0　Z100.0；	回换刀点
N240　T0404；	换内螺纹车刀
N250　G00　X45.0　Z3.0　S200；	
N260　G92　X47.1　Z－16.5　F1.5；	车削内螺纹
N270　X47.8　Z－16.5　F1.5；	
N280　X48.0　Z－16.5　F1.5；	
N290　X48.0；	光整加工一次
N300　G00　X100.0　Z100.0；	回换刀点
N310　M09　M05；	切削液关，主轴停止
N320　M30；	程序结束

3. 仿真加工

使用数控加工仿真软件对加工程序进行检验，正确进行数控加工仿真的操作，完成零件的仿真加工。

1）内螺纹车刀对刀时一定要考虑到刀柄的半径和孔的直径，孔过小在仿真对刀时也会发生干涉。

2）内螺纹加工时应选择透明视图的方式观察加工过程。

4. 车间实际加工

通过仿真加工，确定零件程序的正确性后，在实训车间对该零件进行实际操作加工。

安装螺纹车刀的注意事项如下：

1）车刀刀尖必须与零件轴线等高（用弹性刀杆应略高于轴线，约高 0.2 mm）。

2）车刀刀尖角平分线必须垂直于零件轴线，以免产生螺纹半角误差。

3）刀头伸出不要过长，一般为 20～25 mm（约为刀杆厚度的 1.5 倍）。

5. 零件检测及评价

用螺纹工作量规（通规和止规）检验内螺纹，它们对应的检验项目如下：

1）通端螺纹工作塞规（T）。通端螺纹工作塞规主要用来检验内螺纹的作用中径（D_2作用），其次是控制内螺纹大径下极限尺寸（D_{min}），也是综合检验。因此通端螺纹工作塞规应有完整的牙型，其长度等于被检螺纹的旋合长度。合格的内螺纹都应被通端螺纹工作塞规顺利地旋入，这样就保证了内螺纹的作用中径及内螺纹的大径不小于它们的下极限尺寸。

2）止端螺纹工作塞规（Z）。止端螺纹工作塞规用来检验内螺纹一个参数，即单一中径。为了尽量减小螺距误差和牙型半角误差的影响，止端螺纹工作塞规缩短到 2 ~ 3.5 牙，并做成截短的不完整的牙型。合格的内螺纹不完全通过止端螺纹工作塞规，但仍允许旋合一部分，允许与工件内螺纹两端的螺纹部分旋合，旋合量应不超过两个螺距；对于三个或少于三个螺距的工件内螺纹，不应完全旋合通过。

3）教师对学生加工的零件进行检测，并做出点评，见表 3-9。

表 3-9　评分表

加工开始时间：			加工结束时间：		加工时间：	
检测项目		技术要求	配分	评分标准	检测结果	得分
外圆（5）	1	外圆尺寸 ϕ62 mm	5	超差 0.05 mm 以上无分		
内孔（5）	2	内孔尺寸 ϕ30 mm	5	超差 0.05 mm 以上无分		
内沟槽（10）	3	槽底尺寸 ϕ50 mm	5	超差无分		
	4	槽宽尺寸 5 mm	5	超差无分		
螺纹（15）	5	螺纹小径尺寸 ϕ46.5 mm	5	超差无分		
	6	螺纹大径尺寸 ϕ48 mm	5	超差无分		
	7	螺距 1.5	5	超差无分		
长度（10）	8	10 mm	5	超差 0.05 mm 以上无分		
	9	30 mm	5	超差 0.05 mm 以上无分		
程序（15）	10	程序正确、合理	15	出错一次扣 1 分		
工艺（10）	11	切削用量选择合理	5	出错一次扣 1 分		
	12	加工工艺制定合理	5	出错一次扣 1 分		
仿真操作（10）	13	车床操作规范	5	出错一次扣 1 分		
	14	刀具、工件装夹正确	5	出错一次扣 1 分		
安全生产（20）	15	安全操作车床	10	出错一次扣 1 分		
	16	工具、量具摆放整齐	5	出错一次扣 1 分		
	17	车床整理	5	出错一次扣 1 分		
总配分			100	总得分		
停工原因					加工日期 年　月　日	

3.2.4　技能应用练习题

毛坯为 ϕ50 mm × 100 mm 的棒料，材料为 45 钢，要求完成零件的数控加工，车削尺寸至图 3-16 所示要求。

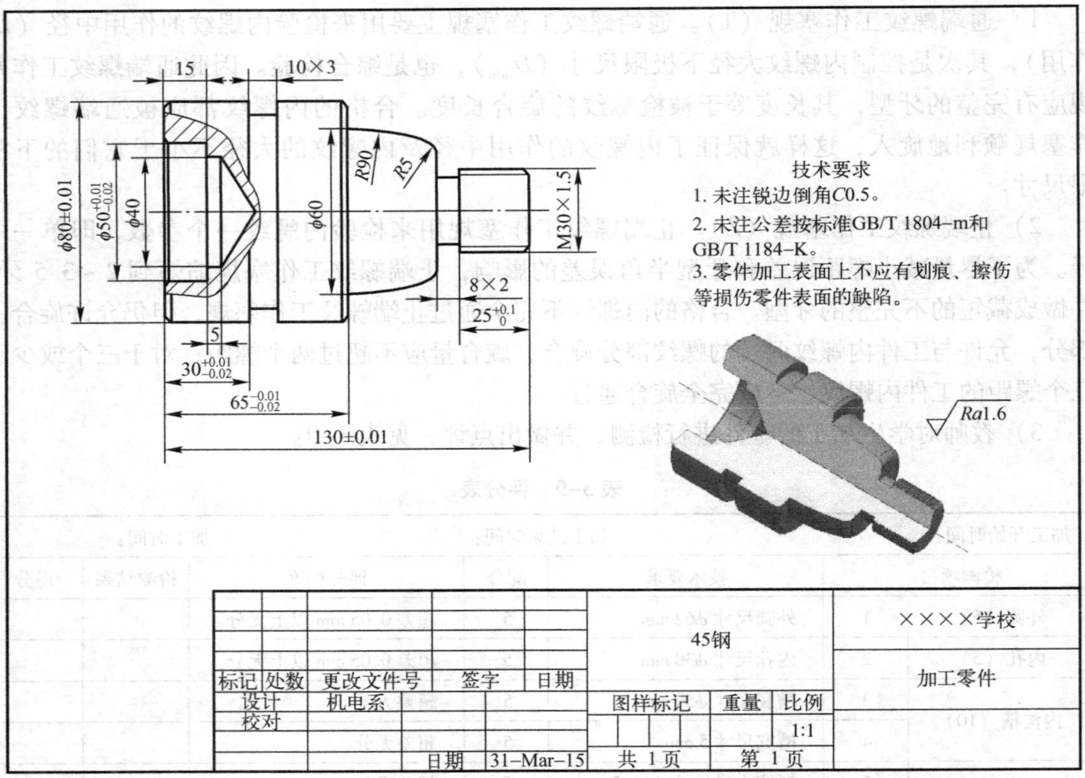
15
10×3
R90
R5
ϕ80±0.01
ϕ50+0.01 −0.02
ϕ40
ϕ60
M30×1.5
8×2
25+0.1 0
5
30+0.01 −0.02
65−0.01 −0.02
130±0.01
技术要求
1. 未注锐边倒角C0.5。
2. 未注公差按标准GB/T 1804−m和GB/T 1184−K。
3. 零件加工表面上不应有划痕、擦伤等损伤零件表面的缺陷。
Ra1.6
45钢
××××学校
加工零件
标记 处数 更改文件号 签字 日期
设计 机电系
校对
图样标记 重量 比例
1:1
日期 31−Mar−15
共 1 页 第 1 页

图 3−16　内螺纹零件（二）

学习情境4　复杂轴类零件编程与加工

任务4.1　综合轴零件加工

【知识目标】

1. 掌握综合轴零件的结构特点、加工工艺特点和工艺性能。
2. 掌握数控系统的各种编程指令的应用。

【能力目标】

1. 能分析综合轴零件的结构特点、特殊加工要求，理解加工技术要求。
2. 会分析综合轴零件的工艺性能，能正确选择设备、刀具、夹具与切削用量，能编制数控加工工艺卡。
3. 能正确运用数控系统仿真软件，调试、校验编写的零件程序，并虚拟加工。

4.1.1　学习任务

图4-1所示零件毛坯尺寸为ϕ34 mm的棒料，材料为45钢，无热处理和硬度要求。要求对零件进行数控加工工序卡的编制，并进行数控车削加工工艺分析，进行程序编制、加工。

4.1.2　任务相关知识

综合轴零件包含了简单阶梯轴、圆弧、锥度面、槽和螺纹等特征面，为工艺分析和编程提供了综合训练。

1. 加工工艺知识

制定工艺是数控车削加工的前期工艺准备工作，工艺制定得合理与否，对程序编制、车床的加工效率和零件的加工精度都有重要的影响。因此，应遵循一般的工艺原则，并结合数控车床的特点，认真而详细地制定好零件的数控车削加工工艺。其主要内容有：分析零件图样、确定工件在车床上的装夹方式、各表面的加工顺序、刀具和切削用量的选择等。

（1）零件图工艺分析　分析零件图是工艺制定中的首要工作，它主要包括以下内容：

1）零件轮廓几何要素的分析。在手工编程时，要计算每个基点坐标；在自动编程时，要对构成零件轮廓的所有几何元素进行定义，因此在分析零件图时，要分析几何元素的给定条件是否充分。由于设计等多方面的原因，可能在图形上出现构成加工零件轮廓的条件不充分，尺寸模糊不清且有缺陷，增加了编程工作的难度，有的甚至无法编程。总之，图样上给定的尺寸要完整，且不能自相矛盾，所确定的加工零件轮廓应是唯一的。

2）零件的加工精度及技术要求分析。对被加工零件的精度及技术要求进行分析，是零件工艺性能分析的重要内容。只有在分析零件尺寸精度和表面质量的基础上，才能对加工方

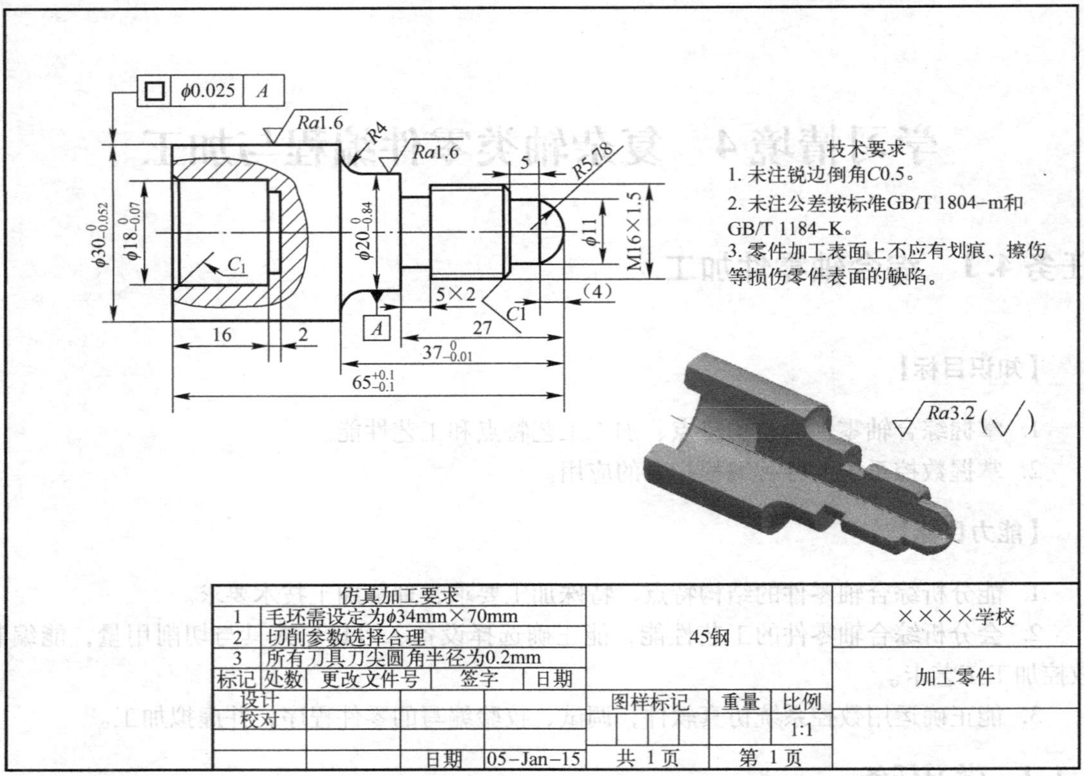

图 4-1　综合轴零件

法、装夹方式、刀具及切削用量进行正确而合理的选择。零件的加工精度及技术要求分析主要内容如下：

① 分析本工序的数控车削加工精度能否达到图样要求，若达不到，需采取其他措施（如磨削）弥补时，则应给后续工序留有一定余量；在车床加工零件的尺寸精度能达到 IT7～IT11，如利用特殊材料的刀具（如金刚石车刀）能达到 IT5，表面粗糙度值能达到 *Ra*0.4 μm，尺寸精度通常采用试切的方法来获得，即通过试切—测量—输入刀补这样一个过程。刀具的精度和操作者的技术水平都能影响零件的尺寸精度。

② 分析图样上有位置精度要求的表面，这些表面应在一次装夹中完成；当不能在一次装夹中完成时，需要采用找正方法。当零件的位置精度要求很高时，可以采用一些辅助夹具等，如图 4-2 所示。

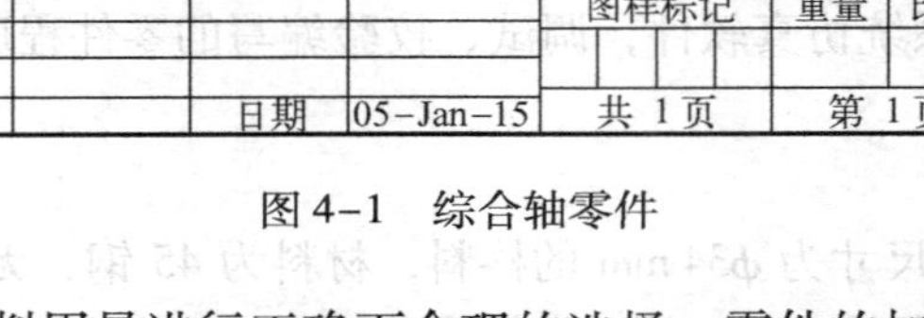

图 4-2　轴类零件

此零件是一个轴类零件，两端 $\phi 30$ mm 外圆有同轴度的要求，精度很高，而且这两个表面不能在一次装夹中完成，很难保证它们的位置精度，但是可以以工件两端的中心孔定位。精加工时采用两顶尖的装夹方式，由于尾座套筒的轴线和主轴的轴线是完全重合的，从而可以保证位置精度的要求。由此可知，位置精度主要是由车床精度和辅助夹具精度来保证的。

3）零件的表面粗糙度。

① 表面粗糙度是指加工表面上具有的较小间距和峰谷组成的微观几何形状误差。一般是由所采用的加工方法和其他因素造成的。表面粗糙度是一种微观几何形状误差，它不同于表面宏观形状误差和表面波度误差。这三者常在一个表面轮廓叠加出现，它们的形状一般呈波浪形，符号 λ 为间距（或波度），h 为幅度。常以间距的大小来划分这三类误差：间距小于 1 mm 的属于表面粗糙度，间距在 1 ~ 10 mm 的属于表面波度，间距大于 10 mm 的属于形状误差。

表面粗糙度值对零件的耐磨性、耐蚀性、疲劳强度和配合性质都有很大的影响。表面粗糙度值大的零件耐磨性差，容易磨损、腐蚀，还容易造成应力集中，降低工件的疲劳强度。表面粗糙度值大的零件装配后，还会影响配合性质，以致降低机器的工作精度。

② 减小工件表面粗糙度值的方法如下：

a. 刀具方面。减小副偏角是减小表面粗糙度值的有效措施。另外，及时刃磨或更换车刀，使车刀保持锐利状态，可有效减小表面粗糙度值。

b. 工件材料。塑性材料的塑性越大，切削变形越大，与刀具的黏结作用增加，表面粗糙度值增大。工件金相组织的晶粒越细，加工后，表面粗糙度值越小。退火、正火都能细化晶粒，调质能提高材料的力学性能，有利于减小表面粗糙度值。

c. 切削用量。进给量（f）影响残留面积高度，进给量增大，表面粗糙度值增大。但进给量太小，切削刃不锋利时，切削刃不能切削而形成挤压，工件塑性变形增大，表面粗糙度值增大。选择较低或较高的切削速度（v_c），不出现积屑瘤，有利于减小表面粗糙度值。背吃刀量（a_p）对表面粗糙度值的影响不明显。但背吃刀量小于 0.02 时，经常与工件发生挤压和摩擦，表面粗糙度值增大。

③ 切削液可减少刀具与工件的摩擦，降低切削温度，切削液的极压添加剂，增加润滑性能，有利于减小表面粗糙度值。切削油比乳化液的效果好，在精密加工中常使用植物油。

④ 工艺系统有很高的精度和刚度，如车床主运动、进给运动精度高，受力变形小，热变形小，刚度高，抗振性好，工件表面粗糙度值小。

对于表面粗糙度值的要求，主要通过选用合适的刀具及其几何参数，正确的粗、精车加工路线，合理的切削用量及冷却等措施来保证。对于表面粗糙度值要求较高的表面，应确定用恒线速度切削。

（2）零件装夹方式的确定　零件的装夹方式很多，例如：自定心卡盘、单动卡盘、一夹一顶、双顶尖和一些辅助夹具。零件的装夹方式一定要根据零件的形状、加工精度和材料等灵活采用。在大多数情况下，车床一般都是采用自定心卡盘装夹零件。

1）用自定心卡盘装夹工件时，若工件直径小于或等于 30 mm，其悬伸长度应不大于直径的 5 倍；若工件直径大于 30 mm，其悬伸长度应不大于直径的 3 倍。

2）当工件的长度较长或很长，为增加工件的刚度，防止在车削过程中产生振动、崩刀等，需采用一夹一顶或使用跟刀架。

3）当加工轴类零件时，各个表面的同轴度要求很高，可采用双顶尖装夹。

4）当加工一些特殊的零件（如薄壁套）时，要使用辅助夹具。车内孔时使用开口套筒，以减小工件的变形。车外圆时使用小锥度心轴，以内孔定位。

5）被加工表面的回转轴线与基准面相互垂直的外形较复杂的工件（如壳体），可采用花盘。

（3）零件加工阶段的划分　对于加工精度很高的零件，为了保证其加工质量和合理使用设备，零件的加工过程可划分为三个阶段：即粗加工阶段、半精加工阶段、精加工阶段。

1）加工阶段的性质。

① 粗加工阶段。粗加工任务是切除毛坯上大部分多余的金属，使毛坯在形状和尺寸上接近零件成品，减小工件的内应力，为半精加工做好准备。因此，粗加工的主要目的是提高生产率。

② 半精加工阶段。半精加工任务是使主要表面达到一定精度并留有一定的精加工余量，为主要表面的精加工做好准备，并可完成一些次要表面的加工（如攻螺纹、铣键槽等），热处理工序一般放在半精加工的前后。

③ 精加工阶段。精加工阶段是从工件上切除较少的余量，所得精度比较高，表面粗糙度值比较小的加工过程。其任务是全面保证工件的尺寸精度、形状精度和表面粗糙度等加工质量。但是，并非所有零件的加工都要经过三个加工阶段。因此，加工阶段的划分不应绝对化，应根据零件的质量要求、结构特点、毛坯情况灵活掌握。

2）加工阶段划分的目的。

① 保证加工质量。工件在粗加工阶段，切削的余量较多，因此，切削力和夹紧力较大，切削温度也较高，零件的内应力也将重新分布，从而产生变形。如果不进行加工阶段的划分，将无法避免由上述原因产生的误差。

② 合理使用设备。粗加工可采用功率大、刚性好和精度较低的车床加工，切削用量也可取较大值，从而充分发挥了设备的潜力；精加工则切削力较小，对车床破坏小，从而保持了设备的精度，又可延长设备的使用寿命。

③ 便于及时发现毛坯缺陷。对于毛坯的各种缺陷（如铸件、夹砂和余量不足等）在粗加工后即可发现，便于及时修补或决定报废，避免造成浪费。

（4）零件加工顺序的确定　零件车削加工顺序一般应遵循下列原则：

① 先粗后精原则。各个表面的加工顺序按照粗加工→半精加工→精加工的顺序依次进行，逐步提高表面的加工精度和减小表面粗糙度值。

② 基准面先行原则。用作精基准的表面应优先加工出来，因为定位基准的表面越精确，装夹误差就越小。如图 4-3 所示，由于 $\phi40$ mm 外圆是同轴度的基准，所以应首先加工该表面，再加工其他表面。

③ 先近后远。通常情况下，工件装夹后，离刀架近的部位先加工，离刀架远的部位后加工，以便缩短刀具移动距离，减少空行程时间，而且还有利于保持坯件或半成品的刚性，改善其切削条件，如图 4-4 所示：先加工内圆锥直径，再加工 $\phi30$ mm 内孔，最后加工 $\phi20$ mm 内孔。

④ 先内后外原则。对于有内孔和外圆表面的零件加工，通常先加工内孔，后加工外圆。因内表面加工散热条件较差，为防止热变形对加工精度的影响，应先安排加工。

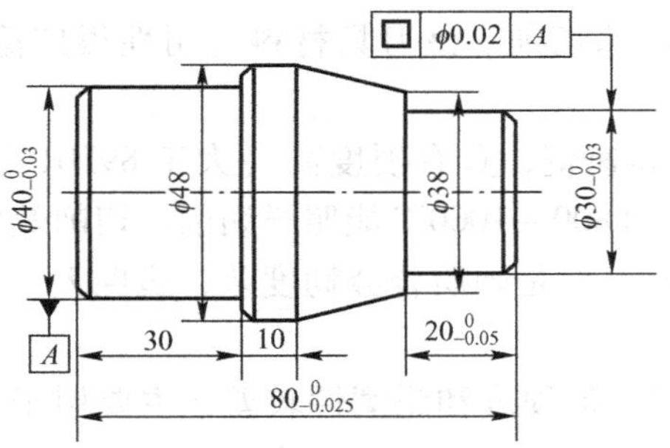

图 4-3　轴类零件

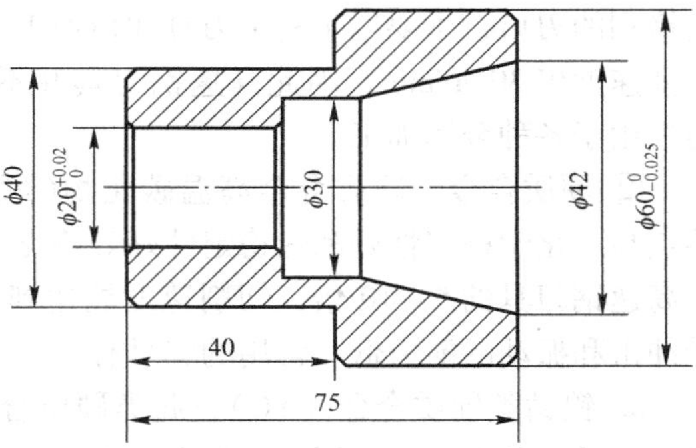

图 4-4　加工路线示意图

（5）数控刀具选择　数控刀具的合理选择是保证加工质量和提高加工效率的关键环节。使用不合适的刀具会限制机床性能的发挥，即使具有高性能的机床也不能取得相应的经济效益。有统计显示，刀具仅占零件加工总成本的3%，如果延长刀具寿命的50%，每个零件总成本也仅降低1%，但是如果切削效率提高20%，零件加工成本将降低15%。

1）选用刀具时的一般原则如下：

具体选用何种刀具与机床性能、零件材质、毛坯余量、精度要求等很多因素有关。合理的选择不仅可以提高加工质量，还可以充分发挥数控机床性能、提高加工效率、降低加工成本。在选用数控刀具时一般遵循如下原则：

① 应尽可能选用机夹可转位涂层刀具。

② 应根据工件形状选择适当的刀具形式。

③ 在大批量生产时，应尽量采用各种高效刀具。

2）选用刀具时应考虑的因素。刀片是选择刀具的关键，所以考虑如何选择刀片的影响因素也是数控刀具的主要内容。选择刀片应考虑的因素很多，并且随着机床种类、型号的不同，生产经验、习惯的不同以及刀片供应状况等因素而改变。一般情况下在选择刀片时应考虑以下几个方面：

刀具材料、工件材料的类别，参考表 4-1。

表 4-1　根据工件材料选取刀具材料

工 件 材 料	选用的刀具材料
碳钢	YT 类硬质合金，高速钢
铸铁	YG 类硬质合金
高温合金钢、淬火钢	YW 类硬质合金，立方氮化硼（CBN），陶瓷
铜、铝、镁及其合金，有色金属	YG 类硬质合金，高速钢，金刚石
不锈钢	YG 类硬质合金，高速钢
橡胶、有机玻璃、塑料、石墨非金属	高速钢（W18Cr4V）

常用的数控刀具材料有高速钢、硬质合金、涂层硬质合金、陶瓷、立方氮化硼、金刚石等。其中，高速钢、硬质合金、涂层硬质合金在数控车削刀具中应用较广。

① 高速钢是指加了较多的钨、钼、铬、钒等合金元素的高合金工具钢，其常用牌号有 W18cr4V、W6M05Cr4V2 等。高速钢车刀具有较高的强度和韧性，耐冲击，刃磨能较容易得

到锋利的刃口，主要用于复杂刀具和精加工刀具。但刀具耐热性差，耐热只有550~650℃，切削速度仅30 m/min，因此高速钢刀具并不适用于高速切削。该刀具材料适用性很广泛，能适用于各种金属加工。

② 硬质合金。硬质合金高温碳化物的含量超过高速钢，具有硬度高（大于89HRA）、熔点高、化学稳定性好和热稳定性好等特点。温度达到800~1000℃能照样切削，切削效率是高速钢刀具的5~10倍，切削速度能达到220m/min。但是硬质合金韧度差、脆性大、承受冲击和振动的能力低。常用的牌号有：

a. 钨钴类硬质合金（YG），此类硬质合金强度好，但硬度和耐磨性较差，主要用于加工铸铁及有色金属。常用的牌号有YG3、YG8等。

b. 钨钛类硬质合金（YT），此类硬质合金由于钛元素的加入，硬度、耐磨性、耐热性都明显提高，但其韧度、抗冲击振动性能差，主要用于加工钢料。常用的牌号有YT5、YT15等。

c. 通用硬质合金（YW），这种硬质合金是在上述两类硬质合金的基础上，添加某些碳化物使其性能提高，所以既可用于加工钢料，又可用于加工铸铁和有色金属，被称为通用硬质合金。

③ 涂层硬质合金。涂层硬质合金是在普通硬质合金的基础上通过“涂镀”新工艺而得到的。一般涂层材料是碳化钛（TiC）或氮化钛（TiN），使刀具表面形成一层高硬度的薄膜，使其耐磨性、耐热性和耐蚀性能得到大大提高，切削速度能达到300~400 m/min，甚至更高。因此，其使用寿命比普通硬质合金至少可提高1~3倍。

④ 陶瓷。陶瓷刀具是以氧化铝或氮化硅为基体再添加少量的金属，在高温下烧结而成的一种刀具材料。其硬度可达91~95HRA，耐磨性比硬质合金高十几倍，适用于加工冷硬铸铁和淬火钢。陶瓷刀具具有良好的抗粘性，它与多种金属的亲和力小，化学稳定性好，即使在熔化时与钢也不起化合作用。

陶瓷刀具最大的缺点是脆性大、抗弯强度和冲击韧度低、热导率差。近几十年来，人们在改善陶瓷材料的性能方面做了很大努力。主要措施是：提高原材料的纯度、加入碳化物、氮化物、硼化物、纯金属等，以提高陶瓷刀具性能。

⑤ 立方氮化硼。立方氮化硼（CBN）是用六方氮化硼（俗称白石墨）为原料，利用超高温、高压技术转化而成。它是20世纪70年代发展起来的新型刀具材料，晶体结构与金刚石类似。立方氮化硼刀片具有很好的“热硬性”，可以高速切削高温合金，切削速度要比硬质合金高3~5倍，在1300℃高温下能够轻快地切削，性能无比卓越，使用寿命是硬质合金的20~200倍。使用立方氮化硼刀具可加工以前只能用磨削方法加工的特种钢材，并能获得很高的尺寸精度和极小的表面粗糙度值等，实现以车代磨。它有优良的化学稳定性，适用于加工钢类材料。虽然它的导热性比金刚石差，但比其他材料高得多，抗弯强度和断裂韧度介于硬质合金和陶瓷之间，所以立方氮化硼材料刀具非常适合数控机床加工。

⑥ 金刚石。金刚石刀具可分为天然金刚石、人造聚晶金刚石和复合金刚石刀片三类。金刚石有极高的硬度、良好的导热性及小的摩擦因数。该刀具具有优秀的使用寿命（比硬质合金刀具寿命高几十倍以上），稳定的加工尺寸精度（可加工几千至几万件），以及良好的表面粗糙度（车削有色金属可达 $Ra=0.06\ \mu m$ 以上），并可在纳米级稳定切削。金刚石刀具超精密加工广泛用于激光扫描器和高速摄像机的扫描棱镜、特形光学零件、电视、录像

机、照相机零件、计算机磁盘、电子工业的硅片等领域。除少数超精密加工及特殊用途外，工业上多使用人造聚晶金刚石（PCD）作为刀具材料或磨具材料。

PCD 是用人造金刚石颗粒通过加 Co、硬质合金、NiCr、Si－SiC 以及陶瓷结合剂在高温（1200℃以上）、高压下烧结成形的刀具。PCD 刀具主要加工对象是有色金属，如铝合金、铜合金和镁合金等，也用于加工钛合金、金、银、铂和各种陶瓷制品。对于各种非金属材料（如石墨、橡胶、塑料、玻璃、含有 Al_2O_3 层的竹木材料），使用 PCD 刀具加工效果很好。PCD 刀具加工铝制工件具有刀具寿命长、金属切除率高等优点。其缺点是刀具价格昂贵，加工成本高，这一点在机械制造业已形成共识。但近几年来 PCD 刀具的发展与应用情况已发生了许多变化，PCD 刀具的价格已下降 50% 以上。上述变化趋势将导致 PCD 刀具在材料加工中的应用日益增多。

被加工工件的几何形状影响到连续切削或间断切削、刀具的切入或退出角度、零件精度、加工余量等。如图 4-5 所示，使用外圆车刀车削凹形圆弧时，因副偏角过小而出现副切削刃破坏已加工表面的情况。

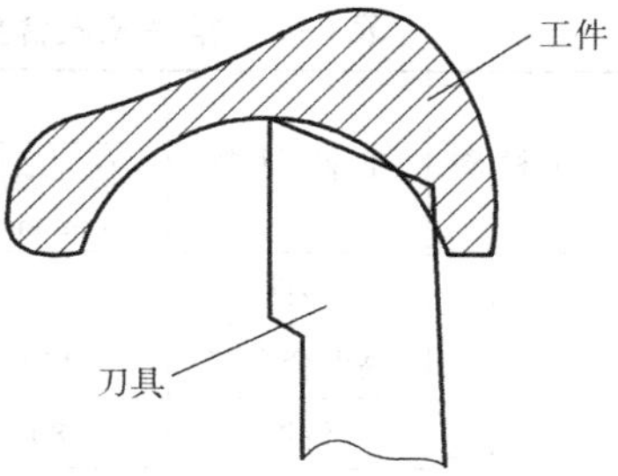

图 4-5　刀具与工件干涉

（6）切削用量的确定　切削用量包括切削速度（v_c）、背吃刀量（a_p）、进给量（f）。它们对生产率和加工精度的作用很大，同时这三者之间又相互关联、相互影响。切削用量要根据机床的刚性、刀具和工件的材质及刚性等因素来综合考虑选择，在通常情况下，切削用量的选取在很大程度上依赖于编程和操作人员平时积累的经验。

合理的切削用量是指充分利用刀具的切削性能，在保证加工质量的前提下，获得高生产率和低加工成本。不同的加工性质，对切削加工的要求是不一样的。因此，在选择切削用量时，考虑的出发点也应有所区别。粗加工时，应根据刀具的切削性能和机床性能选择切削用量；精加工时，应根据零件的加工精度和表面质量来选择切削用量。

1）切削用量的概念。

① 进给量（f）：指工件每转一转，车刀沿进给方向移动的距离，单位为 mm/r。

② 背吃刀量（a_p）：工件上已加工表面和待加工表面的垂直距离。

③ 切削速度（v_c）：主运动线速度称为切削速度，也可以理解为车刀在 1 min 内车削工件表面的理论展开直线长度，$v_c = \pi dn/1000$，单位为 m/min。

2）切削用量选择的原则。

① 粗加工要求尽快地切除多余的材料，同时给精加工留余量（0.5～1mm），追求的是加工效率。随着切削速度、背吃刀量、进给量的提高，切削量也增加，但由于机床、刀具和工件刚性的影响，切削力受到限制。当粗加工量较大时，可能需分多次进给完成切削，此时，只有合理分配好切削用量才能最大限度地提高生产率。对生产率影响最大的是背吃刀量，其次是进给量，最后是切削速度。所以，粗加工时切削用量的选择顺序应为 $a_p \rightarrow f \rightarrow v_c$。

② 精加工必须保证零件的精度，其中的表面粗糙度值与三个切削用量关系很大，要想获得较好的表面粗糙度，应高速（切削速度高）小走刀（进给量小）。精加工时，切削用量的选择顺序应为 $v_c \rightarrow f \rightarrow a_p$。

③ 切削时产生的弹性变形对精加工的尺寸精度影响也很大，所以试切对刀与精加工时选取的切削用量应一致（力求两者切削产生的弹性变形接近）。在实际生产中，通过试切首件时，给刀具加上0.5～1 mm磨耗。最后测量，以测量为准来调整刀具的磨耗。

④ 当刀具空运行，也就是刀具从远处向工件移动（进刀）或刀具远离工件移动（退刀）时，为减少辅助时间，提高生产率，刀具的移动速度一般可按机床设定的最大值来选取。

3）数控刀具切削用量选择推荐表。在工厂的实际生产过程中，切削用量一般根据经验通过查表的方式来进行选取。常用硬质合金或涂层硬质合金刀具切削不同材料时的切削用量推荐值见表4-2。

总之，切削用量选择一定要灵活，同一材料工件直径不同切削用量也不一样。

表4-2　常用硬质合金或涂层硬质合金刀具切削不同材料时的切削用量推荐值

刀具材料	工件材料	粗加工			精加工		
		切削速度 /(m/min)	进给量 /(mm/r)	背吃刀量 /mm	切削速度 /(m/min)	进给量 mm/r)	背吃刀量 /mm
硬质合金或涂层硬质合金	碳钢	220	0.2～03	2～3	260	0.08～0.15	0.5
	高温合金钢	120	0.2	2～3	160	0.08～0.15	0.5
	铸铁	80	0.2～0.3	2－3	140	0.08～0.15	0.5
	不锈钢	80	0.2～0.3	2	120～150	0.1	0.5
	钛合金	40	0.2	1.5	60	0.1	0.5
	铝合金	150～500	0.2	1.5	150～500	0.1	0.5
	铜合金	100	0.2	2	300	0.1	0.2－0.4
高速钢	橡胶	40	0.1～0.5	3	60	0.1	0.5
	有机玻璃	30	0.05～0.1	0.3～0.5	40	0.05	0.2－0.3

2. 编制加工程序

该零件结构要素有圆柱面、圆锥面、圆弧面和螺纹等，为保证尺寸精度和表面粗糙度要求，应将粗、精加工分开进行。对于轮廓粗车可采用复合粗车循环切削指令G71加工，螺纹采用螺纹循环切削指令G92加工。采用直径编程方式，直径尺寸编程与零件图样中的尺寸标注一致，编程较为方便。

表4-3　程序列表

零件图号	图4-1	零件名称	综合轴零件	编程原点	
程序号	O0001 O0002	数控系统	FANUC 0i	编　　制	
程序内容			简要说明		
O0001；（零件右端程序）			程序号		
N10 G40 G21 G99；					
N20 M03 S800；					
N30 T0101；					
N40 G00 X40. Z2.；			定位		
N50 G71 U2. R1.；					

（续）

程序内容	简要说明
N60 G71 P70 Q160 U0.5 W0.25 F0.2;	粗加工进给量为 0.2 mm/r
N70 G42 G00 X0. S1000;	精加工进给量为 0.1 mm/r
N80 G01 Z0. F0.1;	
N90 G03 X11.2 -4. R5.78;	
N100 Z-9.;	
N110 X14.;	
N120 X16 W-1.;	
N130 Z-27;	
N140 W6.;	
N150 G02 X28. W-4. R4.;	
N160 X40.;	
N170 G70 P70 Q160;	
N180 G00X100. Z100.;	
N190 T0202 M03 S400;	更换切槽刀
N200 G00 X20. Z-26.;	
N210 G01 X12.;	
N220 G00 X20.;	
N230 Z-27.;	
N240 G01 X12.;	
N250 G00 X30.;	
N260 Z100.;	
N270 T0404 M03 S500;	更换螺纹车刀
N280 G00 X20. Z-7.;	
N290 G92 X15.2 Z-28. F1.5;	加工螺纹
N300 X14.6;	
N310 X14.2;	
N320 X14.05;	
N330 G00 X50 Z50;	退刀
N340 M30;	程序结束，光标返回程序开始
O002（零件左端程序）;	
N10 G40 G21 G99;	
N20 M03 S1000 T010;	加工外圆
N30 G00 X30. Z2.;	
N40 G01 Z-30. F0.1	
N50 G00 X100. Z100;	
N60 M03 S500 T0202;	加工内孔
N70 G00 X16. Z2.;	
N80 G71 U2. R1.;	
N90 G71 P100 Q140 U0.5 W0. F0.2;	
N100 G42 G00 X20. S1000;	
N110 G01 Z0. F0.1;	
N120 G01 X18. Z-1.;	
N130 Z-16.;	
N140 X14.;	
N150 G70 P100 Q140;	
N160 G00 X100. Z100.;	
N170 M30;	

4.1.3 技能应用练习题

1）零件毛坯为 $\phi35$ mm × 100 mm 的棒料，材料为 45 钢，完成零件的数控加工，车削加工至图 4-6 所示尺寸。

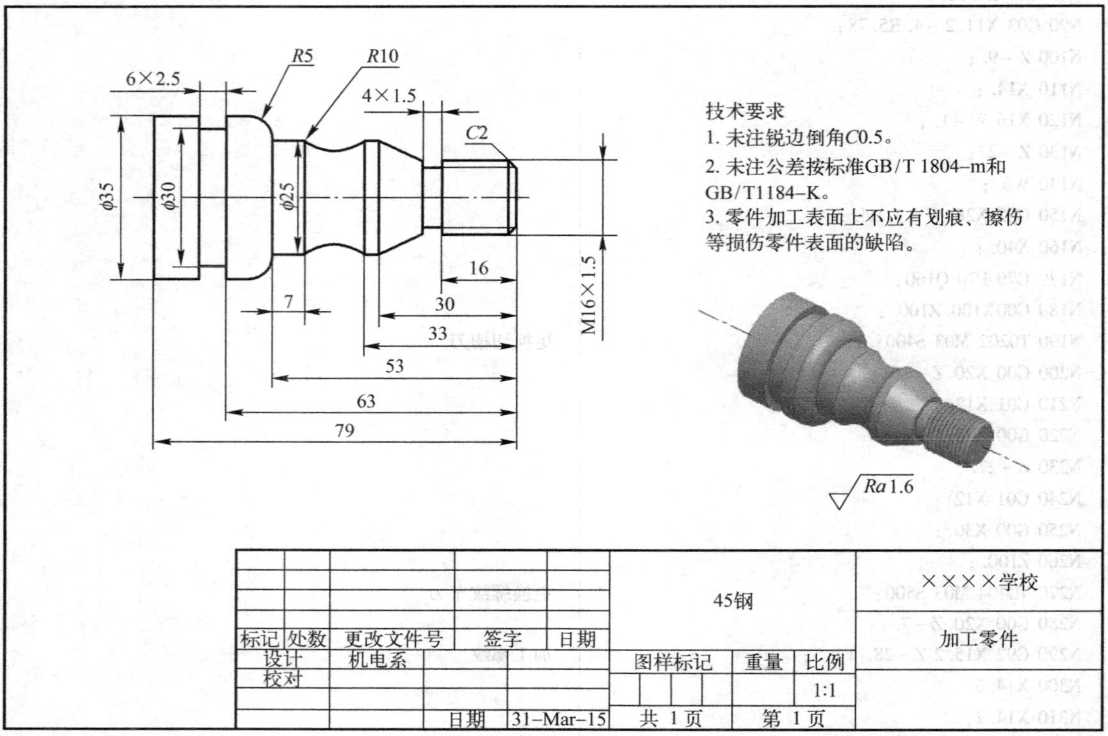

图 4-6　零件加工图（一）

2）零件毛坯为 $\phi50$ mm × 122 mm 的棒料，材料为 45 钢，完成零件的数控加工，车削加工至图 4-7 所示尺寸。

3）零件毛坯为 $\phi48$ mm × 102 mm 的棒料，材料为 45 钢，完成零件的数控加工，车削加工至图 4-8 所示尺寸。

4）零件毛坯为 $\phi30$ mm × 80 mm 的棒料，材料为 45 钢，完成零件的数控加工，车削加工至图 4-9 所示尺寸。

5）零件毛坯为 $\phi30$ mm × 80 mm 的棒料，材料为 45 钢，完成零件的数控加工，车削加工至图 4-10 所示尺寸。

任务 4.2　椭圆手柄零件的加工

【知识目标】

1. 了解非圆曲线零件的结构特点、加工工艺特点和工艺性能，正确分析非圆曲线零件的加工工艺。

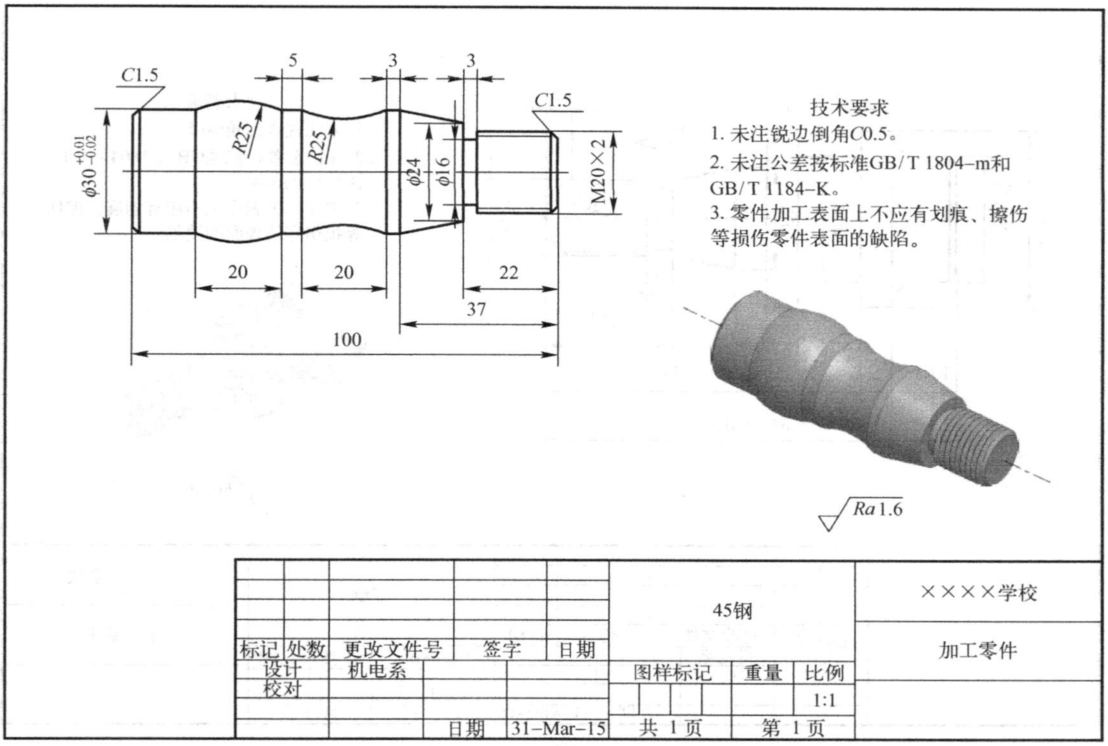

图 4–7 零件加工图（二）

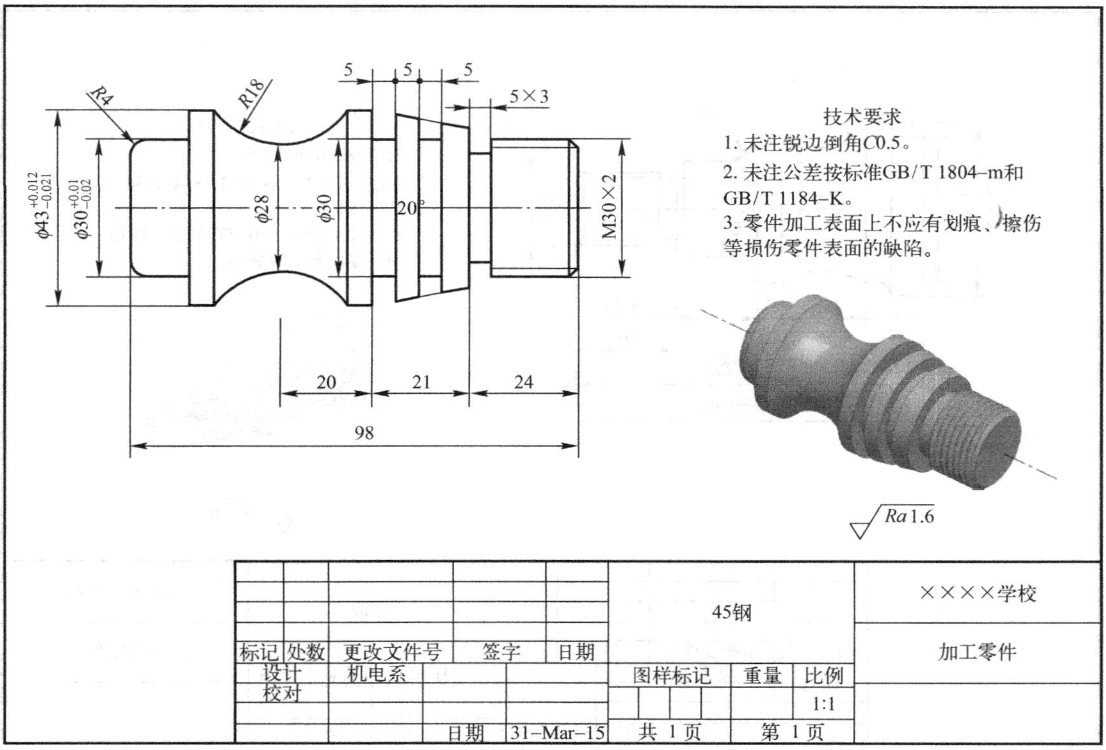

图 4–8 零件加工图（三）

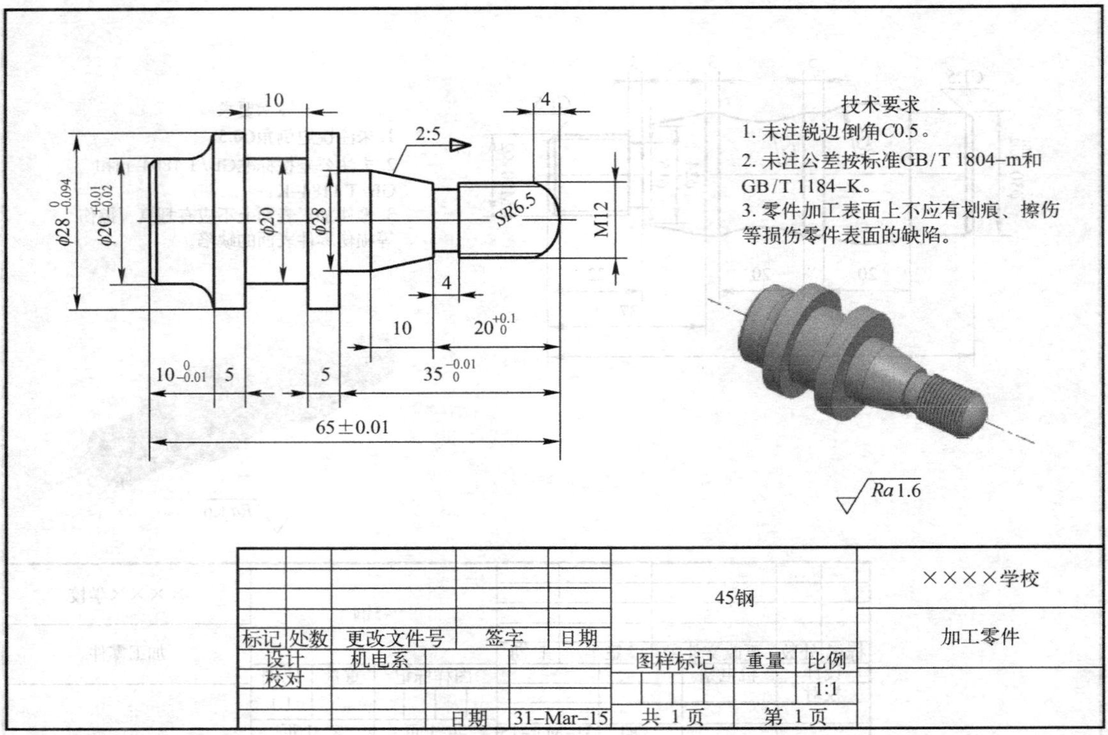

图 4–9　零件加工图（四）

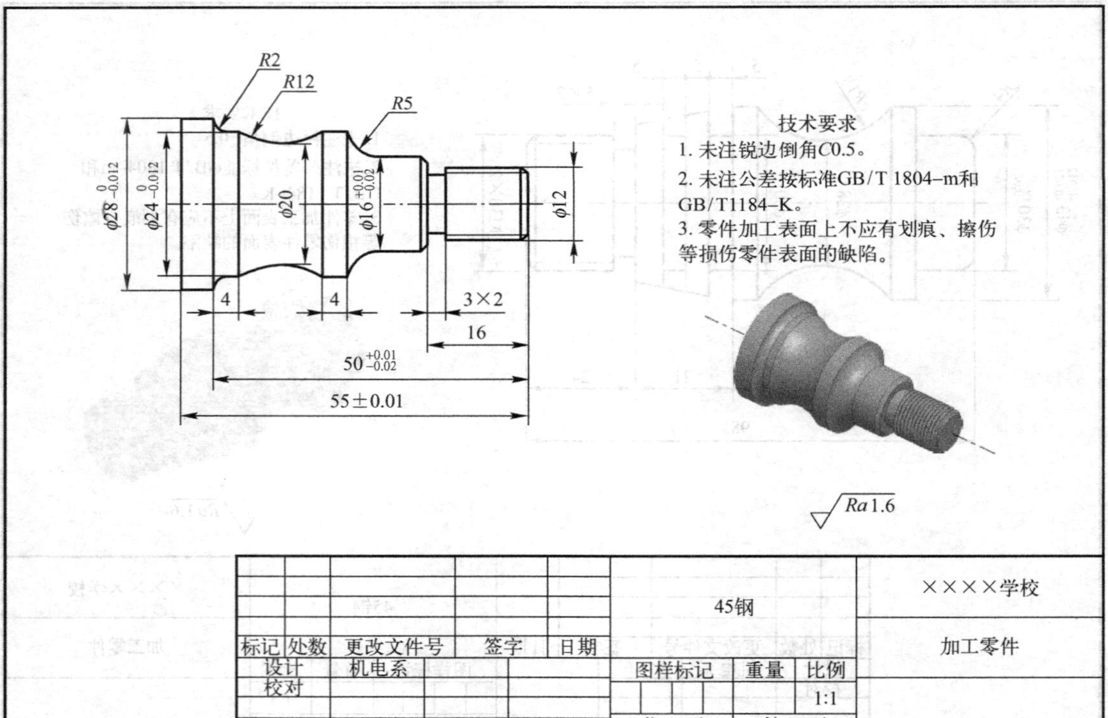

图 4–10　零件加工图（五）

2. 熟悉宏程序的编程格式及应用。

3. 掌握带圆弧的阶梯轴零件的工艺编制方法。

4. 掌握带圆弧的阶梯轴零件的手工编制方法。

【能力目标】

1. 能分析非圆曲线零件的结构特点、特殊加工要求。

2. 会分析非圆曲线零件的工艺性能，能正确选择设备、刀具、夹具与切削用量，能编制数控加工工艺卡。

3. 能正确运用数控仿真系统软件，调试、校验编写的零件程序，并虚拟加工。

4. 能在车间实践加工非圆曲线零件并实施检测。

4.2.1 学习任务

要求编程并加工如图 4-11 所示零件。工艺条件：工件材质为 45 钢，毛坯为直径 ϕ30 mm、长 100 mm 的棒料。

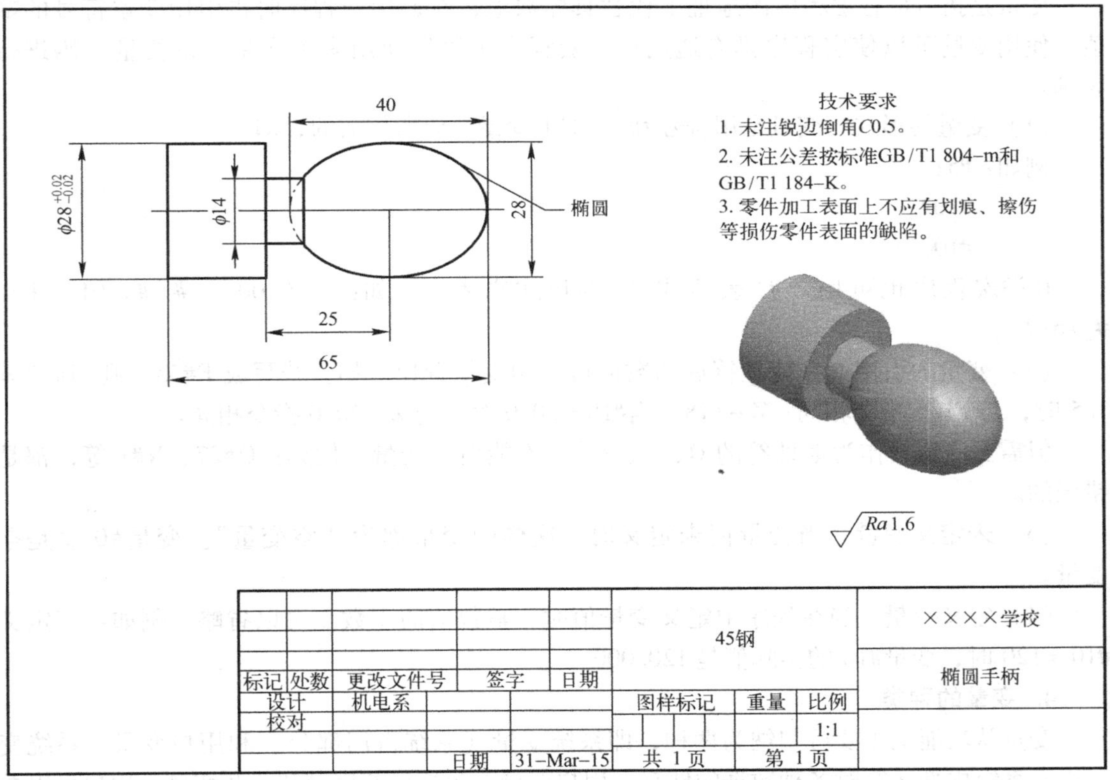

图 4-11 椭圆手柄

4.2.2 任务相关知识

1. 宏程序的概念

宏程序是 FANUC 数控系统及类似产品中的特殊编程功能。宏程序的实质与子程序相似，它也是把一组实现某种功能的指令，以子程序的形式预先储存在系统存储器中，通过宏程序调用指令执行这一功能。在主程序中，只要编入相应的调用指令就能实现这些功能，一组以子程序的形式储存并带有变量的程序称为用户宏程序，简称宏程序。

宏程序的最大特征有以下几个方面：

① 可以在宏程序中使用变量。

② 可以进行变量之间的运算。

③ 可以用宏程序指令对变量进行赋值。

使用宏程序时的方便之处在于可以用变量代替具体数值，因而在加工同一类的工件时，只需将实际的值赋予变量即可，而不需要对每一个零件都编一个程序。

2. 宏程序的分类

宏程序分为 A、B 两种。一些较老的 FANUC 系统（如 FANUC－0MD）中采用 A 类宏程序，而在较为先进的系统（如 FANUC－0i）中则采用 B 类宏程序。B 类宏程序在生产实际中用得较广泛，本模块将介绍 B 类宏程序的使用。

3. 宏程序的变量

变量是指可以在宏程序的地址上代替具体数值，在调用宏程序时再引用变量符号的赋值。使用变量可以使宏程序具有通用性。宏程序中可以使用多个变量，以变量号码进行识别。

（1）变量的形式　变量是用符号#后面加上变量号码所构成的，即

例如：#5；

#109；

#1005；

B 类宏程序也可用“#[表达式]”的形式来表示，如：#[#100]、#[#1001－1]、#[#6/2]。

（2）变量的引用　在地址符后的数值可以用变量置换。如：若写成 F#33，则当#33＝1.5 时，与 F1.5 指令相同；Z－#18，当#18＝20.0 时，与 Z－20.0 指令相同。

但需要注意，作为地址符的 O、N、/等，不能引用变量。例如：O#27、N#1 等，都是错误的。

（3）未定义变量　当变量值未定义时，这样的变量称为“空变量”。变量#0 总是空变量。

（4）定义变量　当在程序中定义变量值时，整数值的小数点可以省略，例如：当定义#10＝120 时，变量#10 的实际值是 120.000。

4. 变量的种类

变量从功能上主要可归纳为两种，即系统变量（系统占用部分）和用户变量。系统变量用于系统内部运算时各种数据的储存，用户变量，包括局部变量和公共变量，用户可以单独使用，系统把用户变量作为处理资料的一部分。一般，#0～#999 为编程人员使用的变量，#1000 以后为非编程人员使用的系统变量，宏程序主要是利用变量编程。

5. 变量的赋值

赋值是指将一个数据赋予一个变量。例如：#1＝0，则表示#1 的值是 0。其中#1 代表变量，“#”是变量符号（注意：根据数控系统的不同，它的表示方法可能有差别），0 就是给

变量#1 赋的值。这里的“ = ”是赋值符号，起语句定义作用。

赋值的规律有：

1）赋值号“ = ”两边内容不能随意互换，左边只能是变量，右边可以是表达式、数值或变量。

2）一个赋值语句只能给一个变量赋值。

3）可以多次给一个变量赋值，新变量值将取代原变量值（即最后赋的值生效）。

4）赋值语句具有运算功能，它的一般形式为：变量 = 表达式。在赋值运算中，表达式可以是变量自身与其他数据的运算结果，如：#1 = #1 + 1，则表示#1 的值为#1 + 1，这一点与数学运算是有所不同的。

5）赋值表达式的运算顺序与数学运算顺序相同。

6）辅助功能（M 代码）的变量有最大值限制，例如，将 M30 赋值为 300 显然是不合理的。

6. 变量算术和逻辑运算

变量算术和逻辑运算见表 4-4。

表 4-4　变量算术和逻辑运算

功　能	格　式	备注与实例
定义、转换	#i = #j;	#1 = #2, #1 = 30.0
加法 减法 乘法 除法	#i = #j + #k; #i = #j - #k; #i = #j * #k; #i = #j / #k;	#1 = #2 + #3 #1 = 20.0 - #3 #1 = #2 * #3 #1 = #2/30
正弦 反正弦 余弦 反余弦 正切 反正切	#i = SIN[#j]; #i = ASIN[#j]; #i = COS[#j]; #i = ACOS[#j]; #i = TAN[#j]; #i = ATAN[#j]/[#k];	#1 = SIN[#1] #1 = COS[#2] 角度以度指定，例如：90°30′表示为 90.5°
平方根 绝对值 舍入 上取整 下取整 自然对数 指数函数	#i = SQRT[#j]; #i = ABS[#j]; #i = ROUND[#j]; #i = FUP [#j]; #i = FIX [#j]; #i = LN[#j]; #i = EXP[#j];	若操作后产生的整数绝对值大于原数的绝对值时为上取整；若小于原数的绝对值时为下取整
或 异或 与	#i = #j OR #k; #i = #j XOR #k; #i = #j AND #k;	逻辑运算一位一位地按二进制数执行
从 BCD 转为 BIN 从 BIN 转为 BCD	#i = BIN [#j]; #i = BCD [#j];	用于与 PMC 的信号交换

表达式中括号的运算将优先进行。连同函数中使用的括号在内，括号在表达式中最多可用三层。

7. 运算符

宏程序中的等于、不等于、大于、大于或等于、小于、小于或等于等运算符，在宏程序中有如下表述，见表4-5。

表4-5 运算符表示方法

运 算 符	含 义	英 文 注 释
EQ	等于（=）	Equal
NE	不等于（≠）	Not Equal to
GT	大于（>）	Greater Than
GE	大于或等于（≥）	Greater Than or Equar to
LT	小于（<）	Less Than
LE	小于或等于（≤）	Less Than or Equar to

8. 控制指令

通过控制指令可以控制宏程序主体的程序流程，常用的控制指令有以下三种：

（1）条件转移（IF 语句） IF 之后指定条件表达式。

1）IF［<条件表达式>］GOTO n。表示如果指定的条件表达式满足时，则转移（跳转）到标有顺序号 n（即俗称的行号）的程序段。如果不满足指定的条件表达式，则顺序执行下个程序段。

例如：IF［#1 LE 100］GOTO 100；

其含义为：如果变量#1 的值≤100，则转移（跳转）到顺序号为 N100 的程序段，否则执行下段程序。

2）IF［<条件表达式>］THEN。表示如果指定的条件表达式满足时，则执行预先指定的宏程序语句，而且只执行一个宏程序语句。

IF［#1 EQ #2］THEN #3 = 10；如果#1 和#2 的值相同，10 赋值给#3。

（2）无条件转移（GOTO 语句） 转移（跳转）到标有顺序号 n（即俗称的行号）的程序段。当指定 1 ~ 99999 以外的顺序号时，会触发 P/S 报警 No. 128。其格式为：

GOTO n；n 为顺序号（1 ~ 99999）

例如：GOTO 100，即转移至第 100 行。

（3）循环（WHILE 语句） 在 WHILE 后指定一个条件表达式。

```
WHILE [#1 LE 24] DO m(m=1,2,3);
……
END m;
```

当指定条件满足时，则执行从 DO 到 END 之间的程序。否则，转到 END 后的程序段。DO 后面的号是指定程序执行范围的标号，标号值为 1、2、3。如果使用了 1、2、3 以外的值，会触发 P/S 报警 No. 126。

4.2.3 任务实施

1. 任务工艺分析

(1) 零件图分析　如图 4-12 所示，该零件由外圆、槽、椭圆弧组成。

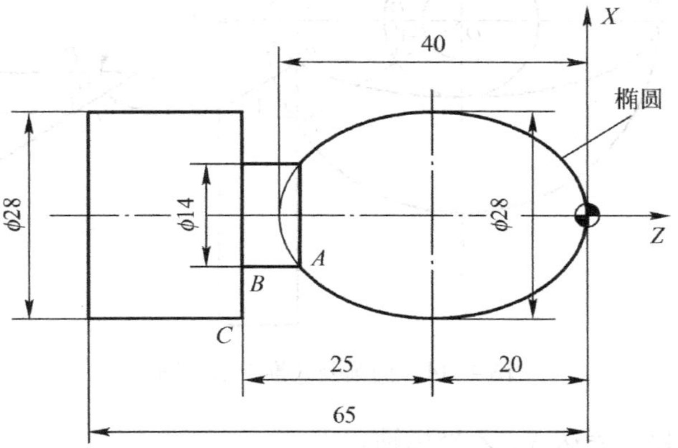

图 4-12　椭圆手柄

编程原点设置在工件右端面与轴线的交点。各基点的坐标从右到左依次为 A(14, -37.321)、B(14, -45)、C(28, -45)。

(2) 确定装夹方案　毛坯为 ϕ30 mm 棒料，用自定心卡盘夹紧定位。分一次粗车和一次精车完成，端面采用手动操作完成，切断自动完成。

(3) 刀具的选择　椭圆手柄的加工可选用车刀类型如图 4-13 所示。根据零件的结构特点，为防止发生干涉，选择 55°外圆车刀。

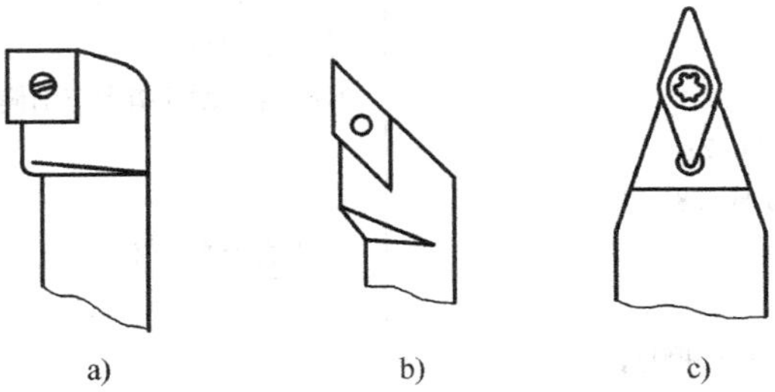

图 4-13　外圆车刀

a) 90°外圆粗车刀　b) 90°外圆精车刀　c) 55°外圆精车刀

2. 编制加工程序

(1) 公式推导　椭圆有长半轴和短半轴两个特征元素，分别以长半轴和短半轴作圆，得到如图 4-14 所示。

设刀具处于当前 B 点，只需要计算出刀尖当前 B 点的 X、Z 坐标值即可。

设置角度变量#1，X 轴变量#2，Z 轴变量#3，则

X：BE = CD = OC × SIN[#1]，也就是#2 = 短半轴 × SIN[#1]；

Z：OE = OA × COS [#1]，也就是#3 = 长半轴 - 长半轴 × COS[#1]。

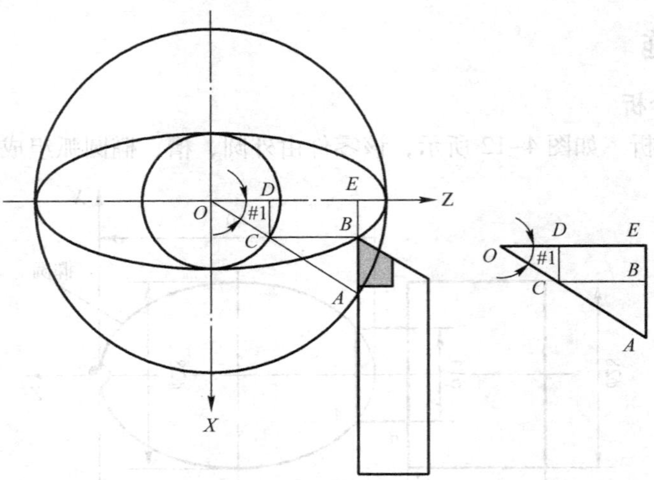

图 4-14　椭圆公式推导示意图

根据椭圆标准方程，表达 X、Z 坐标轴。

（2）编制程序（见表 4-6）

表 4-6　程序列表

零件图号	图 4-11	零件名称	椭圆手柄	编程原点	
程序号		数控系统	FANUC 0i	编　制	
程序内容				简要说明	
O0001;				程序号	
N10 G0 G40 G21 G97 G99;				机床准备	
N20 M03 S500 T0101 F0.2;				机床运转、选定刀具	
N30 G00 X32. Z2.;				定位起刀点	
N40 G73 U15. R8.;				G73 复合循环指令车削椭圆	
N50 G73 P60 Q140 U0.5 W0. F0.2;					
N60 G00 G42 X30. M03 S1500 F0.08;					
N70 #1 = 0;				定义自变量（Z）	
N80 #2 = 20 - #1;					
N90 #3 = 14 * SQRT[1 - [#2 * #2]/400];					
N100 #4 = #3 * 2;				X 变量	
N110 G01 X#4 Z - #1;					
N120 #1 = #1 + 0.2;					
N130 IF [#1LE37.4] GOTO 80;				条件语句	
N140 G00 X32.;					
N150 G70 P60 Q140;					
N160 G00 G40 X32.;				退刀，同时取消刀具补偿	
N170 Z200.;				返回换刀点	
N180 M30;				程序结束	

3. 仿真加工

利用仿真软件，调试加工程序，验证加工工艺，完成零件的加工。

4. 车间实际加工

1）装夹定位时要考虑手柄端伸出的长度，避免装夹部位太短，导致工件加工时受力飞出卡盘。

2）选择不会发生干涉的刀具切削手柄部分。

3）根据加工受力情况选择合适的切削用量。

5. 零件检测及评价

教师对学生加工的零件进行检测，并做出点评，见表 4-7。

表 4-7　评分表

加工开始时间：			加工结束时间：		加工时间：	
检测项目		技术要求	配分	评分标准	检测结果	得分
外圆（20）	1	外圆尺寸 ϕ14 mm	10	超差 0.02 mm 无分		
	2	外圆尺寸 ϕ28 mm	10	超差 0.02 mm 以上无分		
长度（10）	3	65 mm	10	超差 0.02 mm 无分		
椭圆（20）	4	长轴尺寸 ϕ40 mm	10	不符合无分		
	5	短轴尺寸 ϕ28 mm	10	不符合无分		
程序（10）	6	程序正确、合理	10	出错一次扣 1 分		
工艺（10）	7	切削用量选择合理	5	出错一次扣 1 分		
	8	加工工艺制定合理	5	出错一次扣 1 分		
仿真操作（10）	9	车床操作规范	5	出错一次扣 1 分		
	10	刀具、工件装夹正确	5	出错一次扣 1 分		
安全生产（20）	11	安全操作车床	10	出错一次扣 5 分		
	12	工具、量具摆放整齐	5	出错一次扣 1 分		
	13	车床整理	5	出错一次扣 1 分		
总配分			100		总得分	
停工原因					加工日期 年　月　日	

4.2.4　技能应用练习题

1）毛坯尺寸为 ϕ26 mm × 80 mm，材料为 45 钢，编程并加工，如图 4-15 所示。

2）毛坯尺寸为 ϕ38 mm × 80 mm，材料为 45 钢，编程并加工，如图 4-16 所示。

3）毛坯尺寸为 ϕ70 mm × 80 mm，材料为 45 钢，编程并加工，如图 4-17 所示。

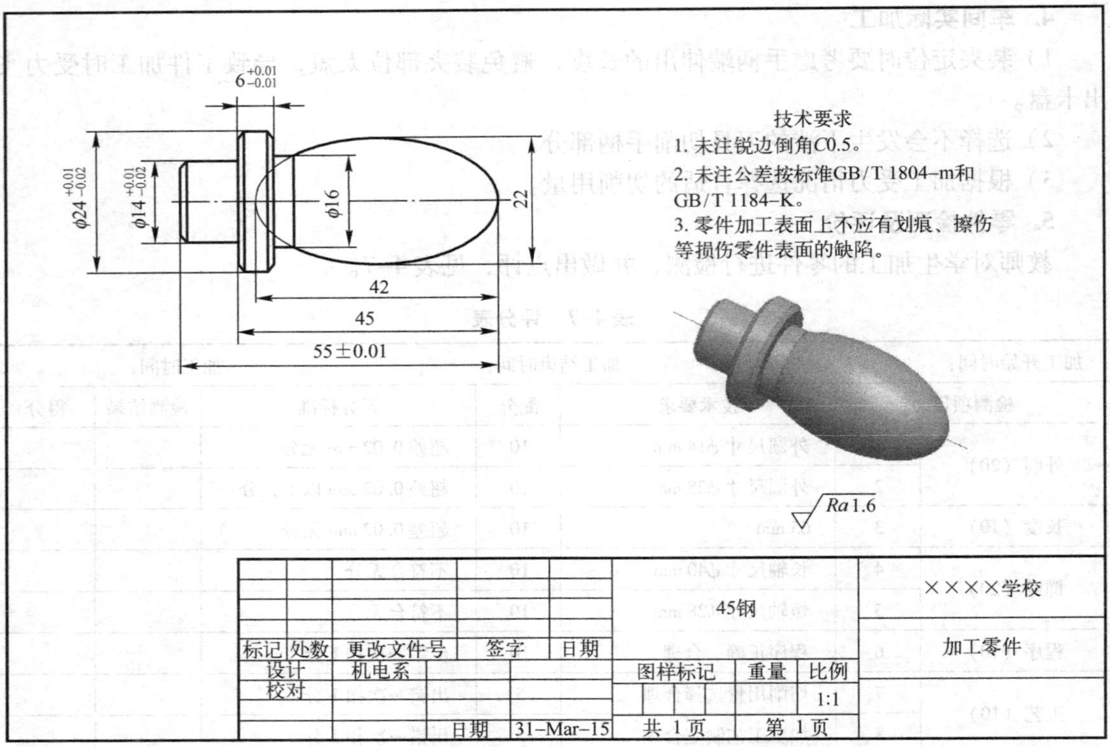

图 4–15　零件加工图（六）

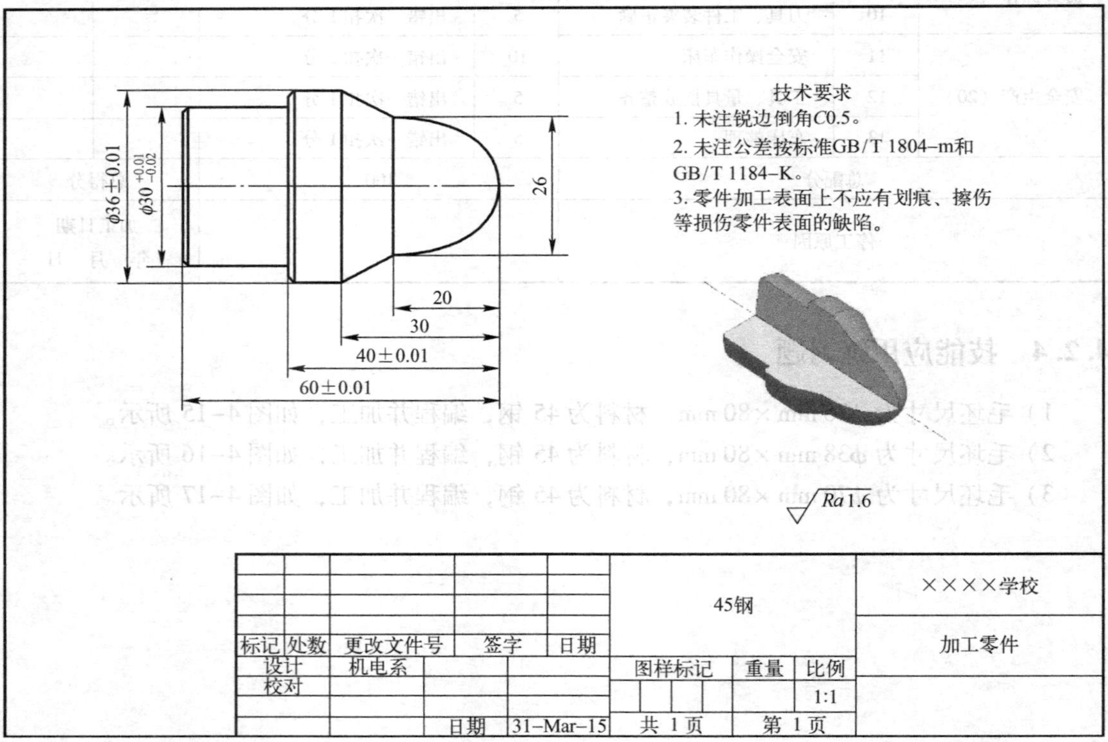

图 4–16　零件加工图（七）

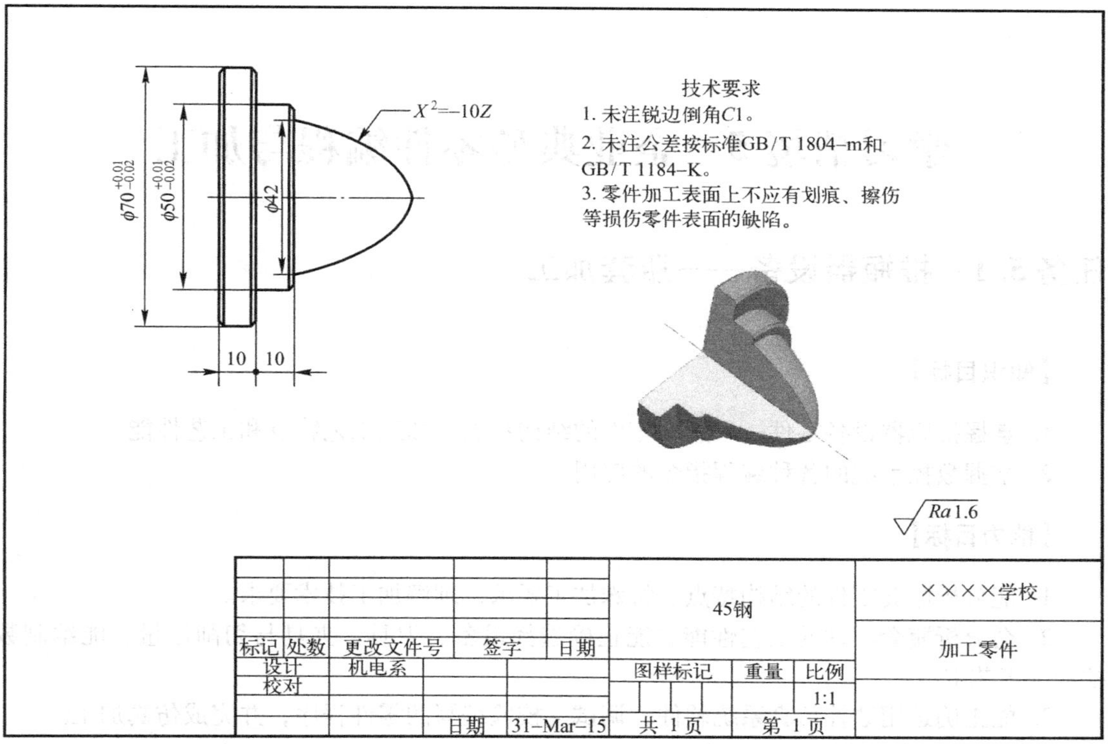

$X^2=-10Z$
$\phi70^{+0.01}_{-0.02}$
$\phi50^{+0.01}_{-0.02}$
$\phi42$
10
10
技术要求
1. 未注锐边倒角C1。
2. 未注公差按标准GB/T 1804–m和GB/T 1184–K。
3. 零件加工表面上不应有划痕、擦伤等损伤零件表面的缺陷。
Ra1.6
45钢
××××学校
加工零件
标记 处数 更改文件号 签字 日期
设计 机电系
校对
图样标记 重量 比例
1:1
日期 31–Mar–15 共 1 页 第 1 页

图 4–17　零件加工图（八）

学习情境5　企业典型零件编程与加工

任务5.1　推瓶器设备——瓶套加工

【知识目标】

1. 掌握推瓶器设备零件——瓶套零件的结构特点、加工工艺特点和工艺性能。
2. 掌握数控系统的各种编程指令的应用。

【能力目标】

1. 能分析瓶套零件的结构特点、特殊加工要求，理解加工技术要求。
2. 会分析瓶套零件的工艺性能，能正确选择设备、刀具、夹具与切削用量，能编制数控加工工艺卡。
3. 能正确运用数控仿真系统软件，调试、校验编写的零件程序，并完成仿真加工。
4. 利用FANUC数控系统车床，实施瓶套零件的加工并进行质量检测。

5.1.1　加工任务分析

图5-1所示零件毛坯尺寸为ϕ62 mm × 163 mm的棒料，材料为45钢，无热处理和硬度要求，不切断。要求对零件进行数控加工工序卡的编制，并进行数控车削加工工艺分析，进行程序的编制、加工。

此零件为一轴类零件，本次主要进行普车和数控车部分的加工，左右两侧孔、轴有同轴度要求，实际加工过程中需要掉头装夹，因此在掉头时要用百分表找正，保证同轴度。

零件为回转体类零件，因此采用自定心卡盘进行装夹。

正确地选用刀具材料，是保证高效率加工不锈钢的决定因素。要求刀具材料应具有好的耐热性和耐磨性。硬质合金刀具材料宜选用YT类硬质合金，在车削时使用冷却润滑液进行冷却，以提高零件的表面粗糙度值，减少刀具磨损。刀具选择90°外圆车刀、60°三角形外螺纹车刀以及内孔车刀。填写表5-1刀具卡和表5-2加工工序卡。

表5-1　刀具卡

产品名称或代号				零件名称	瓶　套	零件图号	图5-1
序号	刀具号	刀具名称及规格	刀具材料	数量	加工表面	刀尖半径/mm	备注
1	T0101	90°外圆车刀	硬质合金	1	车端面、粗车外圆轮廓	0.2	
2	T0303	内孔车刀	硬质合金	1	加工内孔	0.2	
3		A型中心钻	高速钢	1	钻中心孔		
4		ϕ20 mm钻头	高速钢	1	扩孔		
5	T0404	60°三角形外螺纹车刀	硬质合金	1	车螺纹		

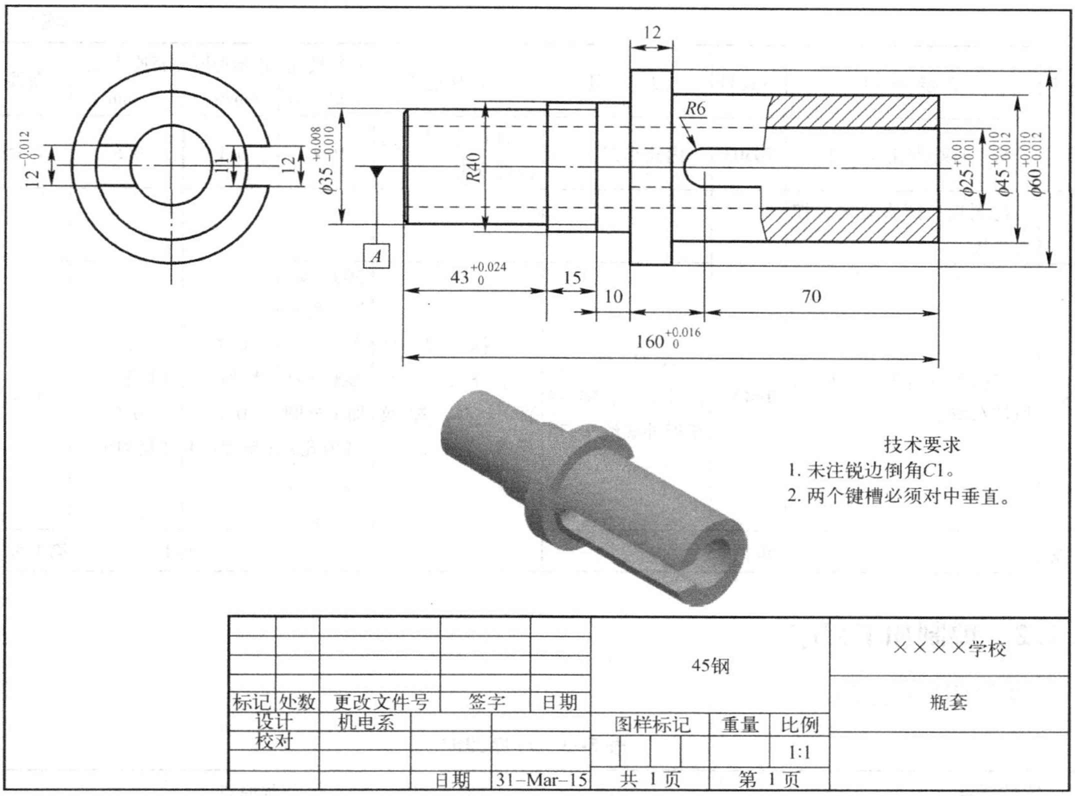

图 5–1　瓶套

表 5–2　加工工序卡

数控加工工序卡				产品型号		零件图号	图 5–1	
				产品名称		零件名称	瓶套	
材料牌号	45	毛坯种类	棒料	毛坯尺寸/mm	$\phi62\times163$	备注		
工序号	工序名称	设备名称	设备型号	程序编号	夹具代号	夹具名称	切削液	车间
2	车	数控车床	CAK4085di	O0001	1	自定心卡盘	油基切削液	数控车间
工步	工 步 内 容	刀具号	刀　　具	量具及检具	主轴转速 /(r/min)	进给速度 /(mm/r)	背吃刀量 /mm	备注
1	车端面，粗车左端至 $\phi50$ mm	T0101	90°外圆车刀	游标卡尺	500	0.2	2	自动
2	钻通孔为 $\phi20$ mm		$\phi20$ mm 钻头	游标卡尺	300			手动钻孔
3	掉头装夹，卡盘夹住长度 55 mm，车端面	T0101	90°外圆车刀	游标卡尺、外径千分尺、内径百分表	500	0.2	2	自动
4	粗车右端内孔至尺寸	T0303	内孔车刀	游标卡尺、内径百分表	500	0.2	2	自动
5	精车右端外圆至尺寸	T0101	90°外圆车刀	游标卡尺、外径千分尺	1000	0.1	0.5	自动

（续）

工步	工步内容	刀具号	刀具	量具及检具	主轴转速/(r/min)	进给速度/(mm/r)	背吃刀量/mm	备注
6	精车右端内孔至尺寸	T0303	内孔车刀	游标卡尺、内径百分表	1000	0.1	0.5	自动
7	包铜皮，掉头装夹，控制总长							
8	粗精车左端外圆及内孔，粗精车螺纹	T0404	90°外圆车刀、内孔车刀、60°三角形外螺纹车刀	游标卡尺、外径千分尺、内径百分表、螺纹环规	500（粗加工外圆及内孔）1000（精加工外圆及内孔）500（加工螺纹）	0.2（粗加工）0.1（精加工）	2（粗加工）0.5（精加工）	自动
编制		审核				共1页	第1页	

5.1.2 编制加工程序

程序编制见表5-3。

表5-3 程序编制

零件图号	图5-1	零件名称	瓶套	编程原点	
程序号		数控系统	FANUC 0i	编制	

程序内容	简要说明
O0001；	粗加工左端
G0 G40 G97 G99；	
M03 S500；	
T0101；	
X67. Z2.；	
G71 U2. R0.3；	采用复合循环指令进行外圆加工
G71 P10 Q11 U0.5 W0. F0.2；	
N10 G0 X0；	
M03 S1000；	
G01 Z0. F0.1；	
X50.；	
N11 Z-68.；	
G0 X100.；	
Z200.；	
M30；	
O0002；	粗、精加工右端外圆
G21 G40 G97 G99；	
M03 S500；	
T0101；	
X67. Z2.；	
G71 U2. R0.3；	
G71 P10 Q11 U0.5 W0. F0.2；	

（续）

程序内容	简要说明
N10 G0 X0;	
M03 S1000;	
G01 Z0. F0.1;	
X45.;	
Z-80.;	
X60.;	
N11 W-15.;	
G70 P10 Q11;	
G0 X100.;	
Z200.;	
M00;	暂停，测量外圆尺寸
M03 S500;	
T0303;	粗、精加工内孔
X19. Z2.;	
G71 U1. R0.3;	
G71 P12 Q13 U-0.5 W0. F0.2;	
N12 G0 X25.;	
M03 S1000;	
G01 Z0. F0.1;	
N13 Z-85.;	
G70 P12 Q13;	
G0 Z200.;	
X100.;	
M30;	
O0003;	粗、精加工左端外圆
G0 G40 G97 G99;	
M03 S500;	
T0101;	
X52. Z2.;	
G71 U2. R0.3;	
G71 P10 Q11 U0.5 W0. F0.2;	
N10 G0 X0.;	
M03 S1000;	
G01 Z0. F0.1;	
X33.;	
X35. Z-1.;	
Z-43.;	
X39.8;	
Z-68.;	
N11 X62.;	
G70 P10 Q11;	
G0 X100.;	
Z200.;	
M00;	暂停，测量外圆尺寸
M03 S500;	
T0303;	粗、精加工内孔
X19. Z2.;	

（续）

程序内容	简要说明
G71 U1. R0.3; G71 P12 Q13 U-0.5 W0. F0.2; N12 G0 X25.; M03 S1000; G01 Z0. F0.1; N13 Z-82.; G70 P12 Q13; G0 Z200.; X100.; M30;	
O0004; G0 G40 G97 G99; M03 S500; T0404; X42. Z-41.; G92 X39. W-15. F2.; X38.5; X38.1; X37.7; X37.4; X37.4; G00 X100. Z100.; M30;	加工外螺纹

5.1.3 实际加工

通过工序卡知，本零件先进行车削加工，加工步骤如下：

1）普车加工，车端面 2 mm 左右，伸出长度 110 mm 左右，粗加工右端外圆，直径车至 47 mm、ϕ62 mm。直径 45 mm 处长度留 0.5 mm 余量。

2）掉头装夹，加工左端，车端面，总长控制在 161 mm，直径车至 ϕ42 mm。钻中心孔，钻孔直径为 ϕ20 mm。

3）数控车加工，加工外圆至尺寸，加工内孔长度至 85 mm，直径加工至 ϕ24.6 mm，留磨削余量为 0.4 mm。

4）掉头装夹，控制总长为 160 mm，加工外圆至尺寸，粗、精车螺纹，加工内孔长度至 80 mm，直径加工至 ϕ24.6 mm，留磨削余量为 0.4 mm。

5.1.4 零件检测及评价

测量工件，进行点评，见表 5-4。

表 5-4　评分表

加工开始时间：			加工结束时间：		加工时间：	
检测项目		技术要求	配分	评分标准	检测结果	得分
外圆（15）	1	外圆尺寸 ϕ35 mm	5	超差 0.01 mm 以上无分		
	2	外圆尺寸 ϕ45 mm	5	超差 0.012 mm 以上无分		
	3	外圆尺寸 ϕ60 mm	5	超差 0.012 mm 以上无分		
内孔（5）	4	内孔尺寸 ϕ25 mm	5	超差 0.01 mm 以上无分		
螺纹（10）	5	螺纹尺寸 M40 mm	10	超差无分		
长度（20）	6	43 mm	5	超出 0.024 mm 以上无分，超差无分		
	7	12 mm	5	超差无分		
	8	70 mm	5	超差无分		
	9	160 mm	5	超出 0.016 mm 以上无分，超差无分		
程序（10）	10	程序正确、合理	10	出错一次扣 1 分		
工艺（10）	11	切削用量选择合理	5	出错一次扣 1 分		
	12	加工工艺制定合理	5	出错一次扣 1 分		
仿真操作（10）	13	车床操作规范	5	出错一次扣 1 分		
	14	刀具、工件装夹正确	5	出错一次扣 1 分		
安全生产（20）	15	安全操作车床	10	出错一次扣 1 分		
	16	工具、量具摆放整齐	5	出错一次扣 1 分		
	17	车床整理	5	出错一次扣 1 分		
总配分			100	总得分		
停工原因				加工日期 年　月　日		

任务 5.2　推瓶器设备——压瓶轴加工

【知识目标】

1. 掌握推瓶器设备零件——压瓶轴零件的结构特点、加工工艺特点和工艺性能。
2. 掌握数控系统的各种编程指令的应用。

【能力目标】

1. 能分析压瓶轴零件的结构特点、特殊加工要求，理解加工技术要求。
2. 会分析压瓶轴零件的工艺性能，能正确选择设备、刀具、夹具与切削用量，能编制数控加工工艺卡。
3. 能正确运用数控仿真系统软件，调试、校验编写的零件程序，并完成仿真加工。
4. 利用 FANUC 数控系统车床，实施压瓶轴零件的加工并进行质量检测。

5.2.1 加工任务分析

图 5-2 所示零件毛坯尺寸为 ϕ18 mm×358 mm 的棒料，材料为 1Cr18Ni9Ti，无热处理和硬度要求，不切断。要求对零件进行数控加工工序卡的编制，并进行数控车削加工工艺分析，进行程序的编制、加工。

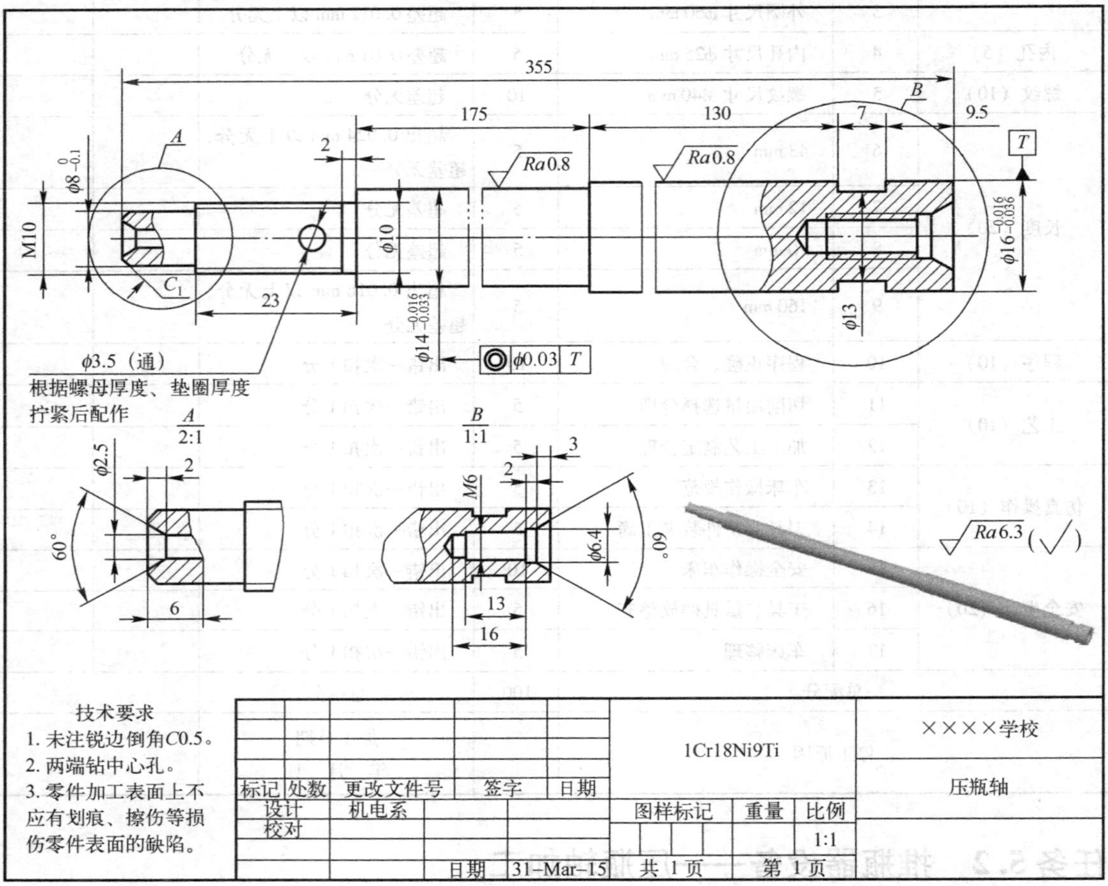

图 5-2　压瓶轴

在机械加工中，有很多零件的长径比 $L/d>25$，通常把这类零件称为细长轴。此零件的长径比 $L/d=22$，接近细长轴。零件在车削加工中，由于其刚性差，在切削力和切削热的作用下，很容易产生弯曲变形，严重影响零件的加工精度，同时零件产生弯曲变形后，还会引起工艺系统振动，影响零件的表面粗糙度。由图样可知，ϕ14 mm 和 ϕ16 mm 两个外圆同轴度是 0.03 mm，公差带是 0.02 mm，表面粗糙度值是 Ra0.8 μm，加工精度很高。零件同轴度要求很高，如果采用传统的一夹一顶的方法根本保证不了，因此要采用双顶尖来装夹加工。

刀具材料应具有良好的耐热性和耐磨性，与不锈钢的亲和作用小。宜选用 YG 类硬质合金加工，在车削时使用冷却润滑液进行冷却，以减少零件的表面粗糙度值，减少刀具磨损。增大刀具前角，有利于减小切削力，15°左右较合适。刃倾角在 3°左右，使铁屑排向待加工表面，保护已加工表面。所需的刀具：90°外圆车刀、60°三角形外螺纹车刀、切槽刀、

ϕ2.5 mm 中心钻、ϕ6.4 m 麻花钻、ϕ3.5 mm 麻花钻、ϕ5 mm 麻花钻、M6 丝锥。填写表 5-5 刀具卡和表 5-6 加工工序卡。

表 5-5　刀具卡

产品名称或代号				零件名称	压瓶轴	零件图号	图 5-2
序号	刀具号	刀具名称及规格	刀具材料	数量	加工表面	刀尖半径/mm	备注
1	T0101	90°外圆车刀	硬质合金	1	车端面、粗车外圆轮廓	0.2	
2	T0202	切槽刀	硬质合金	1	车外沟槽	$B=3$ mm	
3		A2.5 型中心钻	高速钢	1	钻中心孔		
4		ϕ6.4 mm、ϕ3.5 mm、ϕ5 mm 钻头	高速钢	1	钻孔		
5		M6 丝锥	高速钢	1	攻螺纹		
6	T0303	60°三角形外螺纹车刀	硬质合金	1	车螺纹		

表 5-6　加工工序卡

数控加工工序卡				产品型号		零件图号		图 5-2
				产品名称		零件名称		压瓶轴
材料牌号	1Cr18Ni9Ti	毛坯种类	棒料	毛坯尺寸/mm	ϕ18×358	备注		
工序号	工序名称	设备名称	设备型号	程序编号	夹具代号	夹具名称	切削液	车间
2	车	数控车床	CAK4085di	O0001	1	自定心卡盘	油基切削液	数控车间

工步	工步内容	刀具号	刀具	量具及检具	主轴转速/(r/min)	进给速度/(mm/r)	背吃刀量/mm	备注
1	车左端面，钻 A2.5 型中心孔，一夹一顶，粗、精车 ϕ16 mm、ϕ14 mm、ϕ10 mm、ϕ8 mm 外圆，各轴向尺寸至图样要求	T0101	90°外圆车刀	0～25 mm 外径千分尺	500	0.25（粗车）0.15（精车）	1（粗车）0.2（精车）	自动
2	车宽 7 mm 槽至图样要求	T0202	切槽刀	0～150 mm 游标卡尺	400	0.1		自动
3	车 M10 螺纹至图样要求	T0303	60°三角形外螺纹车刀	M10 螺纹环规	500			自动
4	掉头垫铜皮，夹 ϕ16 mm 外圆，车右端面，定总长至图样要求	T0101	90°外圆车刀	0～150 mm 游标卡尺	500		1	手动
5	钻 ϕ5 mm、ϕ6.4 mm 的孔，攻螺纹 M6 倒 60°锥面		ϕ5 mm、ϕ6.4 mm 钻头、M6 丝锥、A2.5 型中心钻	0～150 mm 游标卡尺	500			手动
6	检查，去毛刺							
编制		审核				共 1 页		第 1 页

5.2.2 编制加工程序

程序编制见表 5–7。

表 5–7 程序编制

零件图号	图 5–2	零件名称	压瓶轴	编程原点	
程序号		数控系统	FANUC 0i	编 制	
程序内容			简要说明		
O0001; G21 G40 G97 G99; T0101; M03 S500; G00 X22. Z2.; G71 U1. R0.5; G71 P10 Q20 U0.4 W0. F0.25; N10 G00 X6. F0.15; G01 Z0.; X8. Z–1.; Z–10.5; X8.; X10. W–1.; W–22.; X13.; X14. W–0.5; W–174.5; X15.; X16. W–0.5; Z–355.; N20 G00 X30.; G70 P10 Q20; G00 X100. Z20.; M00;			1. 采用一夹一顶装夹方式，粗、精车全部外圆 2. 采用粗、精车复合固定循环 G71 指令 停车检查		
T0202; M03 S400; G00 X18.; Z–345.5; G01 X13. F0.1; G00 X18.; W3.; G01 X13.; G00 X18.; X100. Z20.; M00;			停车检查		
T0303; M03 S500; G00 X10.0 Z3.; G92 X9.4 Z–31.5 F1.5; X9.; X8.6;					

（续）

程序内容	简要说明
X8.3; X8.1; X8.; G00 X100. Z20.; M30;	

5.2.3 实际加工

要想保证此零件的加工质量，主要从以下几个方面来着手：

1）装夹方式。采用双顶尖装夹加工。

2）切削用量。合理地选择切削用量，减小背吃刀量，适当增大进给量，选择合适的切削速度。

3）刀具角度。增大刀具前角，15°左右较合适。刃倾角在3°左右。

5.2.4 零件检测及评价

测量工件，进行点评，见表5-8。

表5-8 评分表

加工开始时间：		加工结束时间：			加工时间：	
检测项目		技术要求	配分	评分标准	检测结果	得分
外圆（15）	1	外圆尺寸 ϕ10 mm	5	超差无分		
	2	外圆尺寸 ϕ14 mm	5	超差0.033 mm以上无分		
	3	外圆尺寸 ϕ16 mm	5	超差0.033 mm以上无分		
孔（5）	4	孔尺寸 ϕ3.5 mm	5	超差无分		
螺纹（10）	5	螺纹尺寸M10	10	超差无分		
长度（20）	6	23 mm	5	超差无分		
	7	2 mm	5	超差无分		
	8	175 mm	5	超差无分		
	9	130 mm	5	超差无分		
程序（10）	10	程序正确、合理	10	出错一次扣1分		
工艺（10）	11	切削用量选择合理	5	出错一次扣1分		
	12	加工工艺制定合理	5	出错一次扣1分		
仿真操作（10）	13	车床操作规范	5	出错一次扣1分		
	14	刀具、工件装夹正确	5	出错一次扣1分		
安全生产（20）	15	安全操作车床	10	出错一次扣1分		
	16	工具、量具摆放整齐	5	出错一次扣1分		
	17	车床整理	5	出错一次扣1分		
总配分			100		总得分	
停工原因					加工日期 年 月 日	

任务 5.3　灌装设备——灌装阀端盖加工

【知识目标】

1. 掌握灌装设备零件——灌装阀端盖零件的结构特点、加工工艺特点和工艺性能。
2. 掌握数控系统的各种编程指令的应用。

【能力目标】

1. 能分析灌装阀端盖零件的结构特点、特殊加工要求，理解加工技术要求。
2. 会分析灌装阀端盖零件的工艺性能，能正确选择设备、刀具、夹具与切削用量，能编制数控加工工艺卡。
3. 能正确运用数控仿真系统软件，调试、校验编写的零件程序，并虚拟加工。
4. 利用 FANUC 数控系统车床，实施灌装阀端盖零件的加工并进行质量检测。

5.3.1　加工任务分析

图 5-3 所示为灌装阀端盖零件，毛坯尺寸为 ϕ45 mm × 22 mm 的棒料，材料为 45 钢，无热处理和硬度要求，不切断。要求对零件进行数控加工工序卡的编制，并进行数控车削加工

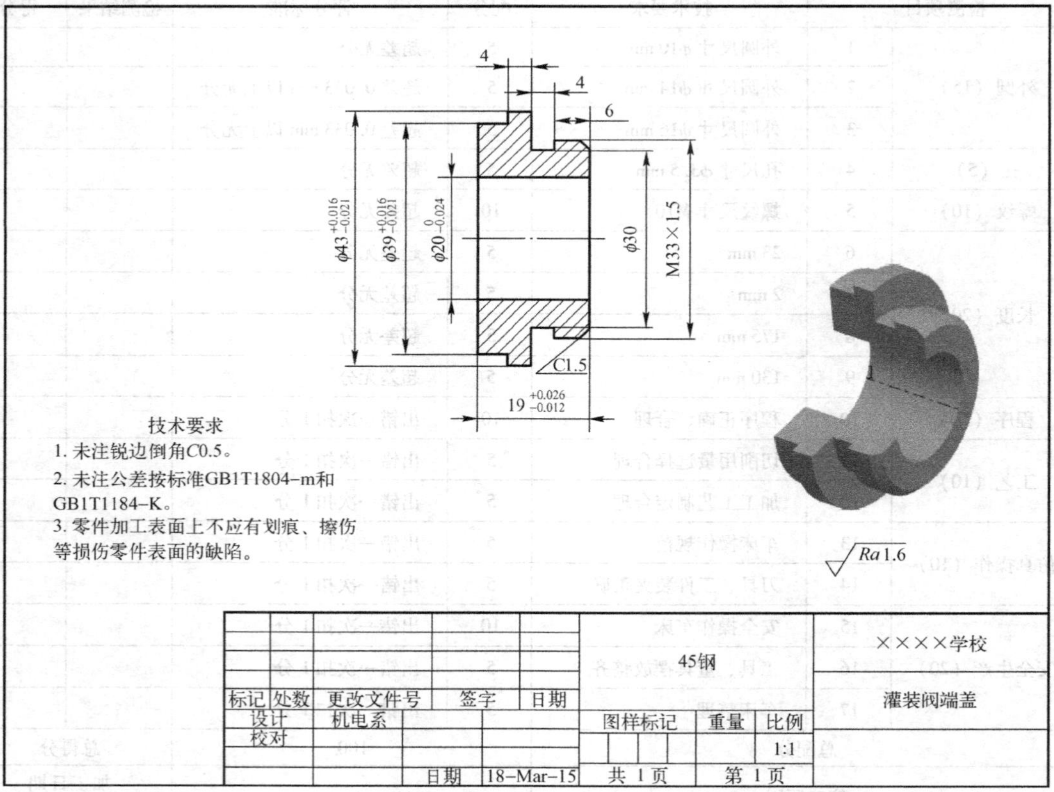

图 5-3　灌装阀端盖

工艺分析，进行程序的编制、加工。

此零件为一轴套类零件，共四件。本次主要进行普车和数控车部分的加工，普车用 ϕ18 mm 钻头钻孔，为保证同轴度，数控车加工时考虑一次装夹完成。零件为回转体类零件，因此采用自定心卡盘进行装夹。

正确地选用刀具材料，是保证高效率加工不锈钢的决定因素。要求刀具材料应具有好的耐热性和耐磨性。硬质合金刀具材料宜选用 YG 类硬质合金，在车削时使用冷却润滑液进行冷却，以提高零件的表面粗糙度，减少刀具磨损。刀具选择 90°外圆车刀、4 mm 宽度切槽刀、60°三角形外螺纹车刀以及内孔车刀，填写表 5-9 刀具卡和表 5-10 加工工序卡。

表 5-9　刀具卡

产品名称或代号				零件名称	灌装阀端盖	零件图号	图 5-3
序号	刀具号	刀具名称及规格	刀具材料	数量	加工表面	刀尖半径/mm	备注
1	T0101	90°外圆车刀	硬质合金	1	车端面、粗车外圆轮廓	0.2	
2	T0202	内孔车刀	硬质合金	1	车外内孔		
3	T0303	切槽刀	硬质合金	1	车外沟槽	$B=3$ mm	
4		A2.5 型中心钻	高速钢	1	钻中心孔		
5		ϕ18 mm 钻头	高速钢	1	钻孔		
6	T0404	60°三角形外螺纹车刀	硬质合金	1	车螺纹		

表 5-10　加工工序卡

数控加工工序卡				产品型号		零件图号		图 5-3	
				产品名称		零件名称		灌装阀端盖	
材料牌号	45	毛坯种类	棒料	毛坯尺寸/mm	$\phi45\times22$	备注			
工序号	工序名称	设备名称	设备型号	程序编号	夹具代号	夹具名称		切削液	车间
2	车	数控车床	CAK4085di	O0001	1	自定心卡盘		油基切削液	数控车间
工步	工步内容	刀具号	刀具	量具及检具	主轴转速/(r/min)	进给速度/(mm/r)		背吃刀量/mm	备注
1	车左端面，钻通孔 ϕ18 mm		ϕ18 mm 钻头		400				手动
2	粗、精车 ϕ43 mm、ϕ39 mm 外圆，倒角，各轴向尺寸至图样要求	T0101	90°外圆车刀	25～50 mm 外径千分尺 0～150 mm 游标卡尺	800（粗车）、1200（精车）	0.2（粗车）0.1（精车）		1.5（粗车）0.5（精车）	自动
3	粗、精车内孔 ϕ20 mm、倒角至图样要求	T0202	内孔车刀	18～35 mm 内径百分表	500（粗车）、800（精车）	0.2（粗车）0.1（精车）		1（粗车）0.25（精车）	自动
4	掉头垫铜皮夹 ϕ39 mm 外圆，车右端面，控制总长至图样要求。粗、精车螺纹大径至图样要求	T0101	90°外圆车刀	25～50 mm 外径千分尺	800	0.2（粗车）0.1（精车）		1（粗车）0.5（精车）	自动

(续)

工步	工 步 内 容	刀具号	刀 具	量具及检具	主轴转速/(r/min)	进给速度/(mm/r)	背吃刀量/mm	备注
5	车宽4 mm槽至图样要求	T0303	切槽刀		500	0.1		自动
6	车M33×1.5螺纹至图样要求	T0404	60°三角形外螺纹车刀	M33×1.5螺纹环规	500			自动
7	检查							
8	去毛刺							
编制		审核				共1页		第1页

5.3.2 编制加工程序

编制程序，填写表5-11程序卡。

表5-11 程序卡

零件图号	图5-3	零件名称	灌装阀端盖	编程原点	
程序号		数控系统	FANUC 0i	编 制	
程序内容			简要说明		
O0001；(左端程序) G21 G40 G97 G99； M03 S800； T0101； G00 X50. Z2.； G71 U1.5 R0.5； G71 P10 Q20 U0.5 W0. F0.2； N10 G00 X15. F0.1 S1200； G01 Z0.； X38.； X39. W-0.5； Z-5.； X42.； X43. W-0.5； Z-10.； N20 G00 X52.； G70 P10 Q20； G00 X100. Z100.； M00； T0202； M03 S500； G00 X15.； Z2.； G71 U1. R0.5； G71 P30 Q40 U-0.5 W0. F0.2； N30 G00 X21. F0.15 S800；			1. 采用软爪装夹方式，有利于定位 2. 采用粗、精车复合固定循环G71指令 停车检查		

（续）

程序内容	简要说明
G01 Z0. ;	
X20. W-0.5;	
Z-19.5;	
N40 G00 X15. ;	
G70 P30 Q40;	
G00 X15. ;	
Z100. ;	
M30;	
O0002;	
G21 G40 G97 G99;	
M03 S800;	
T0101;	
G00 X50. Z2. ;	
G71 U1.5 R0.5;	
G71 P10 Q20 U0.5 W0. F0.2;	
N10 G00 X20. F0.1;	
G01 Z0. ;	
X30. ;	
X33. W-1.5;	
Z-10. ;	
X42. ;	
X43. W-0.5;	
N20 G00 X50. ;	
G70 P10 Q20;	
G00 X100. Z100. ;	
M00;	停车检查
T0303;	
M03 S500;	
G00 X45. ;	
Z-10. ;	
G01 X30. F0.1;	
G00 X50. ;	
Z100. ;	
T0404;	加工螺纹
M03 S500;	
G00 X35. Z3. ;	
G92 X32.4 Z-8. F1.5;	
X32. ;	
X31.6;	
X31.4;	
X31.3;	
X31.1;	
X31. ;	
G00 X100. Z100. ;	
M30;	

5.3.3 实际加工

1）找正夹紧毛坯，伸出长度为 12 mm 左右，采用直径 $\phi18$ mm 的钻头钻通孔，粗车右边，车端面外圆至 $\phi35$ mm，长度为 9 mm。

2）掉头装夹 $\phi35$ mm，车端面，粗、精车 $\phi43$ mm、长 11 mm，小圆 $\phi39$ mm、长 5 mm，内孔 $\phi20$ mm 至图样尺寸，并倒角 C1.5。

3）掉头用软爪装夹 $\phi39$ mm，百分表找正夹紧，车端面定总长为 19 mm，粗、精车 $\phi33$ mm、长 10 mm，沟槽 $\phi30$ mm、宽 4 mm，倒角 C1.5，螺纹 M33 ×1.5 至图样尺寸。

5.3.4 零件检测及评价

测量工件，进行点评，见表 5-12。

表 5-12 评分表

加工开始时间：			加工结束时间：			加工时间：
检测项目		技术要求	配分	评分标准	检测结果	得分
外圆（10）	1	外圆尺寸 $\phi39$ mm	5	超差 0.021 mm 以上无分		
	2	外圆尺寸 $\phi43$ mm	5	超差 0.021 mm 以上无分		
内孔（5）	3	内孔尺寸 $\phi20$ mm	5	超差 0.024 mm 以上无分		
槽（10）	4	槽底尺寸 $\phi30$ mm	5	超差无分		
	5	槽宽尺寸 4 mm	5	超差无分		
螺纹（15）	6	螺纹大径尺寸 $\phi33$ mm	5	超差无分		
	7	螺纹小径尺寸 $\phi31.05$ mm	5	超差无分		
	8	螺距 1.5 mm	5	超差无分		
长度（15）	9	4 mm	5	超差无分		
	10	19 mm	5	超差 0.012 mm 以上无分		
	11	6 mm	5	超差无分		
程序（10）	12	程序正确、合理	10	出错一次扣 1 分		
工艺（10）	13	切削用量选择合理	5	出错一次扣 1 分		
	14	加工工艺制定合理	5	出错一次扣 1 分		
仿真操作（10）	15	车床操作规范	5	出错一次扣 1 分		
	16	刀具、工件装夹正确	5	出错一次扣 1 分		
安全生产（15）	17	安全操作车床	5	出错一次扣 1 分		
	18	工具、量具摆放整齐	5	出错一次扣 1 分		
	19	车床整理	5	出错一次扣 1 分		
总配分			100	总得分		
停工原因				加工日期 年 月 日		

附　录

附录 A　数控车工职业技能鉴定理论试题

1. 用塞规可以直接测量出孔的实际尺寸。(　　)

A. 对　　B. 错

2. 刀具补偿寄存器内只允许输入正值。(　　)

A. 对　　B. 错

3. 车内圆锥时，刀尖高于工件轴线，车出的圆锥面用锥形塞规检验时，会出现两端显示剂被擦去的现象。(　　)

A. 对　　B. 错

4. 省略一切标注的剖视图，说明它的剖切平面不通过机件的对称平面。(　　)

A. 对　　B. 错

5. FANUC 系统 G74 断面槽加工指令可用于钻孔。(　　)

A. 对　　B. 错

6. 故障的常规处理三个步骤是调查故障、分析故障和检测排除故障。(　　)

A. 对　　B. 错

7. 手动脉冲发生器失灵肯定是机床处于锁定状态。(　　)

A. 对　　B. 错

8. 几何精度是指机床在不运转时部件间相互位置精度和主要零件的形状精度、位置精度。(　　)

A. 对　　B. 错

9. 数控机床的日常维护记录档案应由操作人员负责填写。(　　)

A. 对　　B. 错

10. 根据碳在铸铁中存在的形式不同，铸铁分为白口铸铁、灰铸铁、可锻铸铁、球墨铸铁、蠕墨铸铁和麻口铸铁。(　　)

A. 对　　B. 错

11. 合理地划分加工阶段，有利于合理地利用设备并提高生产率。(　　)

A. 对　　B. 错

12. 深度千分尺的测微螺杆的移动量是 0.75 mm。(　　)

A. 对　　B. 错

13. 百分表和量块是检测一般精度轴向尺寸的主要量具。(　　)

A. 对　　B. 错

14. CNC 系统一般可分为几种方式接收加工程序，其中 MDI 是指从通信接口接收程序。(　　)

A. 对　　B. 错

15. 零件的极限偏差可以为正，也可以为负或为零。（　　）

A. 对　　B. 错

16. 外径千分尺的测量精度可达到千分之一毫米。（　　）

A. 对　　B. 错

17. 可转位数控螺纹车刀每种规格的刀片只能加工一个固定的螺距。（　　）

A. 对　　B. 错

18. 车沟槽时的进给速度要选择得小些，防止产生过大的切削抗力损坏刀具。（　　）

A. 对　　B. 错

19. 欠定位不能保证加工质量，往往会产生废品，因此是绝对不允许的。（　　）

A. 对　　B. 错

20. 钢铁工件淬火后一般都要经过回火。（　　）

A. 对　　B. 错

21. 辅助指令 M01 表示（　　）。

A. 选择停止　　B. 程序暂停　　C. 程序结束　　D. 主程序结束

22. FANUC 0i 系统中的程序段 M98 P0260 表示（　　）。

A. 停止调用子程序　　B. 调用 1 次子程序"O0260"

C. 调用 2 次子程序"O0260"　　D. 返回主程序

23. 当车削细长轴类零件时，为减小切削抗力，主偏角 κ_r 选用（　　）为宜。

A. 30°外圆车刀　　B. 45°弯头刀　　C. 75°外圆车刀　　D. 90°外圆车刀

24. 精车 1Cr18NiTi 奥氏体不锈钢可采用的硬质合金刀片是（　　）。

A. YT15　　B. YT30　　C. YG3　　D. YG8

25. 扩孔精度一般可达（　　）。

A. IT5 ~ IT6　　B. IT7 ~ IT8　　C. IT8 ~ IT9　　D. IT9 ~ IT10

26. AutoCAD 用 LINE 命令连续绘制封闭图形时，敲（　　）字母回车会自动封闭。

A. C　　B. D　　C. E　　D. F

27. 用螺纹千分尺可以测量外螺纹的（　　）。

A. 大径　　B. 小径　　C. 中径　　D. 螺距

28. FANUC 车床螺纹加工单一循环程序段 N0025 G92 X50. Z - 35. R2. 5 F2；表示圆锥螺纹加工循环，螺纹大小端半径差为（　　）mm。

A. 5　　B. 1. 25　　C. 2. 5　　D. 2

29. 用圆弧规测量工件凸圆弧，若仅两端接触，是因为工件的圆弧半径（　　）。

A. 过大　　B. 过小　　C. 准确　　D. 大、小均可

30. 确定尺寸精确程度的标准公差等级共有（　　）级。

A. 12　　B. 16　　C. 18　　D. 20

31. 在 FANUC 系统中，M98 指令是（　　）。

A. 主轴低速范围　　B. 调用子程序　　C. 主轴高速范围　　D. 子程序结束

32. （　　）的说法属于禁语。

A. 问别人去　　B. 请稍等　　C. 抱歉　　D. 同志

33. 基准根据功能不同，可分为（　　）两大类。

A. 设计基准和工艺基准　　B. 工序基准和定位基准

C. 测量基准和工序基准　　D. 工序基准和装配基准

34. 职业道德主要通过（　　）的关系，增强企业的凝聚力。

A. 调节企业与市场　　B. 调节市场之间

C. 协调职工与企业　　D. 企业与消费者

35. 当螺纹加工时，主轴必须在（　　）指令设置下执行。

A. G96　　B. G97　　C. M05　　D. M30

36. 过定位是指定位时工件的同一（　　）被两个定位元件重复限制的定位状态。

A. 平面　　B. 自由度　　C. 圆柱面　　D. 方向

37. 精车时为获得好的表面粗糙度，应首先选择较大的（　　）。

A. 背吃刀量　　B. 进给速度　　C. 切削速度　　D. 以上均不对

38. 数控机床的精度中影响数控加工批量零件合格率的主要原因是（　　）。

A. 定位精度　　B. 几何精度　　C. 重复定位精度　　D. 主轴精度

39. 刀具半径补偿存储器中需输入刀具（　　）值。

A. 刀尖的半径　　B. 刀尖的直径

C. 刀尖的半径和刀尖的位置　　D. 刀具的长度

40. 轴上的花键槽一般都放在外圆的半精车（　　）进行。

A. 以前　　B. 以后　　C. 同时　　D. 前或后

41. 当切削脆性金属材料时，（　　）容易产生在刀具前角较小、切削厚度较大的情况下。

A. 崩碎切屑　　B. 节状切屑　　C. 带状切屑　　D. 粒状切屑

42. FANUC 数控车床系统中 G92 X_ Z_ R_ F_ 是（　　）指令。

A. 圆柱车削循环　　B. 圆锥车削循环

C. 圆柱螺纹车削循环　　D. 圆锥螺纹车削循环

43. 对于“一般公差”“线性尺寸的未注公差”，下列说法中错误的是（　　）。

A. 图样上未注公差的尺寸，表示加工时没有公差要求及相关的加工技术要求

B. 零件上的某些部位在使用功能上没有特殊要求时，可给出一般公差

C. 线性尺寸的一般公差是在车间普通工艺条件下，机床设备一般加工能力可以保证的公差

D. 一般公差主要用于较低精度的非配合尺寸

44. 辅助指令 M03 的功能是主轴（　　）指令。

A. 反转　　B. 启动　　C. 正转　　D. 停止

45. 液压传动是利用（　　）作为工作介质进行能量传送的一种工作方式。

A. 油类　　B. 水　　C. 液体　　D. 空气

46. 钨钴类硬质合金的刚性、可磨削性和导热性较好，一般用于切削（　　）和有色金属及其合金。

A. 碳钢　　B. 工具钢　　C. 合金钢　　D. 铸铁

47. G21 指令表示程序中尺寸字的单位为（　　）。

A. m　　B. in　　C. mm　　D. μm

48. 下列刀具材料中热硬性最好的是（　　）。

A. 碳素工具钢　　B. 普通高速钢　　C. 硬质合金　　D. 含钴高速钢

49. 润滑剂有润滑油、(　　) 和固体润滑剂。

A. 液体润滑剂　B. 润滑脂　C. 切削液　D. 润滑液

50. 若未考虑车刀刀尖半径的补偿值，会影响车削工件的（　　）精度。

A. 外径　B. 内径　C. 长度　D. 锥度及圆弧

51. 不符合着装整洁文明生产要求的是（　　）。

A. 按规定穿戴好防护用品　B. 遵守安全技术操作规程

C. 优化工作环境　D. 在工作中吸烟

52. 在程序自动运行中，按下操作面板上的“（　　）”按钮，自动运行暂停。

A. 进给保持　B. 电源　C. 伺服　D. 循环

53. 数控装置中电池的作用是（　　）。

A. 给系统的 CPU 运算提供能量

B. 在系统断电时，用它储存的能量来保持 RAM 中的数据

C. 为检测元件提供能量

D. 在突然断电时，为数控机床提供能量，使数控机床暂时运行几分钟，以便退出刀具

54. 用于承受冲击、振动的零件（如电动机机壳、齿轮箱等）用（　　）牌号的球墨铸铁。

A. QT400－18　B. QT600－3　C. QT700－2　D. QT800－2

55. 加工软爪时，用于装夹工件处的直径需（　　）工件被夹部位尺寸。

A. 大于　B. 等于　C. 小于　D. 以上均可

56. 图样上机械零件的真实大小以（　　）为依据。

A. 比例　B. 公差范围　C. 技术要求　D. 尺寸数值

57. 普通的三角形螺纹的牙型角为（　　）。

A. 30°　B. 40°　C. 55°　D. 60°

58. 碳素工具钢的牌号由“T＋数字”组成，其中 T 表示（　　）。

A. 碳　B. 钛　C. 锰　D. 硫

59. 金属在交变应力循环作用下抵抗断裂的能力是钢的（　　）。

A. 强度和塑性　B. 韧性　C. 硬度　D. 疲劳强度

60. AutoCAD 在文字样式设置中不包括（　　）。

A. 颠倒　B. 反向　C. 垂直　D. 向外

61. 不符合岗位质量要求的内容是（　　）。

A. 对各个岗位质量工作的具体要求　B. 体现在各岗位的作业指导书中

C. 是企业的质量方向　D. 体现在工艺规程中

62. 数控系统中，（　　）指令在加工过程中是模态的。

A. G01、F　B. G27、G28　C. G04　D. M02

63. 当数控机床的手动脉冲发生器的选择开关位置在 X100 时，通常情况下手轮的进给单位是（　　）。

A. 0.1 mm/格　B. 0.001 mm/格　C. 0.01 mm/格　D. 1 mm/格

64. 螺纹 M40 * 3 的中径尺寸是（　　）mm。

A. 40　B. 36.75　C. 38.5　D. 38.05

65. 企业标准是由（　　）制定的标准。

A. 国家　B. 企业　C. 行业　D. 地方

66. 职业道德的内容不包括（　　）。

A. 职业道德意识　　B. 职业道德行为规范

C. 从业者享有的权利　　D. 职业守则

67. 为防止换刀时刀具与工件发生干涉，所以，换刀点的位置应设在（　　）。

A. 机床原点　　B. 工件外部　　C. 工件原点　　D. 对刀点

68. 当数控机床处于编辑状态时模式选择开关应放在（　　）。

A. JOG　FEED　　B. PRGRM　　C. ZERO　RETURN　D. EDIT

69. 铰削一般钢材时，切削液通常选用（　　）。

A. 水溶液　　B. 煤油　　C. 乳化液　　D. 极压乳化液

70. 数控车 FANUC 系统的 G74 Z－120. Q10 F0.3 的程序段中，（　　）表示 Z 轴方向上的间断走刀长度。

A. 0.3　　B. 10　　C. －120　　D. 74

71. 在主轴加工中选用支承轴颈作为定位基准磨削锥孔，符合（　　）原则。

A. 基准统一　　B. 基准重合　　C. 自为基准　　D. 互为基准

72. 机械制造中优先选用的孔公差带为（　　）。

A. H7　　B. h7　　C. D2　　D. H2

73. 指定恒线速度切削的指令是（　　）。

A. G94　　B. G95　　C. G96　　D. G97

74. 可转位车刀刀片尺寸大小的选择取决于（　　）。

A. 背吃刀量 a_p 和主偏角　　B. 进给量和前角

C. 切削速度和主偏角　　D. 背吃刀量 a_p 和前角

75. 采用轮廓控制的数控机床是（　　）。

A. 数控钻床　　B. 数控铣床　　C. 数控注塑机床　　D. 数控平面磨床

76. 当材料强度低、硬度低，用小直径钻头加工时宜选用（　　）转速。

A. 很高　　B. 较高　　C. 很低　　D. 较低

77. 框式水平仪的主水准泡上表面是（　　）的。

A. 水平　　B. 凹圆弧形　　C. 凸圆弧形　　D. 直线形

78. 工件坐标系的零点一般设在（　　）。

A. 机床零点　　B. 换刀点　　C. 工件的端面　　D. 卡盘根部

79. 切削的三要素是指进给量、背吃刀量和（　　）。

A. 切削厚度　　B. 切削速度　　C. 进给速度　　D. 主轴转速

80. 镗孔刀刀杆的伸出长度尽可能（　　）。

A. 短　　B. 长　　C. 不要求　　D. 均不对

81. 按 NC 控制机电源接通按钮 1～2s 后，荧光屏显示出（　　）（准备好）字样，表示控制机进入正常工作状态。

A. ROAD　　B. LEADY　　C. READY　　D. MEADY

82. （　　）是一种以内孔为基准装夹达到相对位置精度的装夹方法。

A. 一夹一顶　　B. 两顶尖　　C. 平口钳　　D. 心轴

83. G70 P Q 指令格式中“P”的含义是（　　）。

A. 精加工路径的首段程序段号　　B. 精加工路径的末段程序段号

C. 进刀量　　D. 退刀量

84. 定位套用于外圆定位，其中长套限制（　　）个自由度。

A. 6　　B. 4　　C. 3　　D. 8

85. 当程序需暂停 5 s 时，下列正确的指令段是（　　）。

A. G04 P5000　　B. G04 P500　　C. G04 P50　　D. G04 P5

86. 下列因素中导致自激振动的是（　　）。

A. 转动着的工件失衡　　B. 机床转动机构存在问题

C. 切削层沿其厚度方向的硬化不均匀　　D. 加工方法引起的振动

87. 刀具磨损补偿应输入到系统（　　）中去。

A. 程序　　B. 刀具坐标　　C. 刀具参数　　D. 坐标系

88. G01 X50. Z－60. R－2. F0.1 完成的是（　　）加工。

A. 圆柱面　　B. 圆锥面　　C. 圆弧面　　D. 螺纹

89. 数控机床上有一个机械原点，该点到机床坐标零点在进给坐标轴方向上的距离可以在机床出厂时设定，该点称为（　　）。

A. 工件零点　　B. 机床零点　　C. 机床参考点　　D. 限位点

90. 基准孔的下极限偏差为（　　）。

A. 负值　　B. 正值　　C. 零　　D. 任意正值或负值

91. 几何公差的基准代号不管处于什么方向，方格内的字母应（　　）书写。

A. 水平　　B. 垂直　　C. 45°倾斜　　D. 任意

92. 普通车床光杠的旋转最终来源于（　　）。

A. 溜板箱　　B. 进给箱　　C. 主轴箱　　D. 交换齿轮箱

93. G75 指令结束后，切刀停在（　　）。

A. 终点　　B. 机床原点　　C. 工件原点　　D. 起点

94. G00 是指令刀具以（　　）的移动方式，从当前位置运动并定位于目标位置的指令。

A. 点动　　B. 走刀　　C. 快速　　D. 标准

95. 牌号以字母 T 开头的碳钢是（　　）。

A. 普通碳素结构钢　　B. 优质碳素结构钢

C. 碳素工具钢　　D. 铸造碳钢

96. 欲加工第一象限的斜线（起始点在坐标原点），用逐点比较法直线插补，若偏差函数大于零，说明加工点在（　　）。

A. 坐标原点　　B. 斜线上方　　C. 斜线下方　　D. 斜线上

97. 普通卧式车床下列部件中（　　）是数控卧式车床所没有的。

A. 主轴箱　　B. 进给箱　　C. 尾座　　D. 床身

98. 三个支承点对工件是平面定位，能限制（　　）个自由度。

A. 2　　B. 3　　C. 4　　D. 5

99. 细长轴零件上的（　　）在零件图中的画法是用移出剖视表示的。

A. 外圆　　B. 螺纹　　C. 锥度　　D. 键槽

100. 爱岗敬业的具体要求是（　　）。

A. 看效益决定是否爱岗　　B. 转变择业观念

C. 提高职业技能　　D. 增强把握择业的机遇意识

附录 B　数控车工仿真与实操试题

数控车工（中级）仿真加工试题

1. 毛坯尺寸为 ϕ50 mm × 100 mm，制定加工工艺并编写数控加工程序，如图 B-1 所示。

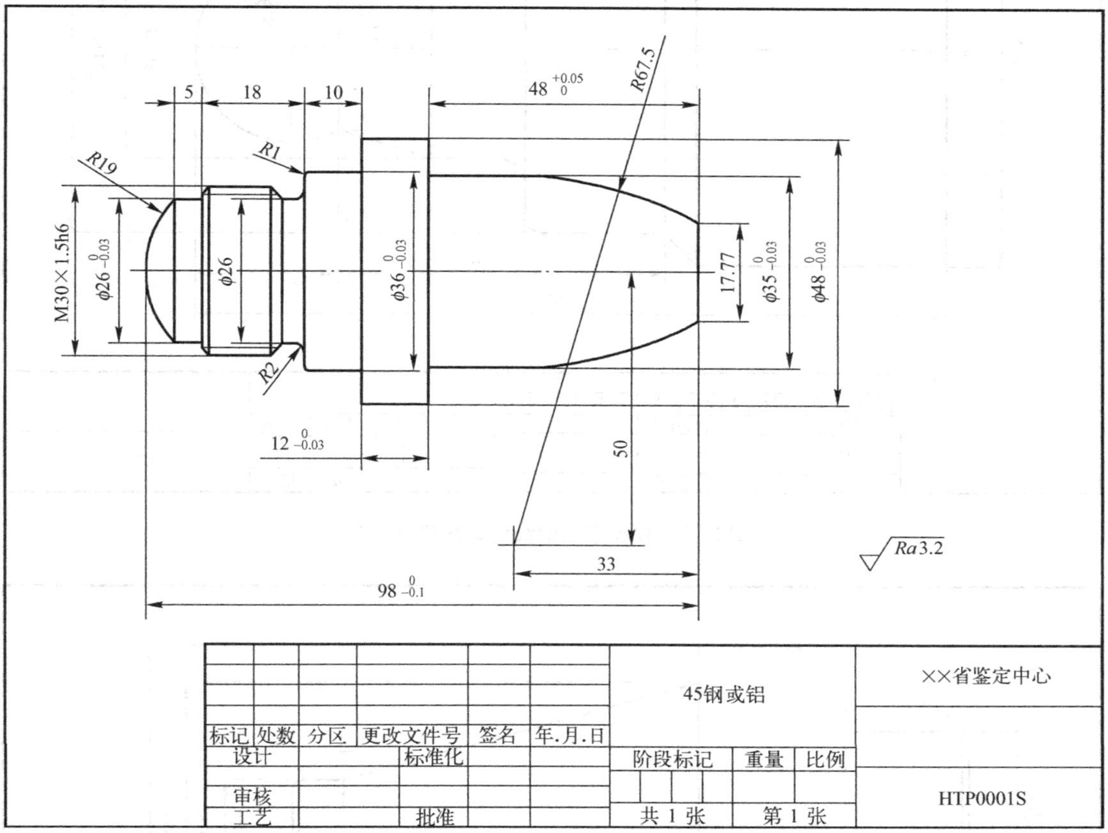

图 B-1　数控车工中级仿真图样（一）

2. 毛坯尺寸为 ϕ28 mm × 50 mm，材料为 45 钢，制定加工工艺并编写数控加工程序，如图 B-2 所示。

3. 毛坯尺寸为 ϕ62 mm × 112 mm，材料为 45 钢，制定加工工艺并编写数控加工程序，如图 B-3 所示。

数控车工（中级）实操加工试题

1. 毛坯尺寸为 ϕ40 mm × 80 mm，制定加工工艺并编写数控加工程序，如图 B-4 所示。

2. 毛坯尺寸为 ϕ60 mm × 105 mm，材料为 45 钢或铝，制定加工工艺并编写数控加工程序，如图 B-5 所示。

3. 毛坯尺寸为 ϕ60 mm × 105 mm，材料为 45 钢或铝，制定加工工艺并编写数控加工程序，如图 B-6 所示。

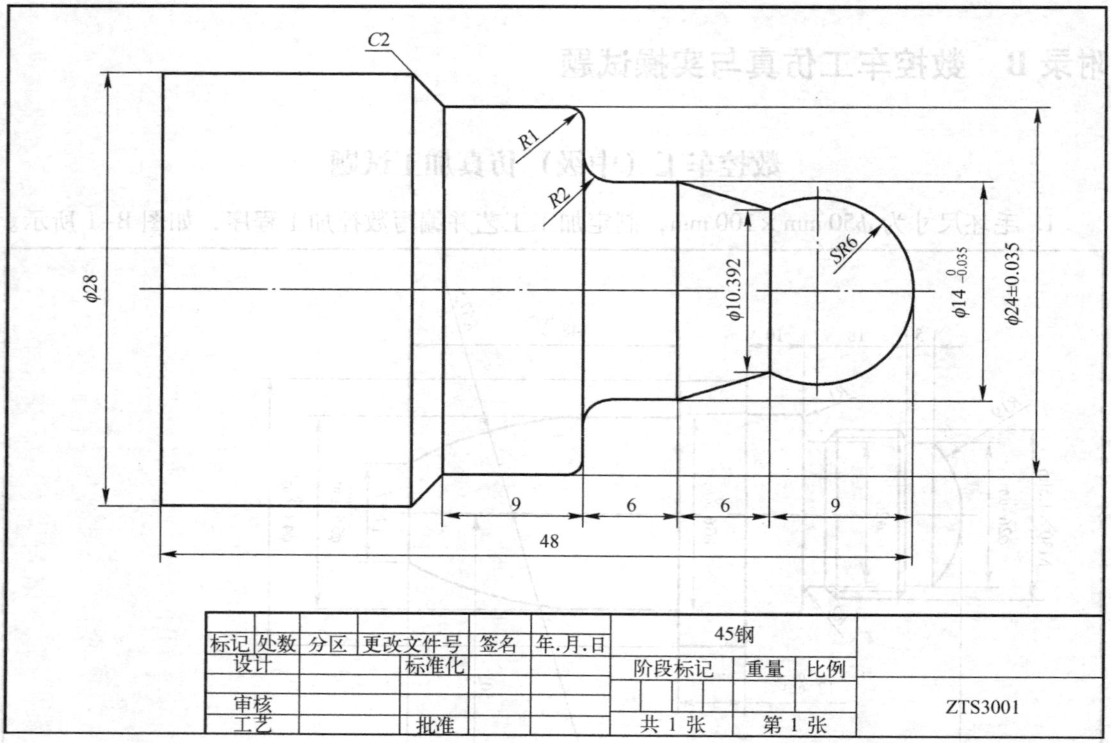

图 B–2 数控车工中级仿真图样（二）

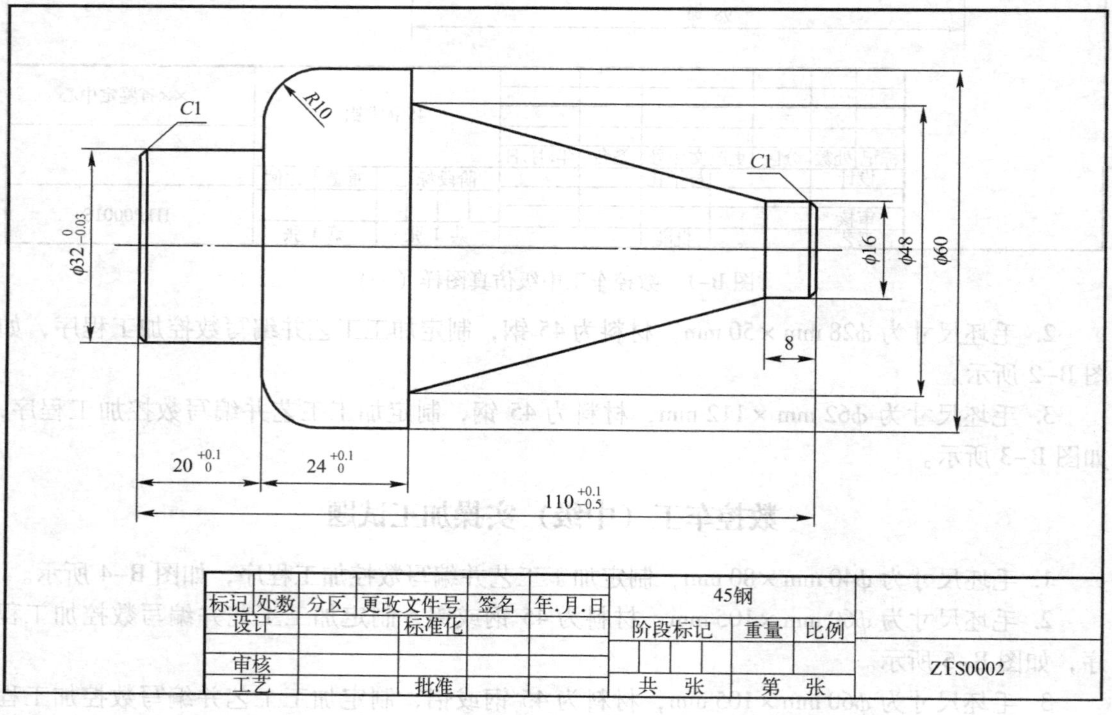

图 B–3 数控车工中级仿真图样（三）

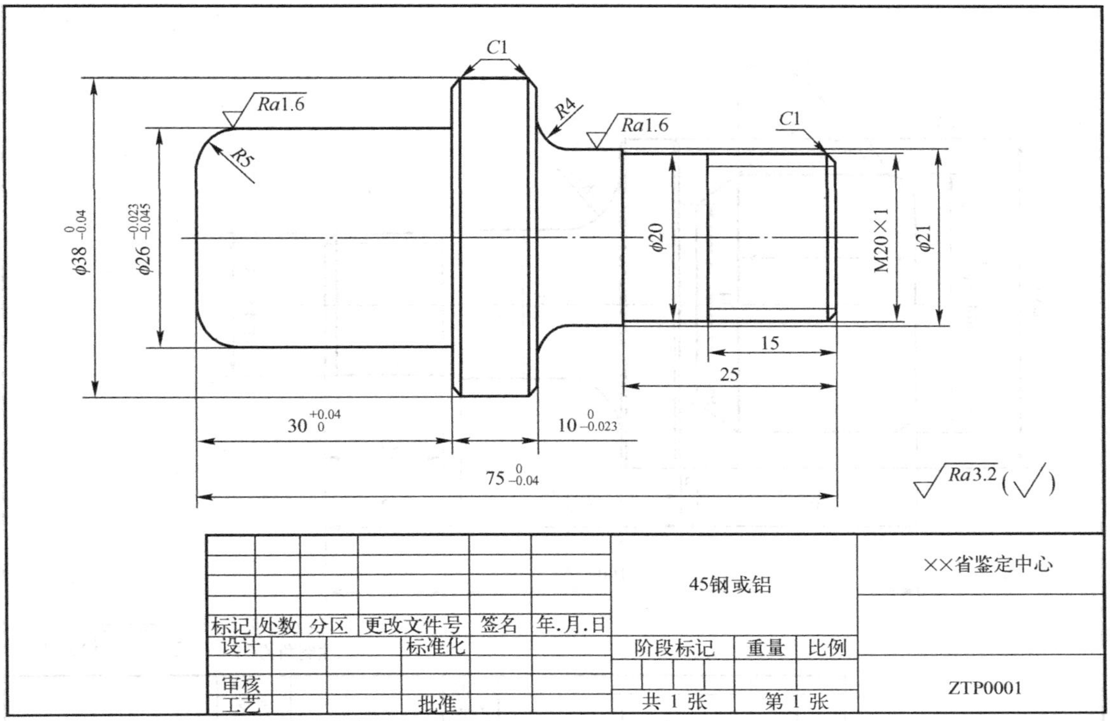

图 B-4 数控车工中级实操加工图样（一）

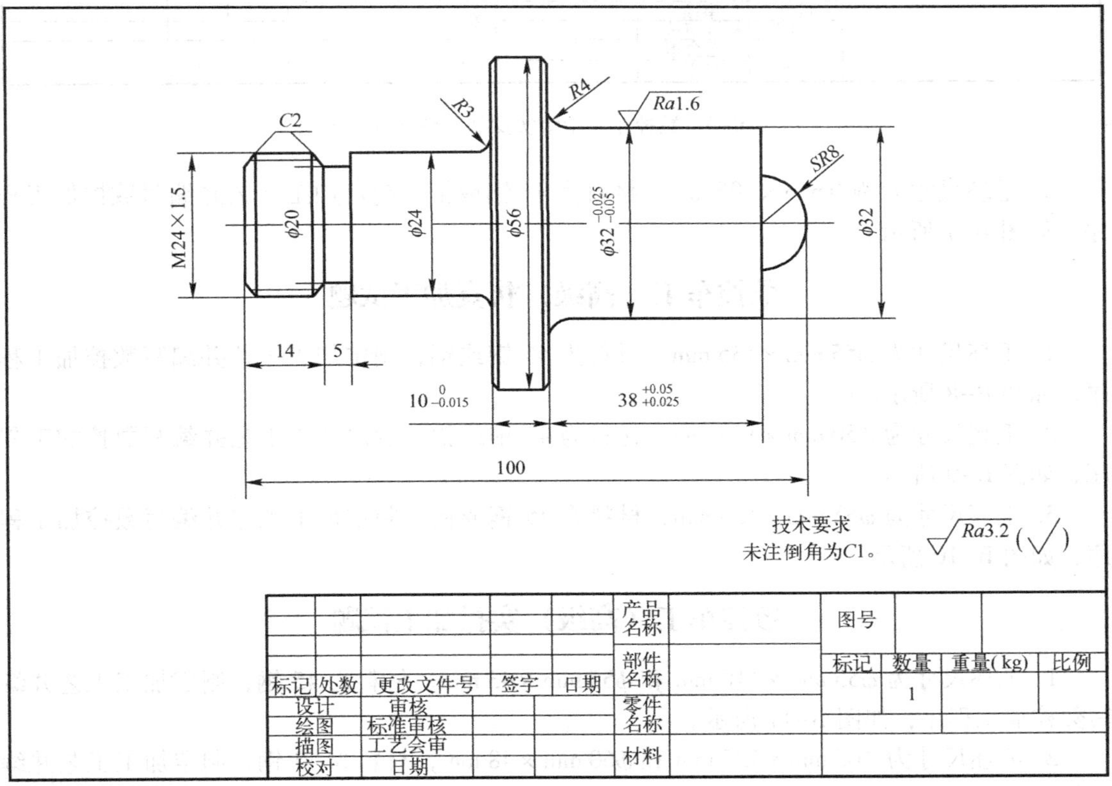

图 B-5 数控车工中级实操加工图样（二）

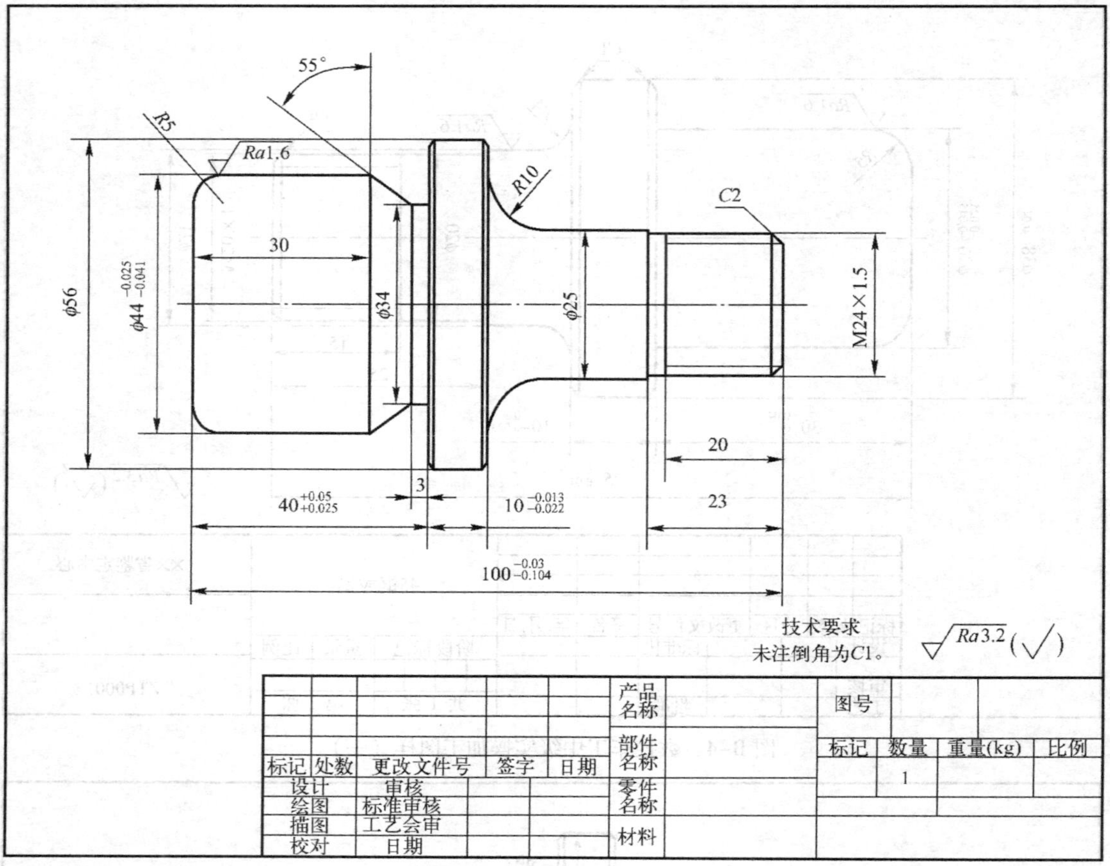

图 B–6　数控车工中级实操加工图样（三）

4. 毛坯尺寸为 $\phi60$ mm × 105 mm，材料为 45 钢或铝，制定加工工艺并编写数控加工程序，如图 B–7 所示。

数控车工（高级）仿真加工试题

1. 毛坯尺寸为 $\phi55$ mm × 135 mm，材料为 45 钢或铝，制定加工工艺并编写数控加工程序，如图 B–8 所示。

2. 毛坯尺寸为 $\phi50$ mm × 105 mm，材料为 45 钢或铝，制定加工工艺并编写数控加工程序，如图 B–9 所示。

3. 毛坯尺寸为 $\phi55$ mm × 135 mm，材料为 45 钢或铝，制定加工工艺并编写数控加工程序，如图 B–10 所示。

数控车工（高级）实操加工试题

1. 毛坯尺寸为 $\phi55$ mm × 110 mm 和 $\phi55$ mm × 43 mm，材料为 45 钢，制定加工工艺并编写数控加工程序，如图 B–11 所示。

2. 毛坯尺寸为 $\phi65$ mm × 122 mm 和 $\phi60$ mm × 48 mm，材料为 45 钢，制定加工工艺并编写数控加工程序，如图 B–12 所示。

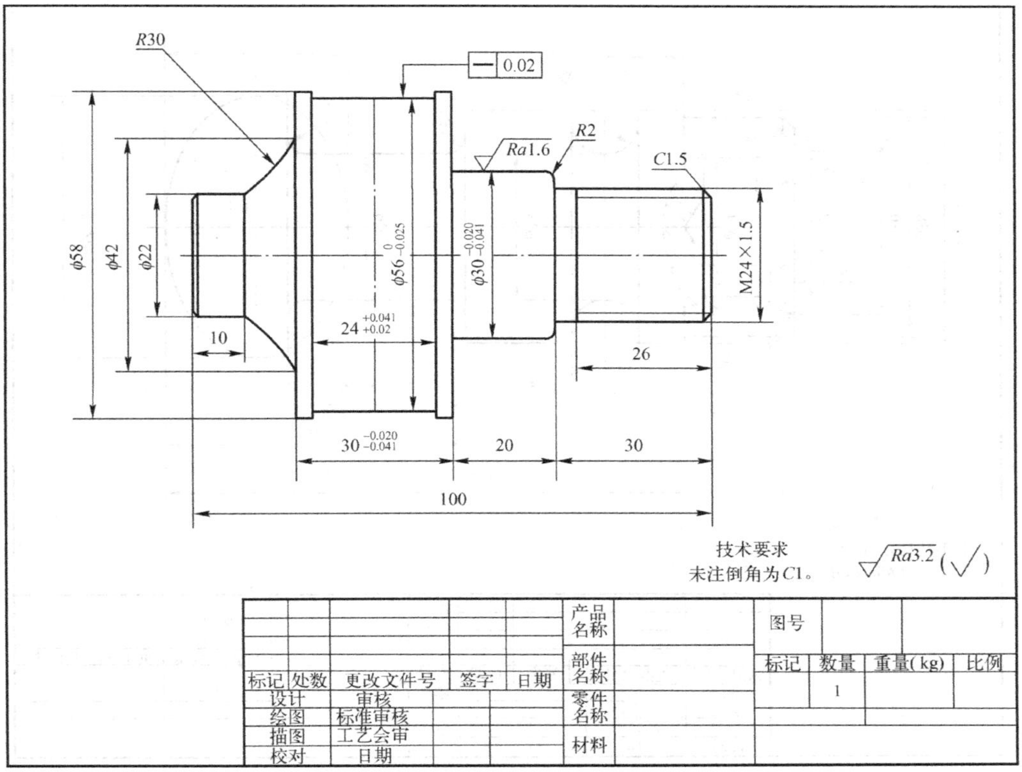

图 B-7 数控车工中级实操加工图样（四）

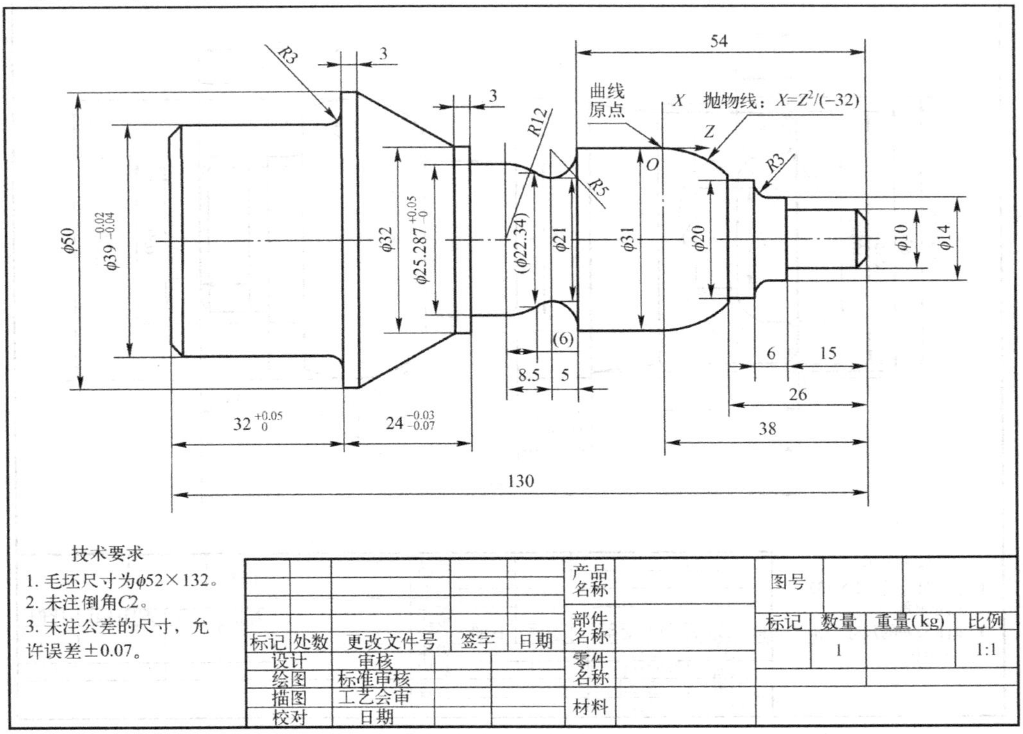

图 B-8 数控车工高级仿真图样（一）

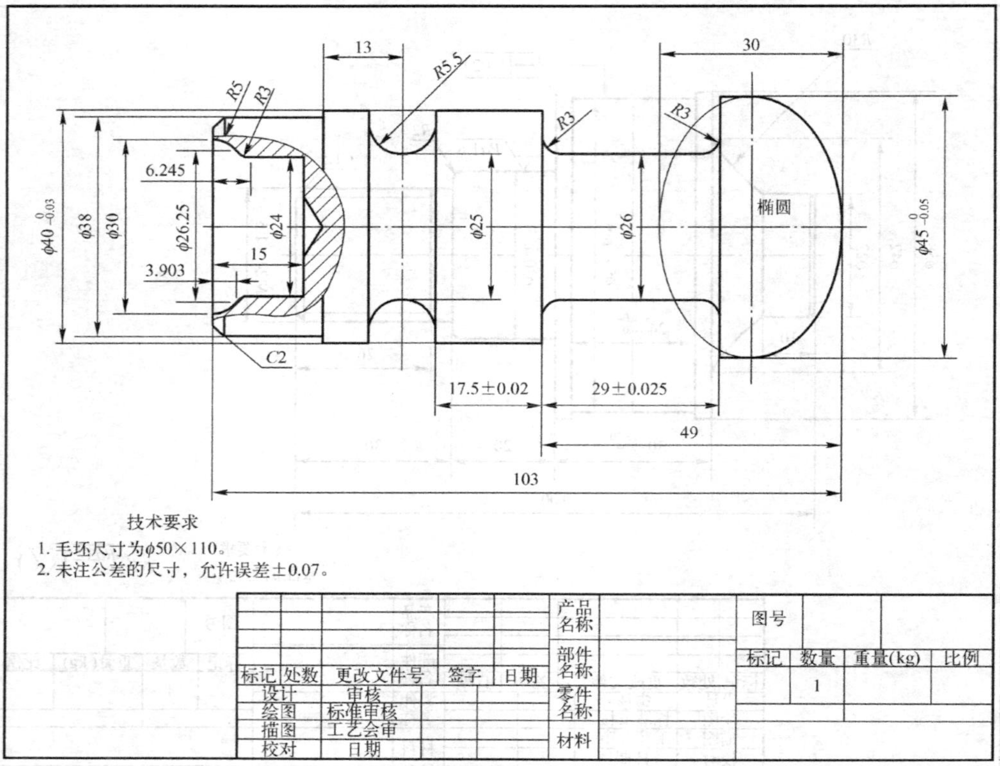

图 B-9　数控车工高级仿真图样（二）

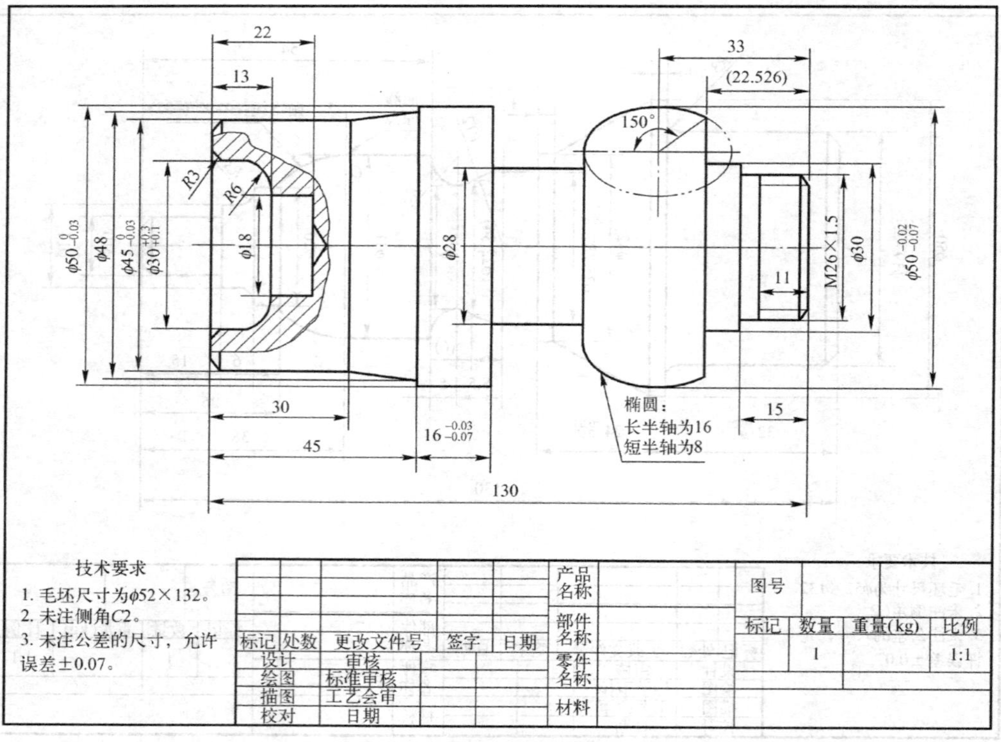

图 B-10　数控车工高级仿真图样（三）

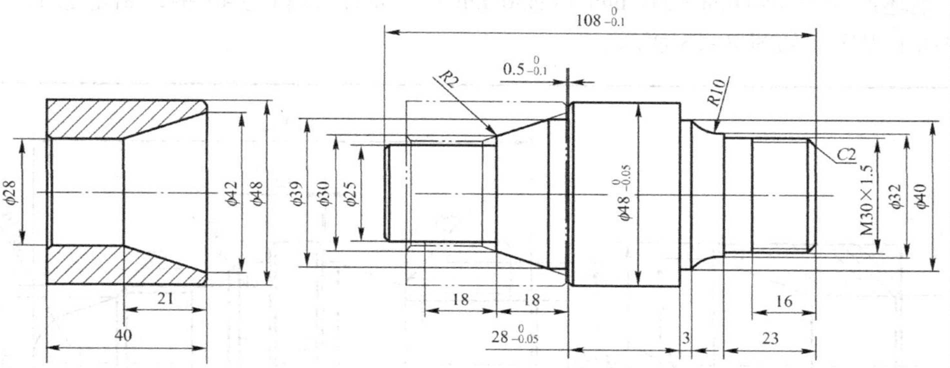

技术要求

1. 未注倒角C1。
2. 锥面接触面积大于80%。
3. 未标注公差为0.07(有配合要求的除外)。

Ra3.2

					产品名称		图号		
					部件名称		标记	数量	重量(Kg)	比例
标记	处数	更改文件号	签字	日期				1		
设计		审核			零件名称					
绘图		标准审核								
描图		工艺会审			材料					
校对		日期								

图 B-11 数控车工高级实操加工图样（一）

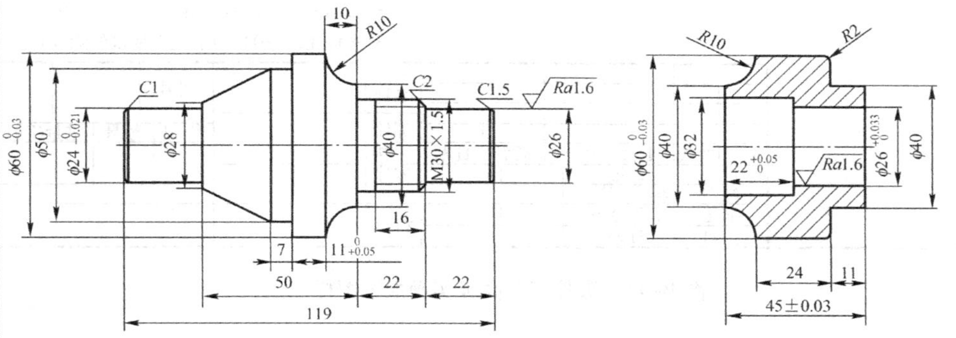

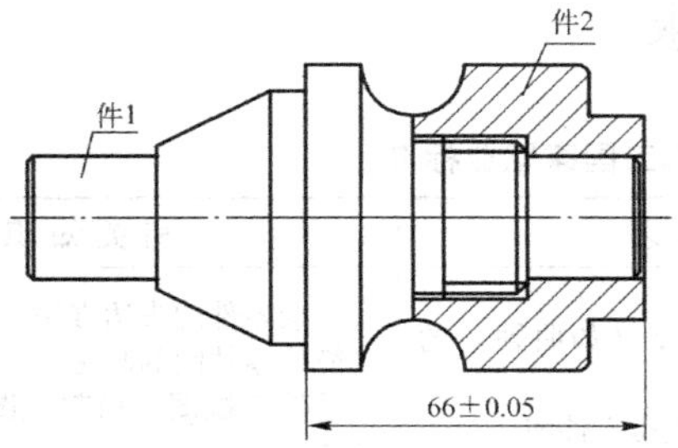

Ra3.2 (√)

技术要求

1. 两件配合时φ40处高低差小于0.1。
2. 未标注公差为0.07（有配合要求的除外）。

					产品名称		图号		
					部件名称		标记	数量	重量(Kg)	比例
标记	处数	更改文件号	签字	日期				1		
设计		审核			零件名称					
绘图		标准审核								
描图		工艺会审			材料					
校对		日期								

图 B-12 数控车工高级实操加工图样（二）

3. 毛坯尺寸为 $\phi50$ mm × 110 mm 和 $\phi50$ mm × 43 mm，材料为 45 钢，制定加工工艺并编写数控加工程序，如图 B-13 所示。

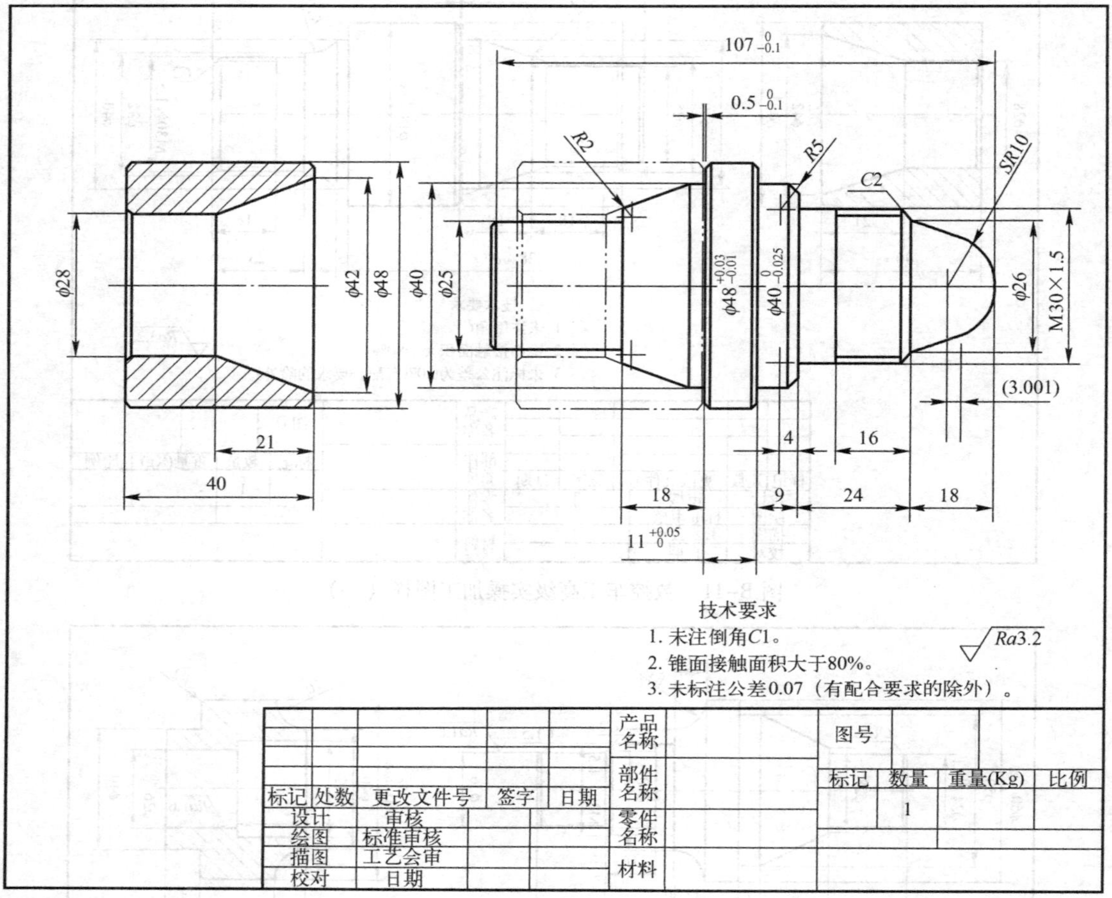

图 B-13　数控车工高级实操加工图样（三）

附录 C　数控车工国家职业标准要求

表 C-1　中级数控车工国家职业标准

职业功能	工作内容	技能要求	相关知识
加工准备	1. 读图与绘图	能读懂中等复杂程度（如曲轴）的零件图 能绘制简单的轴、盘类零件图 能读懂进给机构、主轴系统的装配图	复杂零件的表达方法 简单零件图的画法 零件三视图、局部视图和剖视图的画法 装配图的画法
	2. 制定加工工艺	能读懂复杂零件的数控车床的加工工艺文件 能编制简单（如轴、盘）零件的数控加工工艺文件	数控车床的加工工艺文件的制定

（续）

职业功能	工作内容	技能要求	相关知识
加工准备	3. 零件的定位与装夹	能使用通用卡具（如自定心卡盘、单动卡盘）进行零件的装夹与定位	数控车床常用夹具的使用方法 零件定位、装夹的原理和方法
	4. 刀具准备	能够根据数控加工工艺文件选择、安装和调整数控车床的常用刀具 能够刃磨常用车削刀具	金属切削与刀具磨损知识 数控车床常用刀具的种类、结构和特点 数控车床、零件材料、加工精度和工作效率对刀具的要求
数控编程	1. 手工编程	能编制由直线、圆弧组成的二维轮廓数控加工程序 能编制螺纹加工程序 能够运用固定循环、子程序进行零件的加工程序编制	数控编程知识 直线插补和圆弧插补的原理坐标点的计算方法
	2. 计算机辅助编程	能够使用计算机绘图设计软件绘制简单（如轴、盘、套）的零件图 能够利用计算机绘图设计软件计算节点	计算机绘图设计软件（二维）的使用方法
数控车床的操作	1. 操作面板	能够按照操作规程起动及停止车床 能使用操作面板上的常用功能键（如回零、手动、MDI、修调等）	熟悉数控车床的操作说明书 数控车床操作面板的使用方法
	2. 程序输入与编辑	能够通过各种途径（如 DNC、网络等）输入加工程序 能够通过操作面板编辑加工程序	数控加工程序的输入方法 数控加工程序的编辑方法 网络知识
	3. 对刀	能进行对刀并确定相关坐标系 能设置刀具参数	对刀的方法 坐标系的知识 刀具偏置补偿、半径补偿与刀具参数的输入方法
	4. 程序的调试与运行	能够对程序进行校验、单步执行、空运行并完成零件试切	程序调试的方法
零件加工	1. 轮廓加工	能进行轴、套类零件加工，并达到以下要求： 1）尺寸公差等级为 IT6 2）几何公差等级为 IT8 3）表面粗糙度值为 $Ra1.6\mu m$ 能进行盘类、支架类零件加工，并达到以下要求： 1）轴径公差等级为 IT6 2）孔径公差等级为 IT7 3）几何公差等级为 IT8 4）表面粗糙度值为 $Ra1.6\mu m$	内外径的车削加工方法、测量方法 几何公差的测量方法 表面粗糙度值的测量方法
	2. 螺纹加工	能进行单线等节距的普通三角形螺纹、锥螺纹的加工，并达到以下要求： 1）尺寸公差等级为 IT6 ~ IT7 2）几何公差等级为 IT8 3）表面粗糙度值为 $Ra1.6\mu m$	常用螺纹的车削加工方法 螺纹加工中的参数计算
	3. 槽类加工	能进行内径槽、外径槽和端面槽的加工，并达到以下要求： 1）尺寸公差等级为 IT8 2）几何公差等级为 IT8 3）表面粗糙度值为 $Ra3.2\mu m$	内、外径槽和端槽的加工方法

（续）

职业功能	工作内容	技能要求	相关知识
零件加工	4. 孔加工	能进行孔加工，并达到以下要求： 1）尺寸公差等级为IT7 2）几何公差等级为IT8 3）表面粗糙度值为$Ra3.2\ \mu m$	孔的加工方法
	5. 零件精度检验	能够进行零件的长度、内外径、螺纹、角度精度检验	通用量具的使用方法 零件精度检验及测量方法
数控车床维护与精度检验	1. 数控车床日常维护	能够根据说明书完成数控车床的定期及不定期维护保养，包括机械、电、气、液压、数控系统的检查和日常保养等	数控车床说明书 数控车床日常保养方法 数控车床操作规程 数控系统（进口与国产数控系统）使用说明书
	2. 数控车床故障诊断	能读懂数控系统的报警信息 能发现数控车床的一般故障	数控系统的报警信息 车床的故障诊断方法
	3. 车床精度检查	能够检查数控车床的常规几何精度	数控车床的常规几何精度的检查方法

表 C-2　高级数控车工国家职业标准

职业功能	工作内容	技能要求	相关知识
加工准备	1. 读图与绘图	能够读懂中等复杂程度（如刀架）的装配图 能够根据装配图拆画零件图 能够测绘零件	根据装配图拆画零件图的方法 零件的测绘方法
	2. 制定加工工艺	能编制复杂零件的数控车床的加工工艺文件	复杂零件的数控加工工艺文件的制定
	3. 零件的定位与装夹	能选择和使用数控车床的组合夹具和专用夹具 能分析并计算车床夹具的定位误差 能够设计与自制装夹辅具（如心轴、轴套、定位件等）	数控车床的组合夹具和专用夹具的使用、调整方法 专用夹具的使用方法 夹具定位误差的分析与计算方法
	4. 刀具准备	能够选择各种刀具及刀具附件 能够根据难加工材料的特点，选择刀具的材料、结构和几何参数 能够刃磨特殊车削刀具	专用刀具的种类、用途、特点和刃磨方法 切削难加工材料时的刀具材料和几何参数的确定方法
数控编程	1. 手工编程	能运用变量编程编制含有公式曲线的零件数控加工程序	固定循环和子程序的编程方法 变量编程的规则和方法
	2. 计算机辅助编程	能用计算机绘图设计软件绘制装配图	计算机绘图设计软件的使用方法
	3. 数控加工仿真	能利用数控加工仿真软件实施加工过程仿真以及加工代码检查、干涉检查、工时估算	数控加工仿真软件的使用方法

（续）

职业功能	工作内容	技能要求	相关知识
零件加工	1. 轮廓加工	能进行细长、薄壁零件的加工，并达到以下要求： 1）轴径公差等级为IT6 2）孔径公差等级为IT7 3）几何公差等级为IT8 4）表面粗糙度值为*Ra*1.6μm	细长、薄壁零件加工的特点及装夹、车削方法
	2. 螺纹加工	能进行单线和多线等节距的T形螺纹、锥螺纹加工，并达到以下要求： 1）尺寸公差等级为IT6 2）几何公差等级为IT8 3）表面粗糙度值为*Ra*1.6μm 能进行变节距螺纹的加工，并达到以下要求： 1）尺寸公差等级为IT6 2）几何公差等级为IT7 3）表面粗糙度值为*Ra*1.6μm	T形螺纹、锥螺纹加工中的参数计算 变节距螺纹的车削加工方法
	3. 孔加工	能进行深孔加工，并达到以下要求： 1）尺寸公差等级为IT6 2）几何公差等级为IT8 3）表面粗糙度值为*Ra*1.6μm	深孔的加工方法
	4. 配合件加工	能按装配图上的技术要求对套件进行零件加工和组装，配合公差达到IT7级	套件的加工方法
	5. 零件精度检验	能够在加工过程中使用百（千）分表等进行在线测量，并进行加工技术参数的调整 能够进行多线螺纹的检验 能进行加工误差的分析	百（千）分表的使用方法 多线螺纹的精度检验方法 误差分析的方法
数控车床维护与精度检验	1. 数控车床日常维护	能判断数控车床的一般机械故障 能完成数控车床的定期维护保养	数控车床机械故障和排除方法 数控车床液压原理和常用液压元件
	2. 车床精度检验	能够进行车床几何精度检验 能够进行车床切削精度检验	车床几何精度检验内容及方法 车床切削精度检验内容及方法

参 考 文 献

[1] 周虹. 使用数控车床的零件加工 [M]. 北京：清华大学出版社，2011.
[2] 谭帅，等. 机械零件数控车削加工 [M]. 北京：北京师范大学出版社，2012.
[3] 刘莉，等. 数控加工程序编制 [M]. 北京：科学出版社，2010.
[4] 田锋社. 机械零件车削加工 [M]. 北京：机械工业出版社，2011.
[5] 朱明松. 数控车床编程与操作项目教程 [M]. 北京：机械工业出版社，2008.
[6] 顾晔，等. 数控编程与操作 [M]. 北京：人民邮电出版社，2010.
[7] 沈建峰，等. 数控车工（高级）[M]. 北京：机械工业出版社，2007.
[8] 李银海. 机械零件数控车削加工 [M]. 北京：科学出版社，2008.